Untersuchung und Anwendung von Dichtelementen

XVII. Dichtungskolloquium am 29./30. September 2011 in Steinfurt

Alexander Riedl (Hrsg.)

Die neue VDI 2290 und ihre Grenzen

XVII. Dichtungskolloquium
in Steinfurt
am 29./30. September 2011

Bibliografische Information der Deutschen Nationalbibliothek

Die Deutsche Nationalbibliothek verzeichnet diese Publikation in der Deutschen Nationalbibliografie; detaillierte bibliografische Daten sind im Internet über http://dnb.d-nb.de abrufbar.

ISBN 978-3-8027-2211-0

Huyssenallee 52–56, 45128 Essen
Telefon: +49 (0)201 82002-0, Internet: http://www.vulkan-verlag.de

Lektorat: Wolfgang Mönning
w.moenning@vulkan-verlag.de

Donnerstag, 29. September 2011

Freitag, 30. September 2011

Beitrag zur Modellierung diffuser Emissionen an flüssig beaufschlagten Flanschverbindungen

Christian Bramsiepe [(1)]
Lukas Pansegrau [(1)]
Gerhard Schembecker [(1)]

[(1)] TU Dortmund, Fakultät Bio- und Chemieingenieurwesen, Lehrstuhl für Anlagen- und Prozesstechnik

1 Einleitung

Aufgrund ihrer Klimaschädlichkeit sind die Emissionen flüchtiger organischer Komponenten bereits seit vielen Jahren Gegenstand wissenschaftlicher Untersuchungen. Da es sich bei diesen Stoffen um Flüssigkeiten handelt und Laboruntersuchungen zur Bestimmung von Dichtungskennwerten in der Regel mit Gasen (Helium, Stickstoff etc.) durchgeführt werden, ist über das Emissionsverhalten dieser Komponenten aus Flanschverbindungen nur wenig bekannt. Eine Vorhersage eines Emissionsstroms unter geänderten Versuchsbedingungen ist daher zurzeit noch nicht möglich. Insbesondere bei der Bewertung von Emissionen unter Betriebsbedingungen bedeutet dies, dass eine Aussage darüber, ob eine Flanschverbindung die geforderten Grenzwerte einhält, aufgrund mangelnder Übertragbarkeit nicht möglich ist. Eine Bewertung der Montagequalität durch Messung des Emissionsstroms ist demnach ebenfalls nicht möglich.

Ziel der vorgestellten Untersuchungen ist es daher zu klären, ob die Emission von Flüssigkeiten von den gleichen bereits detailliert untersuchten Mechanismen dominiert wird oder ob andere Mechanismen zum Tragen kommen. Hierzu werden bereits existierende Modellvorstellungen auf ihre Anwendbarkeit untersucht und es wird ein experimentell abgesicherter Berechnungsansatz zur Beschreibung von Flüssigkeitsleckagen vorgestellt. Abschließend wir ein erster Versuch unternommen, Gasleckagen basierend auf Messungen an flüssig beaufschlagten Flanschverbindungen vorherzusagen.

2 Modellansatz zur Beschreibung des Stofftransportes von Gasen durch Dichtungswerkstoffe

In der Literatur sind bereits diverse Ansätze für die Beschreibung der Emission von Gasen durch Dichtungswerkstoffe beschrieben worden. Eine Vielzahl von Publikationen beschäftigt sich dabei mit der Emission durch It-Dichtungen [1-6]. Eine Zusammenfassung der wichtigsten Ansätze wurde von Kockelmann [7] erstellt. Dabei wird in aller Regel von einer laminaren Strömung ($Kn \ll 1$, **Gleichung 1**) oder einer molekularen Strömung ($Kn \gg 1$, **Gleichung 2**) ausgegangen. Im Übergangsbereich zwischen laminarer und molekularer Strömung ($1 < Kn < 100$) wird die Strömung als Summe der beiden Strömungsanteile beschrieben.

$$\dot{m}_E = \frac{\pi}{16 \cdot \eta} r_{Kap}^4 \frac{M}{R \cdot T} \cdot \frac{\left(p_i^2 - p_a^2\right)}{l_{Kap}}$$ **Gleichung 1**

$$\dot{m}_E = \frac{4}{3} r_{Kap}^3 \sqrt{\frac{2\pi \cdot M}{R \cdot T}} \cdot \frac{\left(p_I - p_A\right)}{l_{Kap}}$$ **Gleichung 2**

Für eine laminare Strömung ergibt sich damit ein quadratischer Zusammengang zwischen Druckdifferenz und Massenstrom und für eine molekulare Strömung ein linearer Zusammenhang.
Aufbauend auf diese Erkenntnisse konnte Hummelt [8] ein Berechnungsmodell herleiten, mit dem sich die Strömung durch den Dichtungswerkstoff in Abhängigkeit der Flächenpressung beschreiben lässt. Dabei geht er von einer Strömung im Knudsen-Regime aus und beschreibt den Dichtungswerkstoff als eine Ansammlung linearer paralleler Kapillaren. Zusätzlich teilt er die Gesamtemission in zwei Teilströmung auf; die Oberflächenleckage und die Querschnittsleckage. Im Kontaktbereich zwischen Dichtungswerkstoff und Dichtleiste nimmt er eine dreieckige Kapillare an, deren Äquivalentdurchmesser sich analog zu einer Kapillaren im Dichtungswerkstoff verhält. Eine detaillierte Herleitung des Ansatze findet sich in [8-11].

3 Modellansatz zur Beschreibung des Stofftransportes von Flüssigkeiten durch Dichtungswerkstoffe

Bei der Herleitung eines Stofftransportansatzes zur Beschreibung der Emission von Flüssigkeiten wurde über die gesamte Dichtungsbreite von einer laminaren Strömung nach dem Hagen-Poiseuille´schen Gesetz als einzigem Transportwiderstand ausgegangen (**Gleichung 3**). Ein Verdampfen der emittierenden Flüssigkeit innerhalb des Dichtungswerkstoffes wurde damit ausgeschlossen.

$$\dot{m} = \frac{\Delta p}{l} \cdot \frac{\pi \cdot r_{Kap}^4 \cdot \rho}{8 \cdot \eta}$$ **Gleichung 3**

Da aus einer Vielzahl von Versuchen bekannt war, dass neben bei Flüssigkeitsleckagen auch dann eine Emissionsstrom detektiert werden kann, wenn kein innerer Überdruck aufgeprägt ist, wurde neben der druckgetriebenen laminaren Strömung ein zusätzlicher kapillarer Strömungsanteil eingeführt (**Gleichung 4**):

$$\Delta p_{Kap} = \frac{4\sigma \cos(\theta)}{d_{\text{Kap}}}$$ **Gleichung 4**

Damit ergibt sich die gesamte treibende Druckdifferenz als Summe der beiden Teiltriebkräfte:

$$\Delta p = p_i - p_a + \Delta p_{\text{Kap}}$$ **Gleichung 5**

Eine Veranschaulichung dieses Zusammenhanges zeigt **Abbildung 1**.

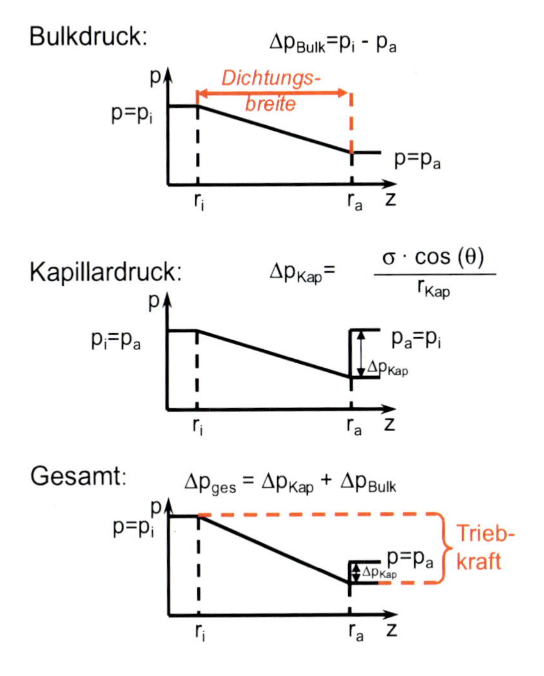

Abbildung 1: Schematische Darstellung der gesamten treibenden Druckdifferenz beim Stofftransport von Flüssigkeiten durch Dichtungswerkstoffe (treibende Druckdifferenz = Summe aus Kapillardruck und Differenz des Absolutdrucks zwischen Innen- und Außenseite des Flansches)

Analog zum Ansatz, den auch Hummelt [8-11] gewählt hat, wurde die Gesamtleckage bei der Herleitung des Berechnungsmodells für die Beschreibung der Flüssigkeitsleckagen in die Teilströme Oberflächenleckage und Querschnittsleckage aufgeteilt. Jedoch fiel bei der Herleitung des Ansatzes auf, dass sich die Anzahl der Kapillaren innerhalb eines Dichtungswerkstoffs bei Annahme konstanter Porosität vom Innenrand zum Außenrand der Dichtung erhöhen muss, da ansonsten die Porosität des Dichtungswerkstoffs abnehmen müsste, was jedoch in der Regel nicht der Fall ist. Um diesem Umstand gerecht zu werden wurde ein neuer Ansatz zur Beschreibung des Kapillardurchmessers in Abhängigkeit der Flächenpressung hergeleitet, bei dem die Porosität des Dichtungswerkstoffs als konstant angenommen wurde. Hierzu wurde die Porosität des Dichtungswerkstoffs in Abhängigkeit der spezifischen Kapillaranzahl N (Anzahl der Kapillaren bezogen auf den durchströmten Dichtungsquerschnitt) beschrieben (**Gleichung 6**).

$$\epsilon = N \cdot \frac{\pi}{4} d_{\text{Kap}}^2 \qquad \textbf{Gleichung 6}$$

Die spezifische Kapillaranzahl N [1/m²] ist dabei eine Funktion der Flächenpressung, nicht aber jedoch des Ortes innerhalb der Dichtung. Da die Emissionsvorhersage bei geänderter Flächenpressung jedoch ein wesentliches Ziel der Modellherleitung ist, eignet sich die Kapillardichte nur bedingt als Modellparameter. Daher wurde zusätzlich zur Kapillardichte die absolute Kapillaranzahl eingeführt (**Gleichung 7**).

$$N = \frac{n_{\mathrm{Kap}}}{h\pi\bar{d}}$$ **Gleichung 7**

Soll diese Größe als Modellparameter verwendet werden muss zu einer Angabe der Kapillaranzahl immer auch der Ort angegeben werdem, an dem diese Kapillaranzahl bestimmt wurde. Im Rahmen der vorliegenden Arbeit wurde stets der mittlere Dichtungsdurchmesser für die Bestimmung der Kapillaranzahl n gewählt.
Für den Kapillardurchmesser einer verpressten Kapillaren lässt sich dann bei Kenntnis des Verpressungsverhaltens des Dichtungswerkstoffs folgende Beschreibung herleiten:

$$d_{\mathrm{Kap}} = d_{\mathrm{Kap},0}\sqrt{\frac{h(p_D) - (1-\epsilon_0)h_0}{\epsilon_0 h_0}}$$ **Gleichung 8**

Ein Beispiel einer Verpressungskurve zeigt Abbildung 2.

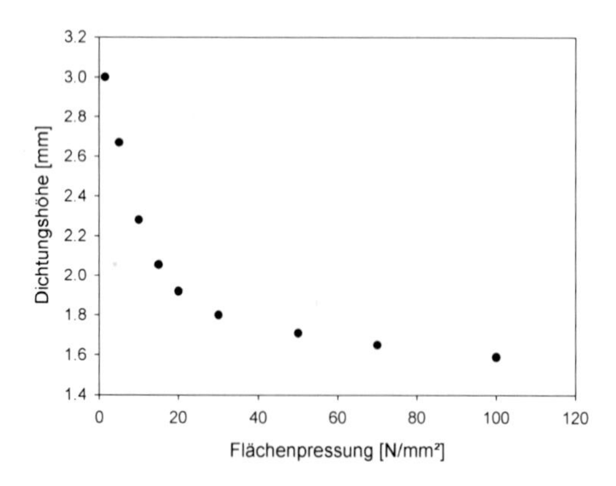

Abbildung 2: Dichtungshöhe einer Sigraflex Universal Pro Dichtung mit einer Höhe von 3 mm im unverpressten Zustand (diese Abbildung wurde freundlicherweise von der Firma Sigraflex zur Verfügung gestellt).

Unter Verwendung von **Gleichung 3** bis **Gleichung 8** lässt sich eine Formel für die Querschnittsleckage durch flüssig beaufschlagte Flanschverbindungen herleiten (**Gleichung 9**).

$$\overline{\dot{m}}_E = \frac{\rho}{\eta} \cdot \frac{\pi \cdot n_{\mathrm{Kap}}}{64 \ln(r_a/r_i) \cdot (r_a + r_i)^2} \cdot \left[\left(d_{\mathrm{Kap,0}} \sqrt{\frac{h - (1-\epsilon_0) h_0}{\epsilon_0 h_0}} \right)^4 \cdot \Delta p_{\mathrm{Bulk}} \right] + \frac{\rho}{\eta} \cdot \frac{\pi \cdot n_{\mathrm{Kap}}}{64 \ln(r_a/r_i) \cdot (r_a + r_i)^2} \cdot \left[4 \cdot \left(d_{\mathrm{Kap,0}} \sqrt{\frac{h - (1-\epsilon_0) h_0}{\epsilon_0 h_0}} \right)^3 \cdot \sigma \cos(\theta) \right]$$

Gleichung 9

Bei der Beschreibung der Oberflächenleckage wurde von der Beschreibung der Kapillaren im Kontaktbereich zwischen Dichtungswerkstoff und Dichtleiste sowie der Beschreibung von Kapillarlänge und hydraulischem Kapillardurchmesser ausgegangen, die Hummelt in [10] vorstellt. Jedoch wurde der Kapillardurchmesser in Abhängigkeit der Flächenpressung in Anlehnung an **Gleichung 8** beschrieben. **Gleichung 10** zeigt die beschreibende Gleichung.

$$\overline{\dot{m}}_{\mathrm{E,OL}} = \frac{\rho}{\eta} \cdot \frac{R_Z \cdot \tan\frac{\alpha}{2}}{32\pi(r_A^2 - r_I^2)(r_A + r_I)} \cdot \left[\left(2 \cdot R_Z \cdot \frac{\sin\frac{\alpha}{2}}{1+\sin\frac{\alpha}{2}} \cdot \sqrt{\frac{h_D - (1-\epsilon_0) h_{D,0}}{\epsilon_0 \cdot h_{D,0}}} \right)^4 \cdot (p_i - p_a) \right] + \frac{\rho}{\eta} \cdot \frac{R_Z \cdot \tan\frac{\alpha}{2}}{32\pi(r_A^2 - r_I^2)(r_A + r_I)} \cdot \left[\left(2 \cdot R_Z \cdot \frac{\sin\frac{\alpha}{2}}{1+\sin\frac{\alpha}{2}} \cdot \sqrt{\frac{h_D - (1-\epsilon_0) h_{D,0}}{\epsilon_0 \cdot h_{D,0}}} \right)^3 \cdot 4 \cdot \sigma \cos(\theta) \right]$$

Gleichung 10

Fasst man nun die beiden Leckageströme Querschnittsleckage nach **Gleichung 9**und Oberflächenleckage **Gleichung 10** nach zusammen, so ergibt sich eine Beschreibung des gesamten Stofftransportes durch flüssig beaufschlagte Flanschverbindungen (**Gleichung 11**):

$$\overline{\dot{m}}_{\mathrm{E}} = \frac{\rho}{\eta} \cdot \frac{\cdot\, n_{\mathrm{Kap}}(r_D = \overline{r})}{32 \ln(r_a/r_i) \cdot (r_a + r_i)^2} \cdot \left[d_{\mathrm{Kap,QL}}^4 \cdot (p_i - p_a) + d_{\mathrm{Kap,QL}}^3 \cdot 4\sigma \cos(\theta) \right] + \frac{\rho}{\eta} \cdot \frac{R_Z \cdot \tan\frac{\alpha}{2}}{32\pi(r_A^2 - r_I^2)} \cdot \left[d_{\mathrm{Kap,OL}}^4 \cdot (p_i - p_a) + d_{\mathrm{Kap,OL}}^3 \cdot 4\sigma \cos(\theta) \right]$$

Gleichung 11

Zur Beschreibung des gesamten Stofftransportes müssen also bei Verwendung des in **Gleichung 11** beschriebenen Ansatzes lediglich die Parameter n_{Kap} und $d_{Kap,0}$ bestimmt werden. Flüssigkeitsleckagen werden somit von folgenden Parametern beeinflusst:

- Medieneigenschaften (Dichte ρ, Viskosität η, Oberflächenspannung σ, Benetzungsweinkel θ)
- Eigenschaften des Dichtungswerkstoffs (Kapillaranzahl am mittleren Dichtungsdurchmesser n_{Kap}, Durchmesser der Kapillaren im unverpressten Zustand $d_{Kap,0}$, Porosität der unverpessten Dichtunge ε_0)

- Geometrie der Dichtung (Höhe der unverpressten Dichtung h_0, Höhe der verpressten Dichtung h (spiegelt den Einfluss der Flächenpressung wieder), Außendurchmesser der Dichtung r_a, Innendurchmesser der Dichtung r_i)
- Temperatur (indirekt über die temperaturabhängigen Medieneigenschaften)
- Oberflächenbeschaffenheit der Dichtleisten (Kapillarlänge, hydraulischer Durchmesser der Oberflächenkapillaren)

Geht man nun von den in diesem Kapitel für die Beschreibung der Leckage von Flüssigkeiten hergeleiteten Berechnungsgleichung (**Gleichung 11**) aus, setzt jedoch anstatt der laminaren Flüssigkeitsströmung eine Knudsenströmung voraus und vernachlässigt den Kapillardruck, so lässt sich auch eine Gleichung zur Beschreibung Gasleckagen herleiten:

$$\overline{m}_E = \left(\frac{n_{\text{Kap}}(r_D = \overline{r})}{3\pi \ln(r_a/r_i)(r_a + r_i)^2} \cdot d^3_{\text{Kap,QL}} + \frac{2}{3} \cdot d^3_{\text{Kap,OL}} \cdot \frac{R_Z \cdot \tan\frac{\alpha}{2}}{r_A^2 - r_I^2} \right) \sqrt{\frac{2\pi M}{RT}} (p_I - p_A) \Bigg|$$

Gleichung 12

Wie **Gleichung 12** zu entnehmen ist werden dabei ebenfalls die Parameter n_{Kap} und $d_{Kap,0}$ zur Beschreibung der Leckage benötigt. Da diese Parameter lediglich von der Dichtungsstruktur bestimmt werden, stellen **Gleichung 11** und **Gleichung 12** eine Möglichkeit zur Vorhersage von Flüssigkeitsemissionen mit Modellparametern, die aus Messungen an gasförmig beauflagten Flanschverbindungen gewonnen wurden, und anders herum.

4 Messmethode

Die im Folgenden vorgestellten Messungen an flüssig beaufschlagten Flanschverbindungen wurden nach der FID-Spülgasmethode [12] durchgeführt, bei der die zu untersuchenden Flanschverbindung mit einer Manschette gekapselt wird. Die zu vermessende Kombination aus Flansch und Dichtung wird von innen mit Druck beaufschlagt. Der Zwischenraum zwischen Manschette und Dichtung wird mit einem Spülgas durchströmt und die Gesamtkonzentration des organisch gebundenen Kohlenstoffs in diesem Gasstrom gemessen. Bei Kenntnis des Spülgas-Volumenstroms kann so der durch die Dichtung emittierte Massenstrom bestimmt werden. Eine Skizze des Aufbaus nach der Spülgasmethode zeigt **Abbildung 3**.

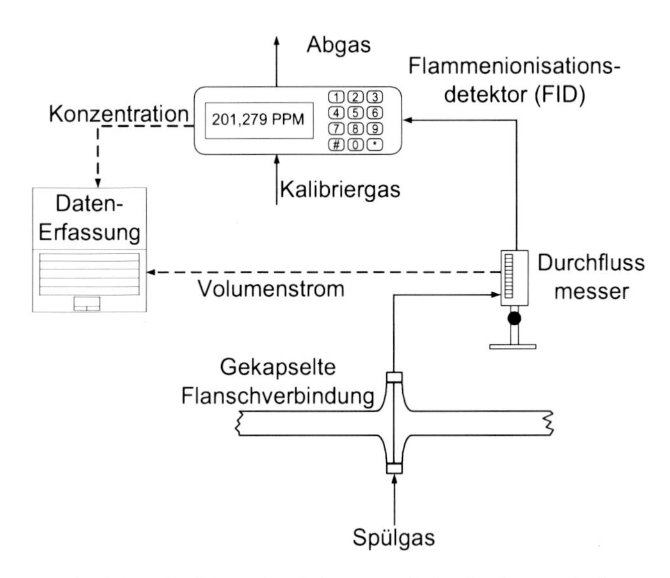

Abbildung 3: Skizze des Aufbaus nach der Spülgasmethode

5 Validierung des Modellansatzes für den Stofftransport von Flüssigkeiten durch Dichtungswerkstoffe

Vorgehensweise

Bei der Validierung des Berechnungsansatzes wurden zunächst die Parameter n_{Kap} und $d_{Kap,0}$ mittels Minimierung der Summe der Fehlerquadrate an ausgewählte Messergebnisse angepasst (in den folgenden Abbildung grün eingerahmt). Falls erforderlich wurde der Parameter n_{Kap} auf die Dichtungsgeometrie umgerechnet, für die die Vorhersage getroffen werden sollte. Dann wurden die erwarteten Messwerte nach **Gleichung 11** für die Vorhersage von Flüssigkeitsleckagen beziehungsweise nach **Gleichung 12** für die Vorhersage von Gasleckagen berechnet.

Einfluss der Flächenpressung

Zur Überprüfung des Berechnungsansatzes hinsichtlich der Abbildung des Einflusses der Flächenpressung auf die Flüssigkeitsleckage wurden die Modellparameter n_{Kap} und $d_{Kap,0}$ an Messungen bei einer Flächenpressung von 58 N/mm^2 angepasst (grüne Box in Abbildung 4). Mit diesen Modellparametern wurden dann die Leckagen bei Flächenpressungen von 18 N/mm^2, 29 N/mm^2 und 47 N/mm^2 vorhergesagt. Da ein großer Einfluss der Flächenpressung auf die Leckage festgestellt wurde, wurde auch die Streubreite der Schraubenkräfte und damit der Flächenpressung berücksichtigt. Hierzu wurden neben den Rechnungen bei der eingestellten Flächenpressung auch noch Rechnungen bei Abweichungen von ± 18% durchgeführt, was in der vorliegenden Arbeit der maximalen Streubreite bei drehmomentgesteuerter Montage entsprach. Wie **Abbildung** 4 zu entnehmen ist lässt sich die Emission bei Variation der Flächenpressung unter Berücksichtigung dieser Faktoren mit zufriedenstellender Genauigkeit beschreiben.

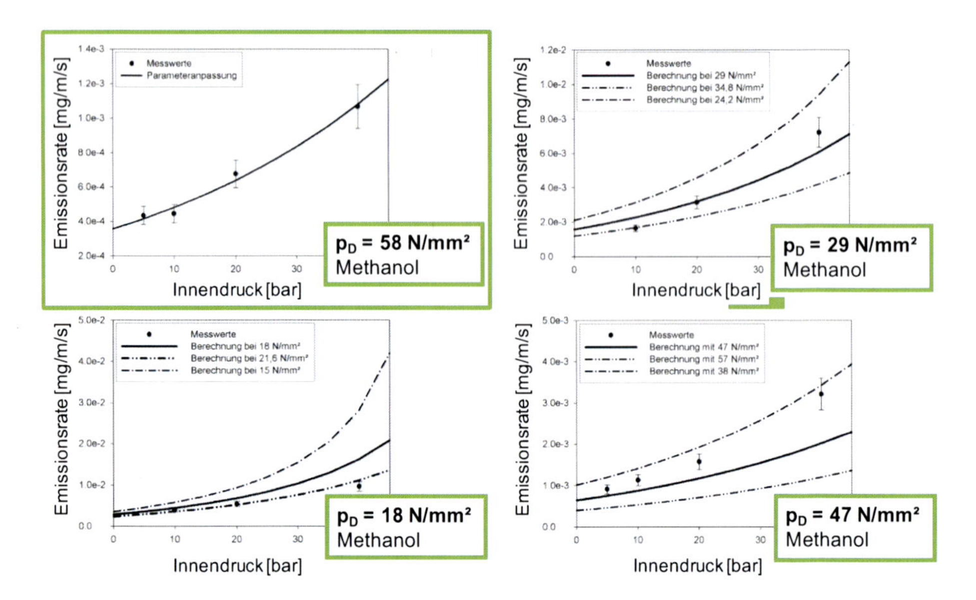

Abbildung 4: Methanol-Leckageströme als Funktion des Innendrucks bei verschiedenen Flächenpressungen; Berechnungsparameter gewonnen aus Messungen bei einer Flächenpressung von 58 N/mm² (Punkte: Messwerte; Volllinie: berechnete Werte; Strich-Punkt-Line: mit einer Abweichung von - 18 % berechnete Werte; Strich-Doppelpunkt-Line: mit einer Abweichung von + 18 % berechnete Werte)

Einfluss der Dichtungsbreite

Analog zu den Betrachtungen hinsichtlich des Einflusses der Flächenpressung wurde auch bei der Validierung des Berechnungsansatzes im Bezug auf die Dichtungsbreite vorgegangen. Jedoch musste bei der Vorhersage der Leckageströme bei geänderter Dichtungsbreite der Parameter n_{Kap} am mittleren Dichtungsdurchmesser bestimmt und somit bei geänderter Dichtungsbreite umgerechnet werden. Wie **Abbildung 5** zeigt, lässt sich auch die Emission unter Variation der Dichtungsbreite mit zufriedenstellender Genauigkeit beschreiben.

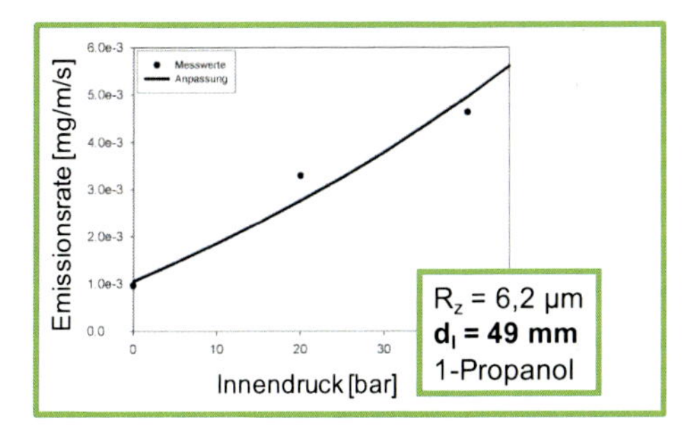

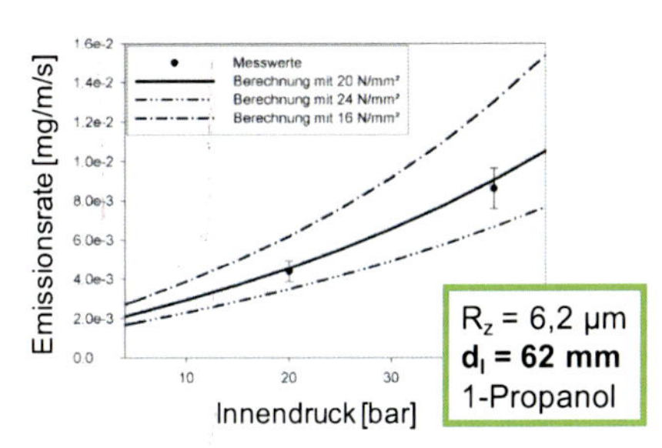

Abbildung 5: 1-Propanol-Leckageströme als Funktion des Innendrucks bei verschiedenen Dichtungsbreiten (Innendurchmesser: 49 mm und 62 mm, Außendurchmesser: 92 mm); Berechnungsparameter gewonnen bei einem Dichtungsinnendurchmesser von 49 mm (Punkte: Messwerte; Volllinie: berechnete Werte; Strich-Punkt-Line: mit einer Abweichung von - 18 % berechnete Werte; Strich-Doppelpunkt-Line: mit einer Abweichung von + 18 % berechnete Werte)

Einfluss der Medieneigenschaften

Zur Überprüfung des Berechnungsansatzes wurden Modellparameter an Versuchsergebnisse aus Messungen mit 1-Propanol als emittierender Komponente angepasst. Mit diesen Parametern wurden Erwartungswerte für Methanol-Leckagen berechnet.

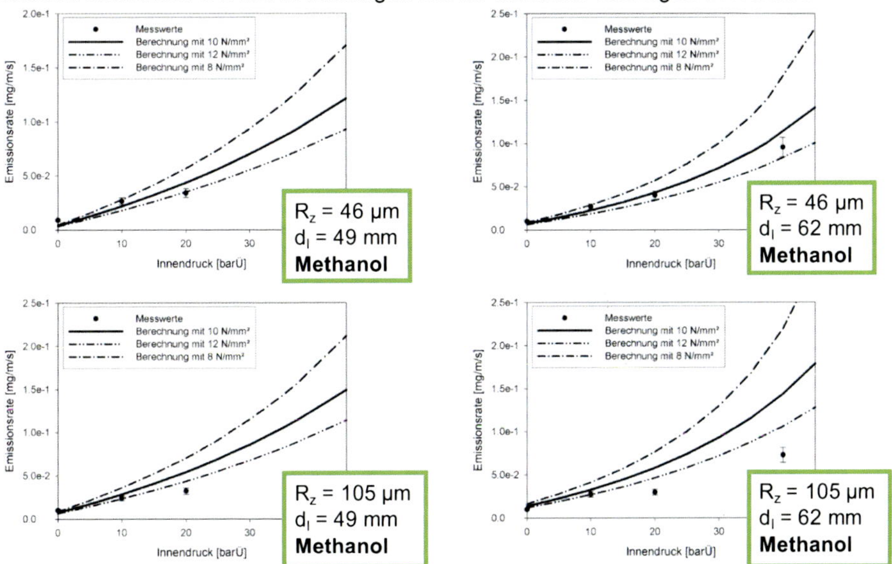

Abbildung 6: Methanol-Leckageströme als Funktion des Innendrucks vorhergesagt aus Parametern, die aus Messungen mit 1-Propanol als emittierendem Medium gewonnen wurden (Punkte: Messwerte; Volllinie: berechnete Werte; Strich-Punkt-Line: mit einer Abweichung von -18 % berechnete Werte; Strich-Doppelpunkt-Line: mit einer Abweichung von +18 % berechnete Werte)

Wie bereits bei der Beschreibung des Einflusses der Flächenpressung auf die Leckage beschrieben, wurde die Flächenpressung drehmomentgesteuert aufgeprägt. Um diesem Umstand Rechnung zu tragen wurden auch hier die Leckagen eingezeichnet, die für Abweichung der Flächenpressung von ± 18% erwartet wurden. Wie **Abbildung 6** zu entnehmen ist, lässt sich der Einfluss der Medieneigenschaften auf die Leckagerate mit dem vorgestellten Berechnungsansatz im erwarteten Schwankungsbereich mit zufriedenstellender Genauigkeit beschreiben.

Einfluss des Spülgasvolumenstroms

Wie den Ausführungen in Abschnitt 3 zu entnehmen ist, wurde bei der Herleitung des Berechnungsansatzes davon ausgegangen, dass die Durströmung des Dichtungswerkstoffs den einzigen Transportwiderstand darstellt. Der Übergang der Flüssigkeit in die umgebende Gasphase wurde also vernachlässigt. Um die Zulässigkeit dieser Annahme zu prüfen wurden Versuche bei unterschiedlichen Spülgasvolumenströmen durchgeführt. Sollte der Phasenübergang flüssig-gasförmig einen Einfluss auf die Leckage haben, so müsste die Grenzschicht durch die Strömungsgeschwindigkeit des Spülgases beeinflusst werden. Damit ist zu erwarten, dass bei unterschiedlichen Spülgasströmen verschiedene Emissionsströme auftreten. Wie

Tabelle 1 zu entnehmen ist, konnte kein signifikanter Einfluss des Spülgasstromes auf die Leckagerate nachgewiesen werden. Es kann also weiterhin davon ausgegangen werden, dass die Durchströmung des Dichtungsmaterials den wesentlichen Transportwiderstand darstellt.

Tabelle 1: Einfluss des Spülgasstroms auf die Emissionsrate einer 1-Propanol beaufschlagten Graphit-Spießblech-Dichtung (Dichtungshöhe im unverpressten Zustand: 3 mm)

Emissionsrate [mg/m/s]		***Abweichung [%]***
Spülgasstrom = 60 l/h	***Spülgasstrom = 25 l/h***	
$9{,}86 \cdot 10^{-3}$	$9{,}62 \cdot 10^{-3}$	-2,55
$7{,}82 \cdot 10^{-3}$	$7{,}61 \cdot 10^{-3}$	-2,84
$8{,}34 \cdot 10^{-3}$	$8{,}18 \cdot 10^{-3}$	-1,94
$9{,}79 \cdot 10^{-3}$	$9{,}82 \cdot 10^{-3}$	0,32
$1{,}28 \cdot 10^{-2}$	$1{,}33 \cdot 10^{-3}$	4,10
$1{,}39 \cdot 10^{-2}$	$1{,}36 \cdot 10^{-3}$	-2,09
$1{,}61 \cdot 10^{-2}$	$1{,}56 \cdot 10^{-3}$	-3,46

Einfluss der Dichtleistenrauhigkeit

Bei der Beschreibung der Oberflächenleckage wurde davon ausgegangen, dass die Strömung im Kontaktbereich zwischen Dichtleiste und Dichtungswerkstoff spiralförmig verläuft und dass das emittierende Medium dieser spiralförmigen Rille beim Austritt folgt. Eine grobe Oberflächenkapillare bedeutet in diesem Zusammenhang einen kurzen Transportweg, da die einzelnen Rillen weit voneinander entfernt sind. Gleichzeit hat eine solche Rille einen großen Querschnitt, sodass bei einer groben Oberfläche mit einer großen Leckage zu rechnen ist.

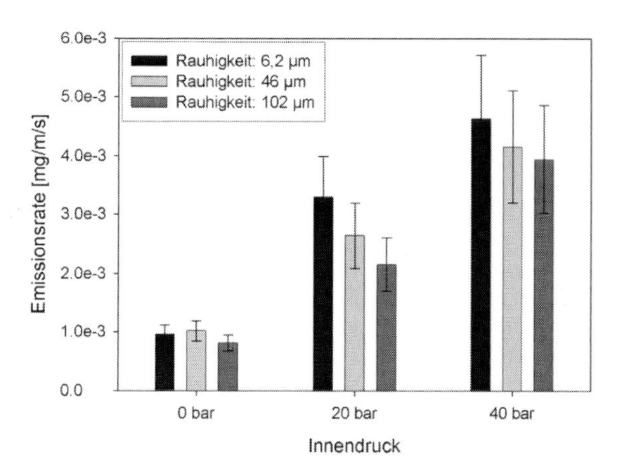

Abbildung 7: 1-Propanol-Leckageströme als Funktion des Innendrucks bei verschiedenen Oberflächenrauhgigkeiten; Fehlerbalken enthalten neben dem reinen Messfehler zusätzlich einen nach Gleichung 11 berechneten Fehler, der den Einfluss des Montagefehlers berücksichtigt; Fehler bei der Einstellung der Flächenpressung: ± 18%

Wie **Abbildung 7** zeigt, wurde dieser Trend bei der Emission von Flüssigkeiten nicht wie erwartet gefunden. Berücksichtigt man jedoch nach **Gleichung 11** rechnerisch auch den Einfluss der Flächenpressung auf die Leckagerate, so erkennt man, dass sich die Vertrauensbereiche der Messungen überlappen. Eine gesicherte Aussage über den Einfluss der Dichtleistenrauhigkeit auf die Leckage lässt sich also aufgrund der Ungenauigkeit des Montageverfahrens mit den gezeigten Messungen nicht treffen.

Umrechnung auf Methanleckagen

Wie Abbildung 8 zu entnehmen ist, hat der Aggregatzustand des emittierenden Mediums einen großen Einfluss auf die Leckagerate. So steigt die Leckagerate von 1-Propanol beispielsweise mit steigender Temperatur an, wohingegen die Leckagerate von Methan mit steigender Temperatur abfällt.

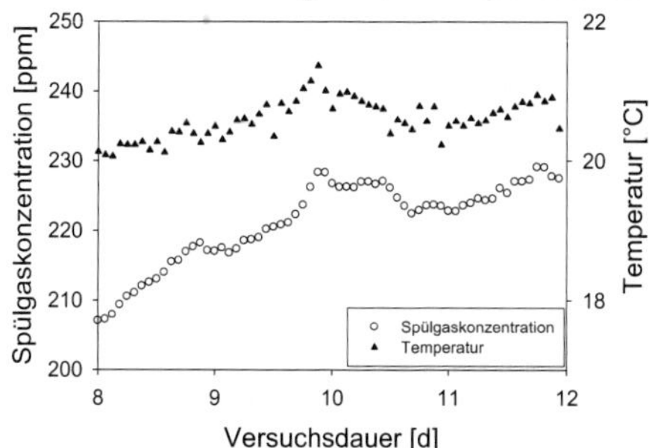

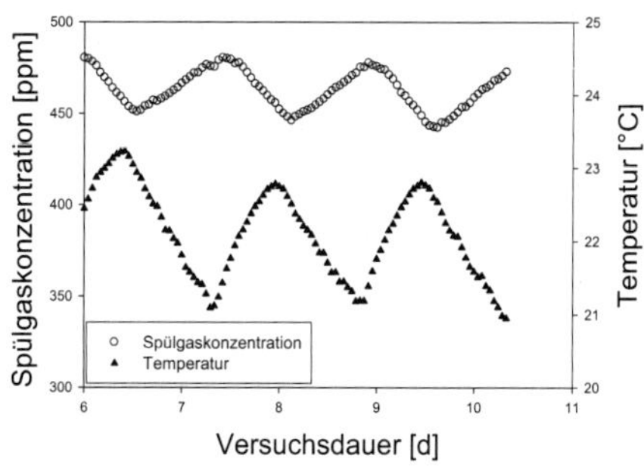

Abbildung 8: Spülgaskonzentrationen bei Emissionsmessungen nach der Spülgas-Methode (links: 1-Propanol-Leckagen, rechts: Methan-Leckagen)

Betrachtet man in diesem Zusammenhang **Gleichung 3**, so fällt auf, dass die Temperatur des Mediums nicht in die Gleichung eingeht. Vielmehr wird der Temperatureinfluss lediglich über die temperaturabhängigen Medieneigenschaften Dichte und Viskosität beschrieben. Eine detaillierte Darstellung dieses Zusammenhanges sowie ein erläuterndes Beispiel finden sich in [13]. Für Gase dagegen lässt sich der umgekehrt proportionale Zusammenhang zwischen Temperatur und Emissionsrate leicht anhand von **Gleichung 12** erklären, da hier die Temperatur in der Gleichung direkt vorkommt.
Zur Überprüfung des Berechnungsansatzes auf seine Eignung zur Vorhersage von Gasemissionen auf Basis von Flüssigkeitsleckagen wurden die Parameter n_{Kap} und $d_{Kap,0}$ anhand von Versuchen mit 1-Propanol als emittierendem Medium angepasst. Mit diesen Parametern wurden dann Methan-Leckagen vorhergesagt.

Tabelle 2: Einfluss des Aggregatzustandes auf die Emissionsrate einer Graphit-Spießblech-Dichtung (Dichtungshöhe im unverpressten Zustand: 3 mm)

Innendurchmesser	Gemessene Leckagerate [mg/m/s]	Berechnete Leckagerate [mg/m/s]	Abweichung
d_i = 49 mm	2,66 E-02	2,65 E-02	-0,15 %
d_i = 62 mm	1,71 E-02	1,74 E-02	1,84 %

Wie **Tabelle 2** zu entnehmen ist konnte die Leckage Methan beaufschlagter Dichtungen basierend auf Messungen an 1-Propanol beaufschlagten Dichtungen sehr gut wiedergegeben werden. Es sei jedoch an dieser Stelle ausdrücklich darauf hingewiesen, dass die Schraubenkräfte bei der drehmomentgesteuerten Montage großen Schwankungsbreiten unterliegen. Da die Flächenpressung wie weiter oben gezeigt werden konnte einen großen Einfluss auf die Leckage hat kann die grundsätzliche Eignung des Berechnungsansatzes zur Beschreibung von Gasleckagen aufgrund von lediglich zwei Messungen nur vermutet werden. Weiter führende Messungen mit einem genaueren Montageverfahren sind zur Validierung des Berechnungsansatzes demnach erforderlich.

6 Formelzeichen

lateinische Buchstaben

$\bar{d}$	mittlerer Dichtungsdurchmesser	[m]
d_{Kap}	Kapillardurchmesser	[m]
Δp	Differenz des Absolutdrucks	[Pa]
Δp_{Kap}	Kapillardruck	[Pa]
h	Höhe der verpressten Dichtung	[m]
h_0	Höhe der unverpressten Dichtung	[m]
l_{Kap}	Kapillarlänge	[m]
M	molare Masse	[kg/kmol]

$\dot{m}_E$	Emissionsmassenstrom	[mg/m/s]
N	spezifische Kapillaranzahl	[1/m²]
n	Anzahl der Kapillaren (am mittleren Dichtungsdurchmesser)	[-]
p_a	Absolutdruck am äußeren Rand der Dichtung	[Pa]
p_A	Partialdruck des emittierenden Mediums am äußeren Rand der Dichtung	[Pa]
p_i	Absolutdruck am inneren Rand der Dichtung	[Pa]
p_I	Partialdruck des emittierenden Mediums am inneren Rand der Dichtung	[Pa]
R	allgemeine Gaskonstante	[kJ/kmol/K]
r_a	Außendurchmesser der verpressten Dichtungsfläche	[m]
r_i	Innendurchmesser der verpressten Dichtungsfläche	[m]
r_{Kap}	Kapillarradius	[m]
R_Z	Dichtleistenrauhigkeit	[m]
T	Temperatur	[K]

griechische Buchstaben

α	Öffnungswinkel der Oberflächenkapillaren	[°]
ε	Porosität des verpressten Dichtungswerkstoffs	[-]
ε_0	Porosität des unverpressten Dichtungswerkstoffs	[-]
η	dynamische Viskosität	[Pa·s]
π	Kreiszahl	[-]
θ	Benetzungswinkel	[°]
ρ	Dichte	[kg/m³]
σ	Oberflächenspannung	[N/m}

7 Literatur

1. Micheely, A., *Experimentelle Untersuchungen der Leckraten an Rohrleitungsflanschen*. Chemie Ingenieur Technik, 1978. **50**(6): p. 463-463.
2. Micheely, A., *Untersuchungen an Rohrleitungsflanschen bei Betriebsbedingungen unter besonderer Berücksichtigung des Leckverhaltens*. 1977, Universität Dortmund: Dortmund.
3. Kämpkes, W., *Dissertation: Einflüsse der Dichtungsgeometrie auf die Gasleckage an Rohrleitungsflanschenverbindungen mit IT-Flachdichtungen*. 1982, Universität Dortmund.
4. Kämpkes, W., *Zur Berechenbarkeit des Emissionsverhaltens von Rohrleitungs-Flanschverbindungen mit It-Flachdichtungen unter Berücksichtigung des Dichtungsmaterials und der Dichtungsgeometrie bei unterschiedlichen Betriebszustanden*. Chem.-Ing.-Tech, 1984. **56**(10): p. 790-791.
5. Schwind, H.a.K., W., *Berechnung des Betriebsverhaltens von Rohrleitungsflanschverbindungen*. 1990, Essen: Vulkan-Verlag.
6. Mason, E.A. und A.P. Malinauskas, *Gas Transport in porous media: The Dusty-Gas-Model*. 1983, Amsterdam-New York: Elsevier Publishers.
7. Kockelmann, H., *Leckageraten von Dichtungen für Flanschverbindungen: Einflußgrößen, Anforderungen, meßtechnische Erfassung und leckageratenbezogene Dichtungskennwerte*. Chemie Ingenieur Technik, 1996. **68**: p. 219-227.
8. Hummelt, C., *Dissertation: Untersuchung gasförmiger Emissionen an Rohrleitungsflanschen*, in *Universität Dortmund*. 2002, VDI-Verlag; Reihe 3 (Nr. 760): Dortmund.
9. Bathen, D., C. Hummelt, und J. Meisel, *Emissionen an Flanschverbindungen*. 2000, Essen: Vulkan Verlag.
10. Hummelt, C. und D. Bathen, *Diffuse Emissionen an Flanschverbindungen: Einfluss der Flächenpressung*. Chemie Ingenieur Technik, 2000. **5**(72): p. 467-472.
11. Hummelt, C., D. Bathen, und H.S. Traub, *Emissionen an Flanschverbindungen - Verfahren zur Berechnung und Abschätzung*. Chemie Ingenieur Technik, 2001. **73**(11): p. 1408-1414.
12. Kanschik, K., *Entwicklung eines Messverfahrens zur Bestimmung der Emissionen an Flanschverbindungen und Vergleich des Emissionsverhaltens verschiedener Dichtungstypen unter Labor- und Betriebsbedingungen*. 2000, Logos Verlag: Berlin.
13. Bramsiepe, C. und G. Schembecker, *Fugitive Emissions from Liquid-Charged Flange Joints: A Comparison of Laboratory and Field Data*. Environmental Science & Technology, 2009. **43**(12): p. 4498-4502.

Danksagung:

Die Forschung, die dieser Veröffentlichung geführt hat, wurde durch das Stipendiatenprogramm der Deutschen Bundesstiftung Umwelt (DBU) gefördert.

Einfluss der Dichtungsgeometrie auf das Funktionsverhalten einer Dichtverbindung

Dipl.-Ing. (FH) Bastian Reinhuber
W. L. Gore & Associates GmbH

1. Abstrakt

Um den Einfluss der Dichtungsgeometrie auf das Funktionsverhalten einer Dichtverbindung zu untersuchen, wurden zwei standardisierte Messverfahren mit variablen Dichtungsabmessungen durchgeführt. Als maßgebliche Variable wurde hierbei die Dichtungsbreite angesehen.
Für eine möglichst genaue Beschreibung des Funktionsverhaltens der Dichtung wurden zwei Messreihen an automatisierten Testständen durchgeführt. Als Funktionskriterien wurden die Kriechrelaxation (EN13555/ P_{QR}) und das Leckageverhalten gewählt.
Die individuelle Korrelation der beiden Funktionskriterien mit der jeweils gewählten Dichtungsgeometrie wird ebenso diskutiert wie die Auswirkung der Dichtungswahl auf das Gesamtsystem.
Die zusammenfassende Betrachtung der Ergebnisse erlaubt dann auch Rückschlüsse auf die ideale Dichtungsgeometrie, bei einer gegebenen Anwendung.

2. Einleitung

Um das Funktionsverhalten bzw. die Aufgabe einer Dichtung, das Verhindern bzw. Einschränken eines Stoffflußes zwischen zwei voneinander getrennten Räumen[1)], zu optimieren, bedarf es der Auswahl der richtigen Dichtung – in dieser Betrachtung werden statische Banddichtungen aus multiaxial expandiertem PTFE betrachtet – und deren ideale Dichtungsgeometrie. Neben der genannten Dichtungsgeometrie spielen auch noch weitere Einflüsse für die Auswahl der richtigen Dichtung[2)] eine Rolle. Neben der chemischen Beständigkeit sind außerdem die mechanischen Faktoren, wie minimale und maximale Dichtflächenpressung sowie die Kriechrelaxation zu betrachten. Bei Banddichtungen gibt es keine normativen Vorschriften bezüglich der Geometrie. Die optimale Dicke bzw. die Anpassungsfähigkeit wurde bereits betrachtet[3)] und soll hier nur ergänzend erwähnt werden.
Wie soll nun die ideale Breite einer Dichtung ermittelt werden? Im Gegensatz zur Dichtungsdicke hat die Breite einen weitaus höheren Einfluss auf die vorhandenen Kräfte im Flanschsystem. Je schmaler die Dichtung, desto mehr Flächenpressung wird aus der vorhandenen Kraft generiert. Je breiter, desto weniger. Theoretisch betrachtet hat somit eine unendlich breite Dichtung eine gegen Null tentierende Flächenpressung und eine unendlich kleine Dichtungsbreite eine gegen unendlich tendierende Dichtflächenpressung. Die Leckage und die Ausblassicherheit stehen in direkter Abhängigkeit zur Flächenpressung. Je mehr Flächenpressung desto weniger Leckage und desto höher die Ausblassicherheit. Wie verhält sich in diesem Zusammenhang die Kriechrelaxation und welchen Einfluss hat dies auf das Dichtsystem?

Bisherige Testverfahren für die Kriechrelaxation, wie der P_{QR}-Test nach EN 13555 beziehen sich in der aktuellen Ausgabe[4)] auf Ringdichtungen mit Standardgrößen nach EN 1514-1[5)], bei denen die Breite festgelegt ist und nur die Dicke einen Einfluss auf die Kriechrelaxation hat. Hier gilt, je dünner die Dichtung ist, also je weniger Material eingesetzt wird, desto weniger Kriechen. Vor diesem Hintergrund kann man die Vermutung anstellen, dass dies auch bei der Breite gilt. Je schmaler die Dichtung desto weniger Kriechen. Eine experimentelle Betrachtung soll zeigen, ob sich dies auch unter realen Bedingungen so verhält wie vermutet.

3. Theoretische Überlegungen

Banddichtungen werden in den meisten Fällen in Flanschen mit großen Durchmessern verbaut, die oft Einzelanfertigungen sind und daher kann ihr Design stark variieren. Dennoch sind die Basiskomponenten auch bei diesen Flanschverbindungen Flansch, Schrauben und Dichtung. In Abb. 1 soll der Einsatzbereich des Flanschsystems in Abhängigkeit zur Dichtflächenpressung betrachtet werden. Um eine gewünschte Dichtheitsklasse zu erreichen, muss eine definierte Mindestdichtflächenpressung (Q_{min}) aufgebracht werden und auch im Betriebszustand gehalten werden (Q_{smin}). Eine Unterschreitung dieser Mindestanforderung führt zum Ausfall des Dichtsystems (Leckage) oder im schlimmsten Fall zum Ausblasen der Dichtung. Die Flanschverbindung hat eine maximale Auslastung (hier Q_{max} bzw. Q_{smax}) und somit auch nur eine limitierte Kraft (maximale Schraubenkraft). Das beschränkende Element ist, je nach Design, eines der drei oben genannten Basiskomponenten. Hierbei spielen die Festigkeiten bei Flansch und Schraube (maximal zulässige Schraubenkraft) ebenso eine Rolle wie die maximal zulässige Flächenpressung auf der Dichtung. Meist können die Dichtungen bis zu einer Flächenpressung belastet werden, die über der zulässigen Festigkeitsgrenze der Schrauben oder des Flansches liegt. Dies schließt die Dichtung als limitierendes Element generell nicht aus, die Gefahr der Überpressung besteht besonders bei z.B. Nut und Feder Flanschen, schmalen Dichtungsgeometrien oder überdimensionierten Schrauben.

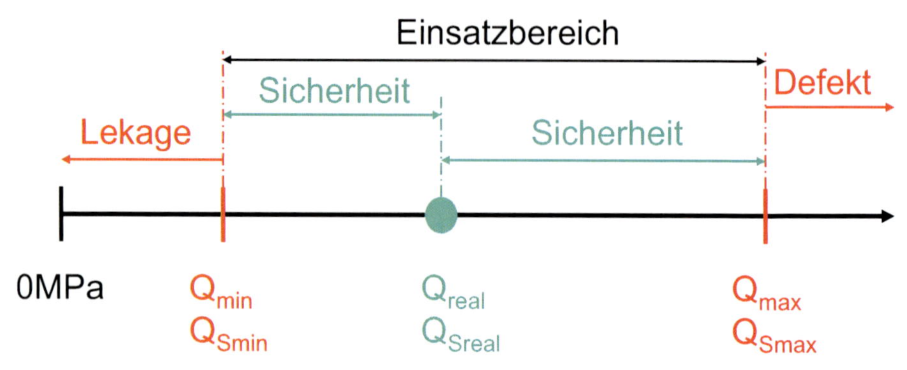

Abb. 1: Einsatzbereich je nach Dichtflächenpressung

Banddichtungen existieren in verschiedenen Breiten und Dicken. Generell sind die Dichtungsbreiten b_D schmaler gewählt als die Dichtleisten der Flansche, um möglichst hohe Flächenpressungen zu generieren. (siehe Abb. 2)

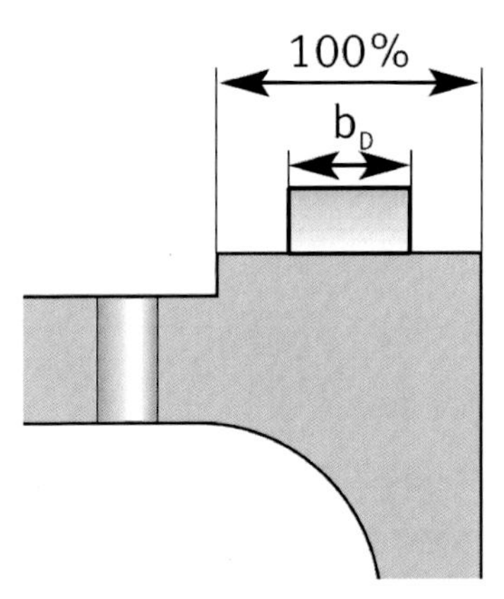

Abb. 2:Flanschauflagefläche

Je nach Größe und Design des Flanschsystems ergibt sich bei Stahlflanschen meistens eine Auswahl, bei welcher die Dichtung zwischen 30% und 75% der Dichtflächenbreite bedeckt, je nach verfügbarer Flächenpressung.

Bei Flanschsystemen aus Kunststoff, bei denen nur relativ geringe Kräfte verfügbar sind, kann dieser Bereich auch noch nach unten ausgeweitet werden.

Bei Stahl-Email gibt das Design die Breite des Dichtungsbandes vor, da hier die ganze Emailoberfläche des Flansches abgedeckt werden sollte.

Um einheitliche Ergebnisse vergleichen zu können, sollen im weiteren Verlauf die Eigenschaften von Stahlflanschen betrachte werden.

4. Experimentaufbau

Für dieses Experiment wurden zwei verschiedene Testabläufe durchgeführt. Zum Einen soll der Einfluss der Dichtungsbreite auf das Kriechverhalten, zum Anderen auf die Leckagerate ermittelt werden. Um den Umfang der Tests dennoch gering zu halten wurden die Versuche primär mit verschiedenen Breiten durchgeführt. Es scheint dennoch sinnvoll, auch einen eventuellen Einfluss der Dicke in einem kurzen Test zu validieren. Wie eingangs erwähnt, gibt es in einem Flanschsystem nur eine begrenzte Kraft. Darum soll, unabhängig von der Dichtungsbreite, immer die gleiche Kraft, analog zur maximalen Schraubenkraft, eingesetzt werden.

4.1 Kriechrelaxation

Für die Kriechrelaxation Testreihe wurde eine hydraulische Presse, mit der Möglichkeit den P_{QR} Wert nach EN13555 zu ermitteln, verwendet. Hierbei wurden sieben Proben mit verschiedenen Breiten zugeschnitten und als geschlossener Ring in der Hydraulikpresse bei 150°C untersucht. Um eine realistische Darstellung der verfügbaren Kraft zu bekommen, wurde eine jeweilige Flächenpressung realisiert, die 70% der maximalen Schraubenkraft (400kN) entspricht - also 280kN.

Die Länge der einzelnen Proben variiert aufgrund der unterschiedlichen Dichtungsbreiten, da jeweils von einem geschlossenen Ring (Verbindung mittels Schrägschnitt-Technik) mit einem definierten Innendurchmesser (Schablone) von Ø 220mm (Schablone) ausgegangen wird.

Die Dichtungslänge wird aus dem mittleren Durchmesser der Dichtung errechnet.

Formel: $l\_Dichtung = U\_mitte = 2 * \pi * R\_mitte = 2 * \pi * (110mm + \frac{Breite}{2} mm)$

Dicke der Proben (in mm): 3; Breite der Proben (in mm): 5, 10, 15, 20, 25, 30, 35

4.2 Leckagemessung

Die Leckageraten wurden nach der Differenzdruckmethode in einem hydraulischen Messstand mit 40 bar Innendruck, bei Raumtemperatur, mit dem Prüfmedium Stickstoff und variierenden Flächenpressungen gemessen. In diesem Versuchsaufbau wurde eine jeweilige Flächenpressung realisiert, die folgenden maximal verfügbaren Schraubenkräften entspricht: 200kN, 400kN, 600kN und 800kN.

Die reale Schraubenkraft entspricht auch hier 70% der maximalen Schraubenkraft. Bei gleichbleibender Schraubenkraft, verringert sich die Flächenpressung mit ansteigender Breite der jeweiligen Dichtung.

Die Länge der einzelnen Proben ist mit 74mm angegeben, da die Dichtung immer auf die Flanschmitte des Teststandes gelegt wird und somit der mittlere Durchmesser von 235mm immer gleich bleibt.

Formel: $l\_Dichtung = U\_mitte = 2 * \pi * R\_mitte = 2 * \pi * 117.5mm = 740mm$

Auch in diesem Test wird die Dichtung mit der Schrägschnitt-Technik geschlossen.

Dicke der Proben (in mm): 3; Breite der Proben (in mm): 5, 10, 15, 20, 25, 30

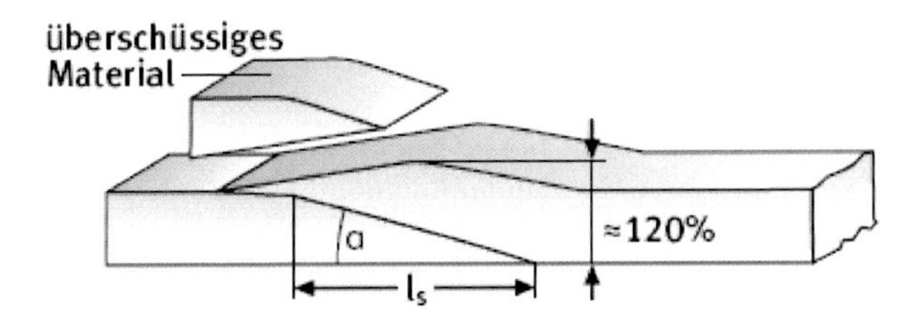

Abb. 3: Schrägschnitt Verbindung

5. Ergebnisse

Folgende Ergebnisse wurden in den zwei Testreihen ermittelt.

5.1 Hydraulische Presse (Kriechrelaxation):

- Temperatur: 150°C
- Dauer: 4h
- Schraubenkraft (für alle Proben gleich): 280Nm (entspräche 400kN maximal)

Tab. 1 Ergebnisse Hydraulische Presse (P_{QR})

Dichtungs-breite [mm]	*Ergebnisse*			
	Dichtungs-länge [mm]	*Dichtflächen-pressung [MPa]*	*Restflächen-pressung [MPa]*	P_{QR}
5	710	79,22	23,77	0,3
10	720	38,75	13,56	0,35
15	740	25,28	11,63	0,46
20	750	18,57	9,10	0,49
25	770	14,55	7,86	0,54
30	790	11,88	5,70	0,48
35	800	9,99	5,19	0,52

Anhand dieser Testergebnisse wird deutlich, dass unter den Kraftbedingungen eines realen Flansches die Breite einen erheblichen Einfluss auf die Kriechneigung der Dichtung ausübt. Je breiter die Dichtung, desto höher der P_{QR}.

Abb. 4 zeigt den Verlauf des P_{QR} über die verschiedenen Breiten. Ab einer Breite von 20mm wird der Unterschied geringer und der P_{QR} scheint sich bei ca. 0,51 zu stabilisieren.

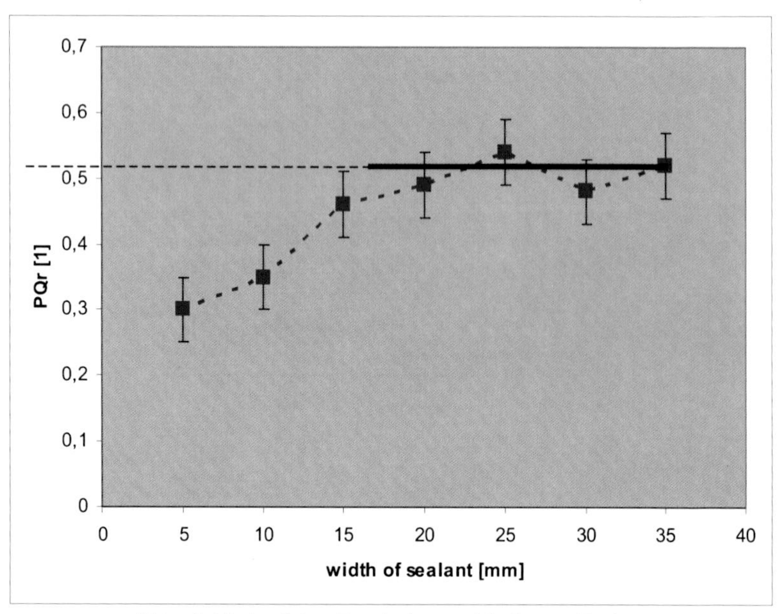

Abb. 4: Verlauf des P_{QR} bei verschiedenen Breiten

Dieser Test allein betrachtet, sollte darauf schließen lassen, dass eine breite Dichtung die bessere Wahl ist. Besonders bei erhöhten Temperaturen, da in dem Fall der P_{QR} bei Weichstoffdichtungen generell abnimmt.

Bemerkung: Dieser Test wurde bisher nur einmal durchgeführt und soll zur genaueren Verifizierung noch wiederholt werden, um auch eventuelle Testungenauigkeiten zu bereinigen. Ergebnisse dieses Wiederholversuches sind aktuell noch nicht verfügbar.

5.2 Hydraulischer Leckagemesstand:

- Temperatur: Raumtemperatur
- Druck: 40bar
- Schraubenkraft: siehe Tabelle2

Tab. 2 Ergebnisse Hydraulischer Leckagemessstand

Ergebnisse									
		Schraubenkraft 1		***Schraubenkraft 2***		***Schraubenkraft 3***		***Schraubenkraft 4***	
	F max	***200kN***		***400kN***		***600kN***		***800kN***	
	F real	***140kN***		***280kN***		***420kN***		***560kN***	
Dichtung		***Flächenpressung***	***Leckage***	***Flächenpressung***	***Leckage***	***Flächenpressung***	***Leckage***	***Flächenpressung***	***Leckage***
Breite	***Länge***								
[mm]	***[mm]***	***[MPa]***	***[mg/m*s]***	***[MPa]***	***[mg/m*s]***	***[MPa]***	***[mg/m*s]***	***[MPa]***	***[mg/m*s]***
5	740	37,93	7,14E-04	75,85	5,77E-04	113,78	2,71E-04	151,71	2,22E-04
10	740	18,96	1,72E-02	37,93	1,20E-03	56,89	5,95E-04	75,85	4,35E-04
15	740	12,64	2,46E-01	25,28	6,22E-03	37,93	4,96E-04	50,57	3,48E-04
20	740	9,48	8,17E-01	18,96	8,12E-02	28,44	6,26E-03	37,93	1,26E-03
25	740	7,59	1,25E+0	15,17	1,71E-01	22,76	2,67E-02	30,34	4,63E-03
30	740	6,32	1,54E+0	12,64	2,95E-01	18,96	5,95E-02	25,28	1,33E-02

Im Gegensatz zum ersten Test, verhält sich hier die Breite der Dichtung wie erwartet. Auf einer schmaleren Dichtung wird die verfügbare Kraft konzentriert und es können höhere Flächenpressungen realisiert werden. Eine höhere Flächenpressung kann die Poren des expandierten PTFE besser verschließen und führt somit zu geringeren Leckageraten.

Abb. 5 zeigt den Verlauf der Leckagerate in Abhängigkeit zur Breite bei den verschiedenen Belastungsstufen. Hier kann man deutlich sehen, dass die Flächenpressung das entscheidende Kriterium für die Leistungsfähigkeit der Dichtung bezüglich Leckage (bei Raumtemperatur) ist. Dieser Test lässt vermuten, dass die schmalste Dichtung die beste Wahl ist.

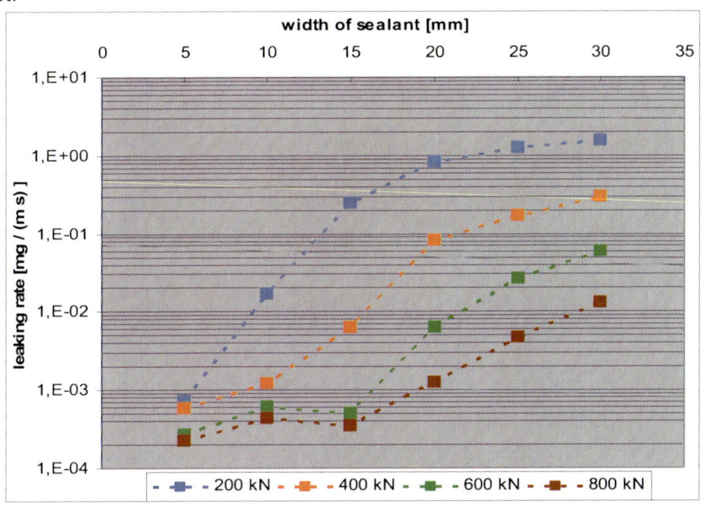

Abb. 5: Verlauf der Leckagerate bei verschiedenen Breiten

5.3 Dickenbetrachtung

Wie Eingangs erwähnt soll auch hier kurz auf den Einfluss der Dicke eingegangen werden. In einem weiteren Test wurde der P_{QR} Wert bei zwei Breiten und zwei Dicken gemessen. Auch hier korreliert das Ergebnis mit den bisherigen Erwartungen aus den oben genannten Tests und weiteren bereits durchgeführten Tests mit Ringdichtungen.

Tab. 3 P_{QR} bei variabler Dicke und Breite

Ergebnisse		
Dichtungsbreite [mm]	***Dichtungsdicke [mm]***	***P_{QR}***
10	3	0,35
10	6	0,18
30	3	0,48
30	6	0,44

Analog zu den bisherigen Tests kann auch hier dargestellt werden, dass die Breite sowie die Dicke einen Einfluss auf den P_{QR} Wert haben.

6. Zusammenfassung

Wie in diesen beiden Tests gezeigt wird, hat die Breite der Dichtung einen sehr unterschiedlichen Einfluss auf die Parameter die getestet werden. Eine generelle Aussage welches die beste Geometrie ist, ist nur bedingt möglich.

Die zwei Extreme sind wie folgt:
Wird die Dichtung zu schmal gewählt, kann es zu einer Überpressung kommen oder die Breite wird schmäler als die Höhe der Dichtung, was während der Montage zu einem Verkippen der Dichtung und somit zu einem Ausfall, bzw. zu einer starken Leckage führen kann.
Wird die Dichtung zu breit gewählt, ist die Kriechneigung zwar gering, aber ebenso verringert sich die Flächenpressung was wiederum stark nachteilig auf die Leckage ist.

Beispiel:
Ein Flanschsystem wird auf 150°C aufgeheizt und hat 600kN (real) Schraubenkraft zur Verfügung. Eine eingesetzte Dichtung mit der Breite von 5mm und einem P_{QR} Wert von 0,3 kann dann immer noch eine Restschraubenkraft von 200kN erreichen. In dem oben gezeigten Graph kann abgelesen werden, dass selbst bei einem Abfall von 70% der Schraubenkraft, die Leckagerate hier nicht nennenswert ansteigt. Es ist immer noch genug Flächenpressung auf der Dichtung, um diese Leckagerate zu halten.
Wichtig ist zu bemerken, dass ein höherer P_{QR} Wert hier auch eine höhere Sicherheitsmarge aufgrund höherer Restschraubenkraft bedeutet. So würde bei gleichem Aufbau und einer Dichtung mit einem P_{QR} Wert von 0,5 die Restschraubenkraft bei 300kN liegen.

Fazit:
Daher sollte es das Ziel sein, eine möglichst hohe Flächenpressung zu generieren, ohne einen Teil des Dichtsystems zu beschädigen und dabei eine Dichtung mit einem möglichst hohen P_{QR} Wert zu verwenden. Dichtungen mit einem höheren P_{QR} Wert können bei gleicher Dichtungsbreite und identischer aufgebrachter Schraubenkraft, die Schraubenkraft länger aufrechterhalten als Dichtungen mit einem niedrigeren P_{QR} Wert.

Mit weiteren Datensätzen könnte ein Modell für die jeweilige optimale Dichtungsbreite eines Flanschsystems erstellt werden. In diesem Modell soll dann mit dem P_{QR} Wert der jeweiligen Dichtung die Restflächenpressung in dem betreffenden Flanschsystem ermittelt werden. Diese Restkraft wird danach mit der gewünschten Leckagerate abgeglichen. Die optimale Dichtungsbreite wäre demnach die schmalste, die bei dieser verbleibenden Flächenpressung noch die gewünschte Leckagerate einhält.

Weitere Testreihen sind erforderlich, um die reale Effektivität der dadurch bestimmten optimalen Dichtungsbreite herauszufinden.

Bemerkung:
In der Praxis spielen noch andere Faktoren für die Leckage eine Rolle wie Leckagekanäle, Strömungsverhalten, Druck, Flüchtigkeit des Mediums, um nur einige zu nennen. Diese konnten in diesem Laborversuch nicht berücksichtigt werden. Daher muss dieses Modell bei jeder Anwendung auf ihre Richtigkeit geprüft und gegebenenfalls auch angepasst werden.

7. Referenzen

1) Tietze, Wolfgang, Grundlagen. In: Tietze, Wolfgang (Hrsg.): Handbuch der Dichtungspraxis. Essen, 3. Auflage, 2003, S. 2

2) Tietze, Wolfgang, Grundlagen. In: Tietze, Wolfgang (Hrsg.): Handbuch der Dichtungspraxis. Essen, 3. Auflage, 2003, S. 4-5

3) Wimmer, Christian, Experimentelle Quantifikation der Anpassungsfähigkeit von Dichtungen (Dichtungskolloquium Münster, 2009), Putzbrunn, 2009

4) DIN EN 13555 Flansche und ihre Verbindungen - Dichtungskennwerte und Prüfverfahren für die Anwendung der Regeln für die Auslegung von Flanschverbindungen mit runden Flanschen und Dichtungen; Deutsche Fassung, Berlin, 2004

5) DIN EN 1514-1 Flansche und ihre Verbindungen, Maße für Dichtungen für Flansche mit PN-Bezeichnung Teil 1: Flachdichtungen aus nichtmetallischem Werkstoff mit oder ohne Einlagen. Deutsche Fassung, Berlin, 1997 -2009

Lebensdauer von Graphitdichtungen bei hoher Temperatur

Reiner Zeuß
SGL Carbon

In den meisten Anwendungen ist es der anwesende Luftsauerstoff, der die Einsatztemperatur von Graphitdichtungen limitiert. Aber auch andere Medien können für die Temperatureinsatzgrenze bestimmend sein. Einbau- und Betriebsbedingungen und die Produktqualität haben dabei einen entscheidenden Einfluss auf die Lebensdauer.

Temperaturbeständigkeit
Einfluss von Luftsauerstoff

Luftsauerstoff liegt bei den meisten Flansch-, Apparateverbindungen und Ventilspindelabdichtungen außerhalb der Verbindung an. Je nach Graphitqualität setzt ab 300 °C bis 450 °C mit steigenden Temperaturen ein technisch relevanter oxidativer Angriff des Graphits durch anwesenden Luftsauerstoff ein. Dieser macht sich durch einen kaum messbaren Gewichtsverlust bemerkbar, der mit steigender Temperatur zunimmt. Dabei bindet der Sauerstoff (O oder O_2) ein Kohlenstoffatom (C) aus dem hexagonalen Graphitgitter und entweicht als Kohlenmonoxid (CO) oder Kohlendioxid (CO_2) in die Umgebung. Liegt der Luftsauerstoff von außen an, nimmt die Masse der Dichtung stetig von außen beginnend ab, so wie in **Abb. 1** gut erkennbar. Dadurch sinkt die Flächenpressung über die Zeit bis hin zum Ausfall der Dichtverbindung.

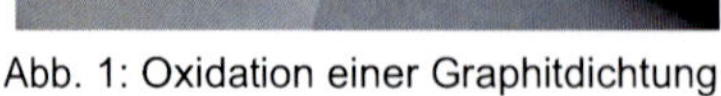

Abb. 1: Oxidation einer Graphitdichtung

Abbildung 2 zeigt den typischen Gewichtsverlust von 0,5 mm dicken Graphitfolien mit einer Dichte von 1,0 g/cm³, gemessen im heißen Frischluftstrom. Sollen die Oxidationswerte und damit die Temperaturstabilität verschiedener Produkte direkt miteinander verglichen werden, so müssen unbedingt immer die gleichen Messparameter verwendet werden, da sonst die Messergebnisse durchaus um einen Faktor 10 auseinander liegen können. Idealerweise wird dabei ein definiertes Referenzmaterial mitgemessen.

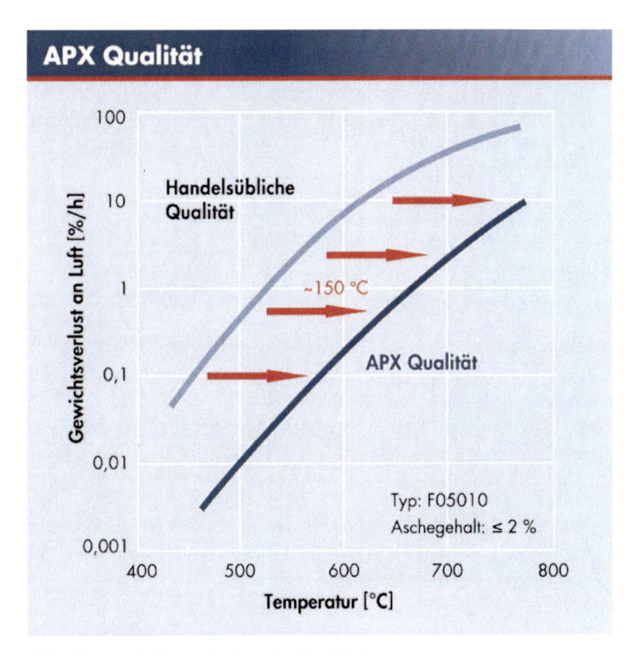

Abb. 2: Gewichtsverlust an Luft [%/h]

Für den praktischen Einsatz in Stopfbuchspackungen ergeben sich in der Regel aus folgenden Gründen deutlich geringere Abbrandraten:

- Höhere Dichte des Graphits (in der Regel 1,4 - 1,8 g/cm³)
- Größere Masse bei gleichzeitig geringerer Angriffsfläche (günstiges Oberflächen-Volumen-Verhältnis)
- Durch Permeation von Betriebsmedium, wie z. B. Wasserdampf, von innen nach außen wird die Sauerstoffdiffusion zur und in die Dichtung erschwert
- Gekammerter Einbau
- Die Stopfbuchse ist in der Regel deutlich kühler als das Betriebsmedium

Für Flachdichtungen gelten ähnliche Gesetzmäßigkeiten. Auch hier ist die Flanschtemperatur niedriger als die Betriebsmitteltemperatur, bei nicht isolierten Rohrleitungen beträgt die Differenz häufig ca. 50-80 °C.

Es ist deutlich zu unterscheiden, ob z. B. eine Flachdichtung mit einem unter erhöhtem Innendruck stehenden nicht-oxidierenden Medium betrieben wird oder - im ungünstigsten Fall - in einer unter Vakuum stehenden Anlage dem Luftsauerstoff ausgesetzt ist.

Im Fall einer Dampfleitung bei 500 °C kommt es aufgrund von sehr geringer Diffusion des Wasserdampfs durch die Dichtung zu einer gewissen „Abschirmung" der Dichtung gegen den Luftsauerstoff. Weil dadurch der Zutritt von Luftsauerstoff in die Dichtung erschwert ist, ergibt sich eine längere Standzeit bei hohen Temperaturen.

Betrachtet man aber z. B. Rückstand-Vakuumdestillationen in der Petrochemie, die bei ca. 400 °C betrieben werden, so diffundiert hier durch den innen anliegenden Unterdruck Luftsauerstoff von außen in die Dichtung. Der Abbrand der Dichtung wird dadurch sogar beschleunigt.

Erfahrungsgemäß ist bei hochwertig oxidationsgeschützten Graphitdichtungsmaterialien gegen eine kurzzeitige Anwendung bei erhöhter Temperatur von beispielsweise 600 °C nichts einzuwenden, solange die Betriebstemperatur nicht dauerhaft erhöht ist. Im Gegensatz zu vielen anderen in der Dichtungstechnik verwendeten Materialien wird der Graphit durch hohe Temperaturen nicht vorgeschädigt, sondern unterliegt einem reinen Masseverlust pro Zeiteinheit.

Quantitative Aussagen zur Lebensdauer können nur schwer gemacht werden, da diese grundsätzlich von den gegebenen Einbau- und Einsatzbedingungen abhängig sind, die sehr unterschiedlich sein können. Die folgenden Angaben zur typischen Lebensdauer können daher nur eine sehr grobe Orientierung für eine korrekt ausgelegte und montierte Stopfbuchspackung aus SIGRAFLEX Graphitfolie oder eine gestanzte SIGRAFLEX Graphitflachdichtung liefern. Unter der Voraussetzung, dass das Betriebsmedium unter Überdruck steht und keine oxidierenden Stoffe enthält, gelten die folgenden unverbindlichen Richtwerte: Etwa fünfzig Jahre bei 400 °C, etwa zehn Jahre bei 450 °C, etwa zwei Jahre bei 500 °C, etwa ein halbes Jahr bei 550 °C und etwa einen Monat bei 600 °C. Es muss immer eine Einzelabschätzung durchgeführt werden!

Achtung: Viele am Markt verfügbare Materialien weisen in der Regel eine deutlich niedrigere Lebensdauer auf. Prinzipiell ist bei Herstellerangaben zu maximalen Einsatztemperaturen Vorsicht geboten. Während sich Angaben der SGL Group häufig auf fünf bis zehn Jahre sicheren Betrieb beziehen, beschränken sich andere Hersteller auf die Angabe von Kurzzeittemperaturen. Zwischen diesen beiden Angaben liegen jedoch mehrere 100 °C.

Eine Flachdichtung ist durch die Flanschdichtleisten zu einem gewissen Grad vom Zutritt des Luftsauerstoffs geschützt. Eine etwas höhere Lebensdauer wird erreicht, wenn die Schnittkanten der Dichtung, die dem oxidierenden Medium bzw. dem Luftsauerstoff ausgesetzt sind, zusätzlich durch einen Edelstahlbördel gekammert werden. Damit der Bördel seine schützende Wirkung entfalten kann, muss dieser komplett von den Flanschdichtleisten verpresst sein.

Für die Höhe der Oxidationsrate ist neben der Temperatur, der Angriffsfläche gegen den Luftsauerstoff und der Dichte in erster Linie die Graphitqualität verantwortlich. Diese wird überwiegend durch die Elementzusammensetzung des Rohstoffs Naturgraphit und die Art der Verarbeitung zur Graphitfolie bestimmt.

In der Historie getroffene Aussagen, dass mit steigendem Aschewert die Oxidationsrate überproportional zunimmt, sind somit nur bedingt richtig. Die Tendenz, dass mit einem höheren Grad an Verunreinigung die Abbrandrate zunimmt, ist im Durchschnitt aller am Markt verfügbaren Graphitfolien sicher nach wie vor richtig, da eine geringere Verunreinigung oft auch bedeutet, dass die die Oxidation katalysierenden Elemente insgesamt in geringerer Menge enthalten sind.

Die Art der Verunreinigung und der Verarbeitung hat aber einen weit stärkeren Einfluss auf die Lebensdauer als der Aschegehalt an sich. Man findet daher am Markt hochreine Graphitfolie mit einem Aschegehalt von etwa 0,15 %, bei der bis zu 20fach höhere Abbrandwerte gemessen werden, als bei hochwertiger Graphitfolie mit 2 % Aschegehalt. **Abbildung 3** vergleicht den typischen Gewichtsverlust verschiedener Graphitfolien.

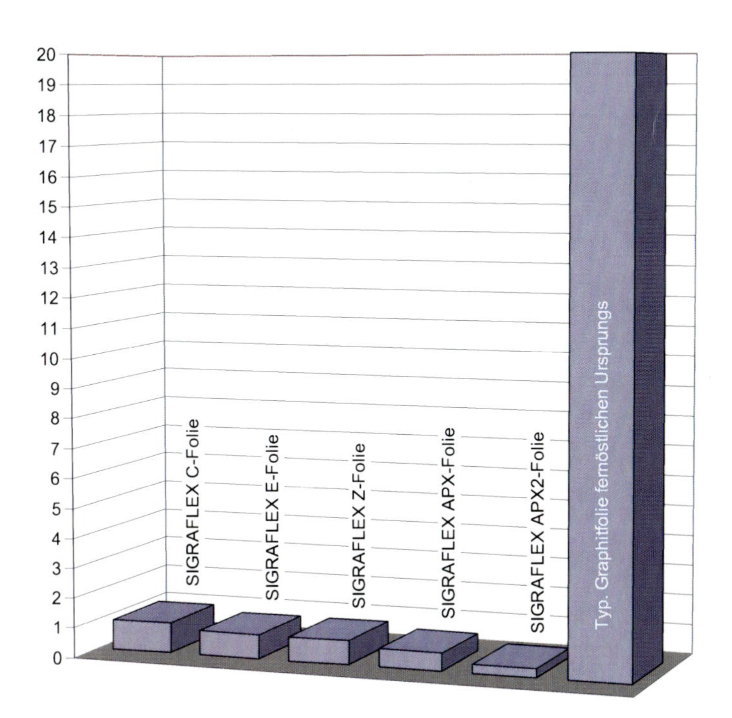

Abb. 3: Typischer Gewichtsverlust unterschiedlicher Graphitfolientypen bei 600 °C an Luft im Vergleich

Bei Betriebstemperaturen, die 450 °C überschreiten, wird vor dem Einsatz von SIGRAFLEX Produkten (hochwertig oxidationsgeschützte Graphitdichtungsmaterialien) generell empfohlen, Rücksprache mit dem Dichtungshersteller zu halten. Bei minderwertiger Qualität sollte dies bereits ab 300 °C geschehen.

Beständigkeit gegen andere Medien bei erhöhter Temperatur

Die nachfolgenden Angaben gelten selbstverständlich nur, wenn der Graphit an keiner Stelle Luftsauerstoff ausgesetzt ist. Sinnvollerweise kann hier nur über anorganische Verbindungen bzw. Elemente gesprochen werden, da fast sämtliche organischen Verbindungen – das heißt die Betriebsmedien – bei diesen hohen Temperaturen nicht beständig sind. Die folgenden Angaben gelten nur für SIGRAFLEX Graphit, nicht jedoch für die in der Dichtungstechnik verwendeten Edelstahlverstärkungen, für welche je nach Bauart der Dichtung entsprechende Temperaturbegrenzungen zu beachten sind.

Anorganische Gase

- **Edelgase** (z. B. Helium, Argon, Xenon): SIGRAFLEX Graphit ist beständig bis etwa 3.000 °C, oberhalb von 2.000 °C allmähliche Versprödung.
- **Stickstoff (N_2):** Ab etwa 1.600 °C bildet sich in Stickstoffatmosphäre Dicyan. Bei Anwesenheit von Wasserstoff (Reduktion von Wasserdampf) kommt es dann zur Bildung von Cyanwasserstoff (HCN).
- **Kohlendioxid (CO_2):** Ab etwa 600 °C setzt ein geringer Angriff ein, der jedoch bis etwa 800 °C technisch kaum relevant ist. Hierbei bildet sich Kohlenmonoxid (CO).
- **Wasserdampf (H_2O):** Ab etwa 600 °C setzt ein geringer Angriff ein, der jedoch bis etwa 700 °C technisch kaum relevant ist. Hierbei bilden sich je nach Temperatur Kohlenmonoxid, Kohlendioxid, Wasserstoff und Methan (aus Wasserstoff in einer Sekundärreaktion).
- **Wasserstoff (H_2):** Ab etwa 900 °C ist in Wasserstoffatmosphäre Methanbildung möglich.
- **Sauerstoff (O_2):** Bei reinem Sauerstoff ist SIGRAFLEX Graphit beständig bis etwa 300 °C.
- **Ozon (O_3):** Bei reinem Ozon ist SIGRAFLEX Graphit beständig bis etwa 150 °C.

Graphit ist beispielsweise nicht beständig gegen Schwefeltrioxid, Brom, Fluor.

Graphit ist beispielsweise beständig gegen Ammoniak, Schwefelwasserstoff, Schwefeldioxid, Chlorwasserstoff, Kohlenmonoxid.

Die jeweiligen Einsatzgrenzen müssen im Bedarfsfall experimentell ermittelt werden.

Es wird empfohlen, auch die verfügbaren technischen Informationen zur jeweiligen Medienbeständigkeit zu beachten.

Salzschmelzen

Graphit ist nicht beständig gegen stark oxidierende Schmelzen, wie z. B. Kaliumchlorat, Kaliumnitrat, Natriumperoxid.

Metallschmelzen

Mit Ausnahme von Alkalischmelzen ist Graphit gut beständig bis zur Carbidbildungsgrenze.

Abdichtung fehlerbehafteter Flansche in der Antriebstechnik

Dipl.-Ing. Jan-Peter Reibert
Institut für Maschinenelemente, Universität Stuttgart
Prof. Dr.-Ing. Werner Haas,
Institut für Maschinenelemente, Universität Stuttgart

1 Motivation

Dichtverbindungen in der Antriebstechnik unterliegen, im Gegensatz zur Anlagentechnik, Bauraum- und Gewichtsbeschränkungen sowie massiven Kosteneinsparungen. In der Folge bleibt es nicht aus, dass die Dichtflächen nachgiebiger und unebener werden und fehlerbehafteter sind denn je. Auf Fertigungszeichnungen findet sich daher oft der Vermerk, dass die Dichtfläche völlig fehlerfrei sein muss, wodurch Ausschuss und damit Kosten entstehen. Die Grenze, bis zu der auf solchen Dichtflächen gerade noch abgedichtet werden kann, ist daher Inhalt dieses Beitrags. Der Schwerpunkt der Betrachtung liegt auf der Abdichtung mit O-Ringen.

2 Das statische Dichtsystem – Aufbau und Belastungen

Das statische Dichtsystem, in Abb. 1 am Beispiel eines Fahrzeuggetriebes dargestellt, besteht aus den Flanschen, den Dichtflächen, den Flanschschrauben bzw. allg. den Verbindungselementen und der Dichtung.

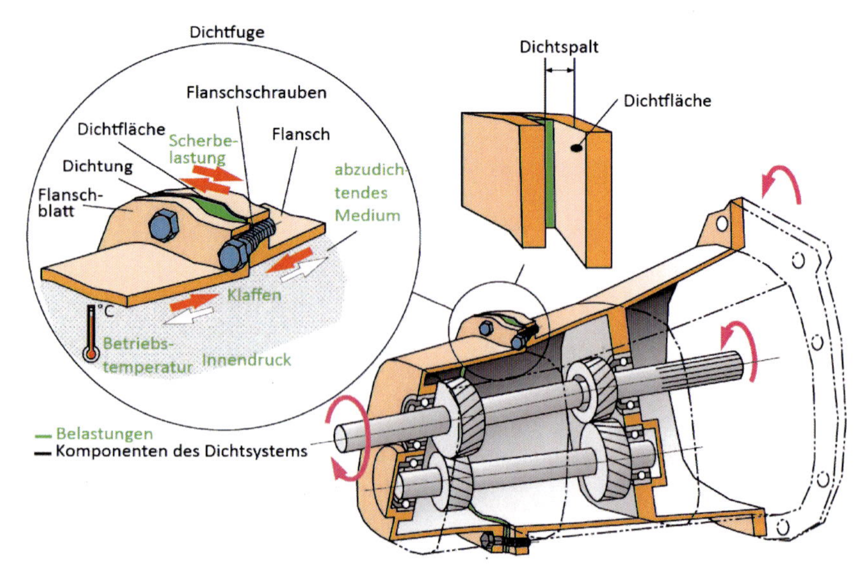

Abb. 1: Die statische Dichtverbindung am Beispiel eines Fahrzeuggetriebes

Die Wahl der Dichtung hängt von der Steifigkeit der Dichtverbindung ab. Für steife Flansche können auch steife Dichtungen mit guten mechanischen Eigenschaften eingesetzt werden. Bei nachgiebigen Flanschen mit großen Schraubenabständen müssen nachgiebige Dichtungen verwendet werden, die trotz geringer Kräfte eine ausreichende Anpassung an die Dichtflächen ermöglichen. Häufig werden dann O-Ringe eingesetzt.
Belastungen in der Antriebstechnik sind die Betriebstemperatur, die Scherbelastung, das Klaffen, und der Innendruck. Die Scherbelastung tritt üblicherweise durch Wärmeausdehnung oder Vibrationen der Flanschblätter auf. In der Antriebstechnik gibt es zusätzlich die Besonderheit, dass Kräfte und Schermomente über die Dichtfuge geleitet werden, in obigem Beispiel die Abstützmomente der Getriebeübersetzung. In diesem Fall übernimmt die Dichtung neben der Abdichtfunktion auch noch die Aufgabe der Kraftübertragung und muss daher eine ausreichend hohe Scherfestigkeit aufweisen. Ein weiteres Merkmal der Abdichtung in der Antriebstechnik ist die geringe Dichtungspressung. Häufig beträgt diese nur wenige MPa, so dass nachgiebige und weiche Dichtungen eingesetzt werden müssen.

3 Der Abdichtmechanismus von verpressten Dichtungen

Die Grundvoraussetzung für eine sichere Abdichtung mit verpressten Dichtungen, im Gegensatz zu Adhäsionsdichtungen, ist, dass eine vollständig geschlossene Pressungsline um den abzudichtenden Raum umläuft. Dadurch werden die Leckagekanäle zugepresst. An keinem Punkt der Pressungslinie darf die erforderliche Betriebspressung $Q_{S\ min}$ unterschritten sein. Die Breite der Pressungslinie ist für die Abdichtfunktion unwichtig. Die notwendige Betriebspressung hängt vom abzudichtenden Innendruck ab. Um eine geschlossene Pressungslinie zu erreichen, muss die Dichtung sich der Dichtfläche makroskopisch und mikroskopisch anpassen, s. Abb. 2.

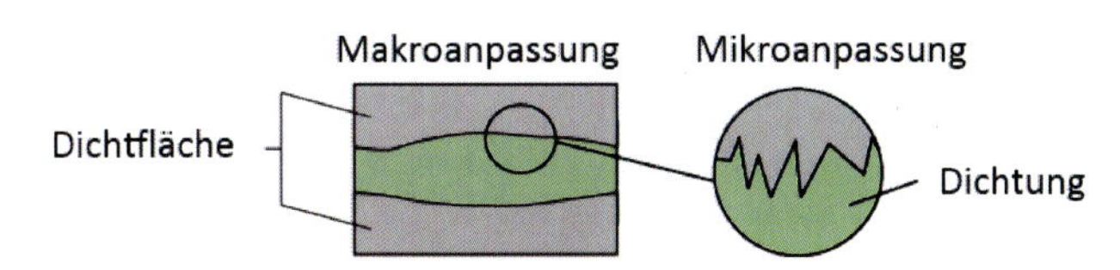

Abb. 2: Mikro- und Makroanpassung

Durch die makroskopische Anpassung werden Unebenheiten und Verformungen der Dichtfläche ausgeglichen. Durch die mikroskopische Anpassung werden die Rauheiten der Dichtfläche sowie evtl. vorhandene Fehlstellen ausgefüllt.
Damit die Dichtung sich anpassen kann, muss sie zum einen mit einer Mindestpressung verpresst sein, zum anderen muss die Dichtung kompressibel und/oder elastisch sein. Je steifer die Dichtung ist oder je unebener und rauer die Flanschflächen sind, umso höher ist die für die Anpassung notwendige Mindestpressung. Die Mindestpressung wird durch Verspannen der Dichtflächen erzeugt. Je nachdem, ob die Dichtflächen kraft- oder wegbegrenzt verspannt werden, spricht man von Krafthaupt- oder Kraftnebenschluss.

Elastomere Formdichtungen

Elastomerformdichtungen gibt es in unzähligen Formen und Varianten. Elastomere sind auf alle möglichen Anforderungen anpassbar. So können sehr weiche und anpassungsfähige Compounds ebenso gefertigt werden, wie harte und widerstandsfähige. Weiterhin kann der Temperatureinsatzbereich in einem weiten Bereich eingestellt werden.
Das wesentliche Merkmal von Elastomeren ist ihre hohe Elastizität. Die Abdichtung mit elastomeren Formdichtungen erfolgt im Kraftnebenschluss. Die Dichtungen werden in einer Nut mit Anfangspressung verbaut, so dass sie um 10... 30 % verpresst sind. Durch die Anfangspressung und die Elastizität des Elastomers erfolgt die Mikroanpassung. Im Gegensatz zur Weichstoffdichtung, die durch hohe Schraubenkräfte mit einer hohen Mindestpressung eingebaut werden muss, sind hier geringere Kräfte nötig, wodurch auch nachgiebige Flansche abdichtbar sind.
Elastomerformdichtungen gibt es mit runden, ovalen, rechteckigen oder beliebig geformten Querschnitten. Typische Vertreter sind der O-Ring, Rechteckring oder Quadring. Als Werkstoff kommen unterschiedliche Elastomere wie NBR, EPDM, FKM oder ACM und weitere zum Einsatz. Dies hängt im Wesentlichen von der Einsatztemperatur, dem abzudichtendem Medium und dem Preis ab.
Die Nutgeometrie und Dichtungshöhe müssen so ausgelegt sein, dass die Dichtung in den Maximumtoleranzlagen nicht zu stark verpresst wird und gleichzeitig in der Minimumtoleranzlage die zur Anpassung an die Dichtfläche notwendige Verpressung nicht unterschritten wird.
Elastomerformdichtungen arbeiten nach dem Prinzip der automatischen Dichtwirkung. Das bedeutet, dass Innendruck verstärkend auf die Anpressung der Dichtung an die Dichtfläche wirkt, s. Abb. 3. Durch die Inkompressibilität des Elastomers wird die Pressung zwischen Dichtung und Dichtfläche ungefähr um den wirkenden Innendruck erhöht. Das wiederum bedeutet, dass die Dichtung bei genügend hoher Anfangspressung auch mit steigendem Innendruck stets dicht ist.

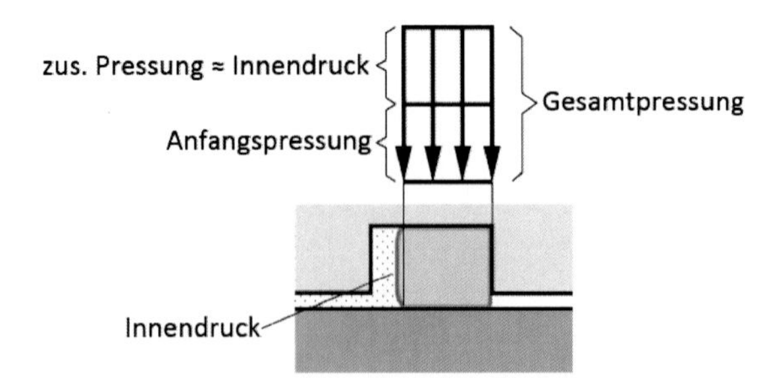

Abb. 3: Automatische Dichtwirkung /1/

Vor- und Nachteil
Elastomere Formdichtungen können frei gestaltet werden, so dass für viele Anforderungen die passende Dichtung gefunden wird. Neben der Werkstoffwahl ist vor allem das Dichtungsprofil ausschlaggebend für die Steifigkeit der Dichtung. Für die Abdichtung nachgiebiger Flanschblätter können so weiche Profile gestaltet werden. Außerdem kann durch die Profilhöhe konstruktiv beeinflusst werden, welche Unebenheiten auf der Dichtfläche ausgeglichen werden können. Je tiefere Unebenheiten auftreten, umso höher muss das Dichtungsprofil ausgelegt sein um diese abzudichten.

Prüfdichtungen

Als Prüfdichtungen wurden O-Ringe aus NBR eingesetzt. Sie wurden im Schnurdurchmesser und Härte variiert. In Tab. 1 findet sich die Aufstellung der verwendeten O-Ringe.

Tab. 1 Prüfdichtungsparameter

Merkmal der Prüfdichtungen	***Dimension***
Werkstoff	NRB
Innendurchmesser d_1	ca. 45 mm
Schnurdurchmesser d_2	2,62 mm, 3,53 mm, 5,33 mm
Härte	70 Shore A, 80 Shore A, 90 Shore A

4. Unebenheiten und Fehlstellen

In der Praxis treten unebene Dichtflächen auf, weil sie ungeeignet bearbeitet und behandelt wurden oder weil sie sich bei der Dichtungsmontage durchbiegen. Letztere werden als klaffende Dichtflächen bezeichnet und hier nicht betrachtet. Unebenheiten treten bspw. an Zylinderköpfen durch Fräserverschleiß auf. Ein weiteres Beispiel für unebene Dichtflächen sind Blechgehäuse, in welche für die Befestigung von Anschlussflanschen Stehbolzen geschweißt werden. Durch den punktförmigen Wärmeeintrag treten auf der Dichtfläche Welligkeiten mit einer Höhe von 0,6 mm auf, die von der Dichtung ausgeglichen werden müssen.

Theoretische Betrachtung

Aus obigen Beispielen leitet sich die Notwendigkeit ab, die Abdichtung auf unebenen Flanschen systematisch zu untersuchen. Hierzu ist zunächst eine möglichst allgemeine Beschreibung der Unebenheiten notwendig. In Abb. 4 ist eine Auswahl relevanter Unebenheitsgrundformen abgebildet. Sie sind beschreibbar durch ihre Tiefe, Breite, ihren Flankenwinkel α bzw. Flankensteigung bei runden Flanken, sowie durch ihre Form. Weiterhin muss die Lage der Unebenheit in Bezug auf die Dichtungslinie beschrieben werden. Durch Zusammensetzen verschiedener Grundformen können weitere Unebenheiten gebildet werden. Untersucht wurden die Rechtecknut, die Dreiecksnut und die Kombination daraus.

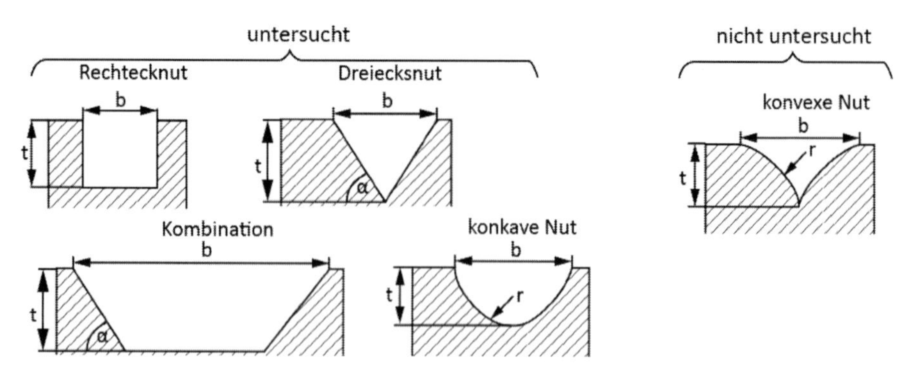

Abb. 4: Mögliche und untersuchte Unebenheitsgrundformen

Aus den Unebenheitsformen lassen sich die Fehlstellenformen ableiten, indem die Breite *b* reduziert wird. In Normen und in der Literatur findet sich keine klare Abgrenzung zwischen Unebenheiten und Fehlstellen.
Zur Abdichtung einer Unebenheit muss die Dichtung sich vollständig der Unebenheit anpassen. Dieser Vorgang lässt sich aufteilen in das Anschmiegen an die Flanke und die Ausfüllung der restlichen Unebenheit, so wie es Abb. 5 zeigt.

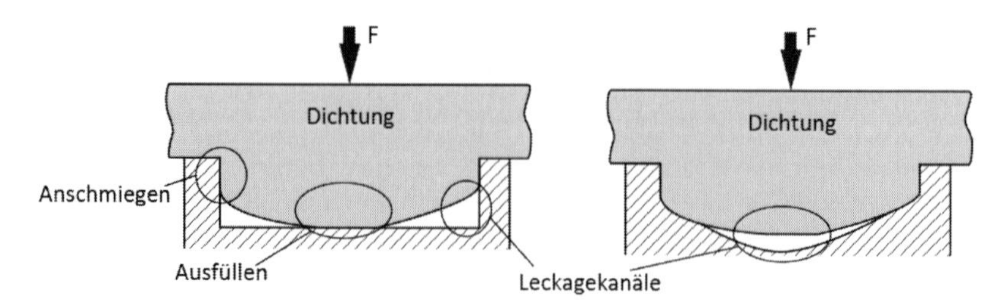

Abb. 5: Dichtungsanpassung an Unebenheiten

Daraus leiten sich zwei mögliche Leckagekanäle ab. Wenn die Anschmiegung an die Flanke geringer ist, als die Unebenheitstiefe, so bleiben die Leckagekanäle in den Ecken der Unebenheit offen. Ist die Ausfüllung der Unebenheit nicht gegeben, so bleiben in der Mitte der Unebenheit Leckagekanäle offen. Die Anschmiegfähigkeit hängt ab vom Dichtungsmaterial und der Kraft, mit der die Dichtung verpresst ist. Die maximale Ausfüllung ist erreicht, wenn ein Kräftegleichgewicht zwischen der äußeren Kraft, mit der die Dichtung verpresst ist, den Abstützkräften in der Unebenheit und der Reibungskraft zwischen Dichtung und Unebenheitsflanke erreicht ist. Je schmäler eine Unebenheit oder Fehlstelle ist, umso größer werden die Abstütz- und Reibungskräfte und umso geringer ist die Ausfüllung der Unebenheit bzw. Fehlstelle.

Versuchsplan

Auf Grund obiger Vorüberlegung wurden zwei Versuchsreihen durchgeführt. Die eine diente der Ermittlung der Anschmiegung, die zweite der Ermittlung der Ausfüllung.

Anschmiegversuche

Die Ermittlung der Anschmiegfähigkeit erfolgte an breiten Unebenheiten, s. Abb. 6, mit den vier Flankenwinkeln 30°, 45°, 60° und 90°. Die Breite war mit 20 mm so groß gewählt, dass die Prüfdichtung sich ungehindert an die Flanken anschmiegen konnte, ohne sich dabei an der gegenüberliegenden Flanke abzustützen.

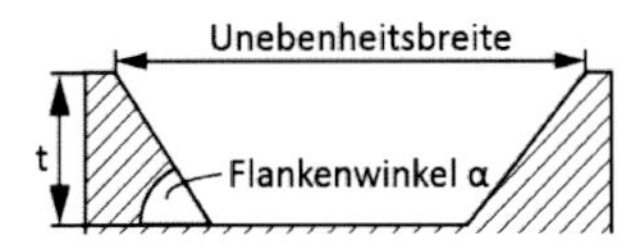

Abb. 6: Prüf-Unebenheit für die Ermittlung der Anschmiegung

Die Anschmiegung wurde bei den drei Verpressungen 10, 20 und 30 % ermittelt. Anschließend wurde mit 90° Flankenwinkel die Unebenheitsbreite solange verkleinert, bis ein Einfluss auf das Anschmiegverhalten sichtbar wurde. Den Prüfplan für die Anschmiegversuche fasst Tab. 2 zusammen.

Tab. 2: Prüfplan Anschmiegeversuche

Schnurstärke d_2 / mm	2,62, 3,53, 5,33											
Verpressung / %	10				20				30			
Flankenwinkel / °	30	45	60	90	30	45	60	90	30	45	60	90

Ausfüllversuche

Die Ermittlung des Ausfüllvermögens erfolgte an Fehlstellen, wie sie in Abb. 7 dargestellt sind. Die Form A hatte einen flachen Nutgrund während Form B ein spitzen Nutgrund aufwies. Die Tiefe der Fehlstellen wurde variiert. Dadurch veränderte sich auch die Breite in den angegebenen Bereichen. Gleichzeitig war der Flankenwinkel von Form B flacher als von Form A.

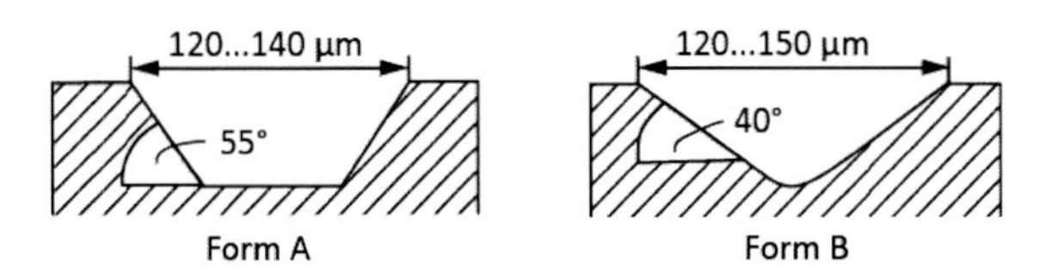

Abb. 7: Fehlstellenformen für die Ermittlung der Ausfüllung; Form A (links), Form B (rechts)

Die Ausfüllversuche wurden bei den drei Verpressungen 10, 20 und 30 % mit 2,62 mm und 3,53 mm dicken O-Ringen durchgeführt. Den Prüfplan für die Ausfüllversuche fasst Tab. 3 zusammen.

Tab. 3: Prüfplan Ausfüllversuche

Schnurstärke d_2 / mm	2,62 mm, 3,53 mm					
Verpressung / %	10		20		30	
Form	A	B	A	B	A	B

5. Herstellung der Prüfunebenheiten und –fehstellen

Als Versuchsflansche wurden die in Abb. 8 dargestellten Modellflansche verwendet, auf deren Stirnseite die Unebenheiten eingefräst wurden. Unterschiedliche Flankenwinkel wurden mit Fräsern gefertigt, deren Kantenschutzfasen mit dem entsprechenden Winkel geschliffen waren. An die Fertigung schloss sich die Vermessung der Unebenheiten mittels eines 3D Lasermikroskops an um sicher zu stellen, dass die gewünschte Form eingehalten wurde.

Abb. 8: Fertigung (links) und fertige Unebenheit im Modellflansch (rechts)

Die Fehlstellen wurden auf einer Fräsmaschine mit Entgratern eingeritzt, deren Spitzen mit verschiedenen Winkeln geschliffen waren. Jede Fehlstelle wurde vor dem Versuch vermessen, s. Abb. 9.

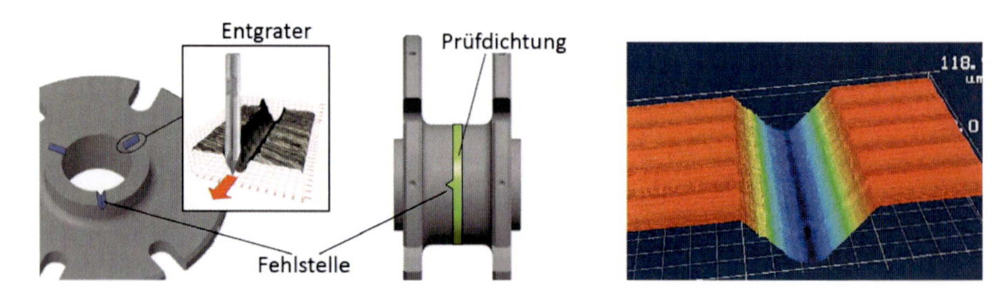

Abb. 9: Fehlstellenherstellung (links) und vermessene Fehlstelle (rechtst)

6 Prüfaufbau

Die Ermittlung der Anschmiegung und Ausfüllung von Unebenheiten mittels O-Ringen kann nicht direkt gemessen werden, weil die optische Zugänglichkeit nicht gegeben ist und die Kontaktpressung zwischen O-Ring und Unebenheit/Fehlstelle in der notwendigen hohen Auflösung nicht messbar ist. Als indirektes Maß für die Anpassung der O-Ringe an Unebenheiten und Fehlstellen wurde daher der abdichtbare Öldruck herangezogen. Kann ein O-Ring eine Unebenheit/Fehlstelle gegen einen bestimmten Öldruck abdichten, so hat die Anpassung funktioniert. Wird die Unebenheit stufenweise vertieft, bis Leckage auftritt, so ist die maximale Anpassung der Dichtung gleich der letzten Stufe bevor Leckage auftrat.
Die Anpassung an Unebenheiten und Fehlstellen wurde auf dem sogenannten Innendruckprüfstand untersucht, der im folgenden Kapitel vorgestellt wird.

Innendruckprüfstand

Der Innendruckprüfstand, s. Abb. 10, besteht aus einer Grundplatte, auf der die Zentralschraube befestigt ist. Über die Zentralschraube wird die zwischen den beiden Modellflanschen liegende Prüfdichtung verpresst. Durch den steifen Aufbau aller im Kraftfluss liegender Bauteile wird die eingeleitete Kraft gleichförmig auf die Dichtung verteilt. Der Kraftmessring liegt mit der Prüfdichtung im Kraftfluss. Somit kann die Pressung der Dichtung aus der Dichtungsfläche und der Kraft berechnet werden. Über den Prüfölanschluss wird Öl von einem Hydraulikaggregat in den Prüfraum gepumpt. Im Versuch wird der Innendruck stufenweise alle zwei Minuten erhöht, bis Leckage auftritt.

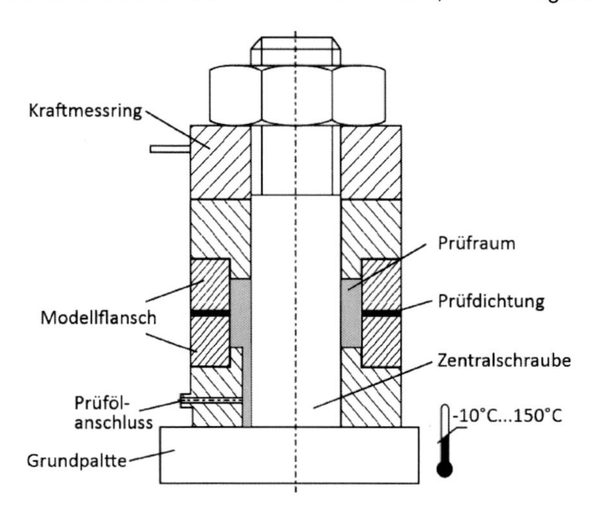

Abb. 10: Innendruckprüfstand

7 Ergebnisse

Im Folgenden sind die Ergebnisse der Anschmieg- und Ausfüllversuche an Unebenheiten und Fehlstellen dargestellt.

Allgemeines

In der Dichtverbindung steht nur eine bestimmte, durch die Schrauben begrenzte, Kraft zur Verfügung, um die Dichtung zu verpressen. Bei O-Ringen ist jedoch die Angabe der Verpressung in Prozent bezogen auf die Schnurdicke üblich. Um die Ergebnisse der verschiedenen O-Ringe miteinander vergleichen zu können und gleichzeitig ein Maß bezüglich der zur Abdichtung benötigten Kraft zu erhalten, wurde von allen Prüfdichtungen die Steifigkeitskennlinie aufgenommen und die Kraft auf die Schnurlänge des jeweiligen O-Rings normiert, so dass die Verpressung und die dazu benötigte Kraft zuordenbar sind.

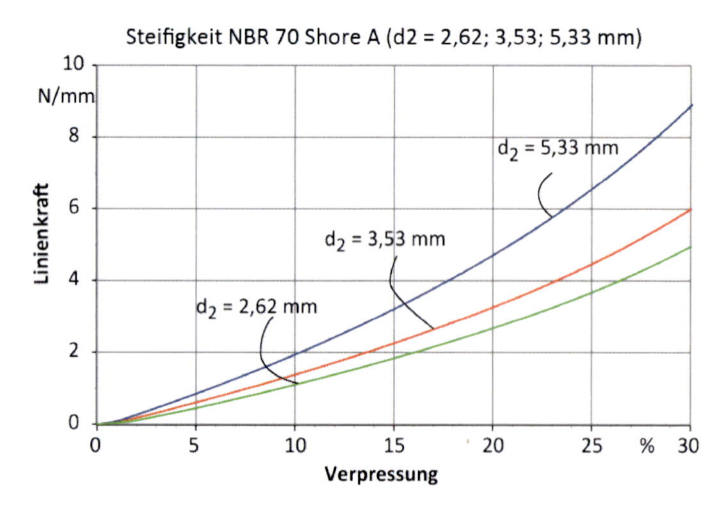

Abb. 11: Linienkraft für 2,62, 3,53 und 5,33 mm Schnurstärke bei NBR mit 70 Shore A

Abb. 11 zeigt die Kennlinien für O-Ringe aus NBR mit 70 Shore A für drei verschiedene Schnurstärken. Die zur Verpressung nötige Linienkraft steigt ungefähr proportional zur Schnurstärke. Der 5,33 mm dicke O-Ring benötigt ca. doppelt so viel Kraft, wie der 2,62 mm dicke O-Ring, um auf 30 % verpresst zu werden. Allgemein steigt die Kraft mit der Verpressung nahezu quadratisch an.

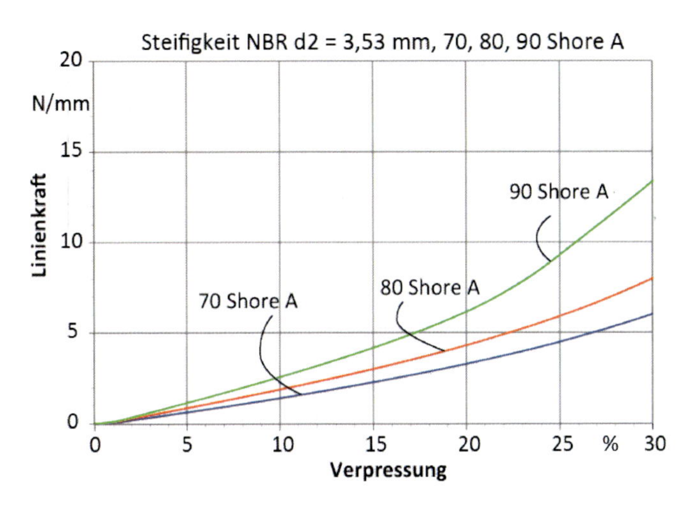

Abb. 12: Linienkraft für 3,53 mm Schnurstärke bei NBR mit 70, 80 und 90 Shore A

Abb. 12 zeigt die Steifigkeiten dreier O-Ringe mit 3,53 mm Schnurstärke und drei unterschiedlichen Härten. Der Unterschied zwischen 70 und 80 Shore A ist gering. Um jedoch den O-Ring mit 90 Shore A auf 30 % zu verpressen, ist das Doppelte an Kraft gegenüber 70 Shore A nötig. O-Ringe mit geringerer Härte brauchen also wesentlich weniger Verpresskraft. Jedoch sind sie im Hinblick auf Qualitätsmerkmale wie dem Druckverformungsrest den härteren Werkstoffen unterlegen.

Anschmiegversuche

In Abb. 13 ist die Anschmiegung von NBR-O-Ringen an unterschiedliche Flankenwinkel dargestellt. Die O-Ringe hatten eine Härte von 70 Shore A und kamen in drei verschiedenen Schnurstärken zum Einsatz. Im oberen Diagramm ist die Anschmiegung des 2,62 mm, im mittleren die des 3,53 mm und im unteren die des 5,33 mm dicken O-Ringes abgebildet. Die Anschmiegung ist für jeden O-Ring bei 10, 20 und 30 % Verpressung dargestellt.

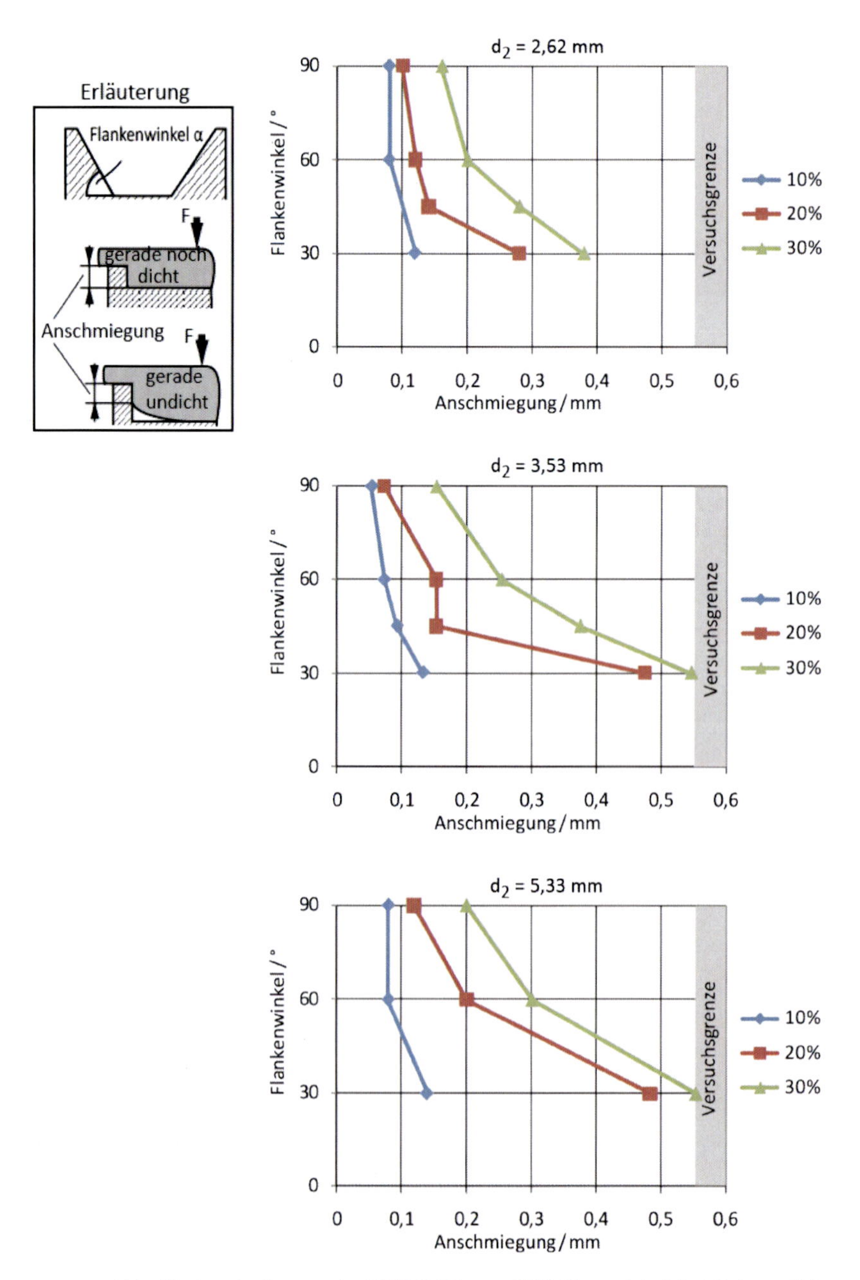

Abb. 13: Anschmiegung der NBR O-Ringe mit 70 Shore A bei drei Schnurstärken

Einfluss der Schnurstärke und Verpressung
Vergleicht man zunächst die Anschmiegung aller drei Schnurstärken bei 10 % Verpressung, so zeigt sich, dass diese abhängig vom Flankenwinkel im gleichen Bereich von 0,06 mm bis 0,14 mm liegen. Hier gibt es keinen nennenswerten Einfluss der Schnurstärke, obwohl für die Verpressung der dickeren O-Ringe 120 % bzw. 170 % mehr Kraft gegenüber dem dünnen O-Ring benötigt wird.

Ebenfalls gilt für alle Schnurstärken, dass bei 20 % Verpressung die Anschmiegung erwartungsgemäß zunimmt. Weiterhin fällt bei 20 % Verpressung auf, dass die Anschmiegung mit abnehmendem Flankenwinkel überproportional zunimmt. So schmiegt sich bspw. der 5,33 mm dicke O-Ring bei einem Flankenwinkel von 90° um 0,12 mm an, bei 30°sind es 0,48 mm. Das heißt, dass die Anschmiegung durch die Drittelung des Flankenwinkels um das 4-fache zunimmt.

Bei 30 % Verpressung ist bei allen drei Schnurstärken ein starker Anstieg der Anschmiegung zu beobachten. Vor allem die Anschmiegung an die 90°-Flanke nimmt von 20 % auf 30 % sprunghaft zu. Die Ursache hierfür ist, dass die Kraft von 20 % auf 30 % Verpressung verdoppelt wird. Die Anschmiegung der beiden dicken O-Ringe bei 30° Flankenwinkel wurde durch die Versuchsgrenze von 0,55 mm Tiefe limitiert.

Generell nimmt die Anschmiegung mit der Schnurstärke zu. Hierbei ist zu beobachten, dass mit flacher werdendem Flankenwinkel die Schnurstärke einen immer größeren Einfluss auf die Anschmiegung hat, so dass mit größeren Schnurstärken deutlich tiefe Unebenheiten abgedichtet werden können. In weiterführenden Stichversuchen zeigte sich, dass ab ca. 30° Flankenwinkel bzw. bei welligen Unebenheiten die Anschmiegung gelingt, solange der aus der Nut ragende O-Ringüberstand eine größere Fläche hat, als die Unebenheit, s. Abb. 14.

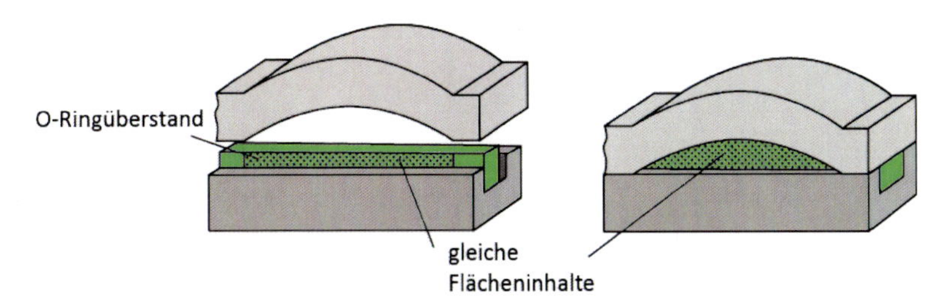

Abb. 14: Flächenverhältnis O-Ringüberstand zu Unebenheit

Einfluss der Härte
Die Versuche wurden mit drei verschiedenen Härten durchgeführt. Bei dem hier verwendeten Prüfaufbau wurde kein Einfluss der Härte auf das Anschmiegverhalten festgestellt, weil am Innendruckprüfstand immer ausreichend Kraft zur Verfügung steht, um den O-Ring zu verpressen. Würden O-Ringe unterschiedlicher Härte mit der jeweils gleichen Kraft verpresst werden, so würde sich die Anschmiegung mit zunehemder Härte verringern.

Einfluss der Unebenheitsbreite
Wird die Unebenheit zu schmal, so führt dies dazu, dass sich der O-Ring an den Flanken abstützt und dadurch die Anschmiegung abnimmt. Um dies zu untersuchen, wurde in der hier vorgestellten Versuchsreihe mit 90°-Flanken die Unebenheit sukzessive schmäler gemacht, bis die Anschmiegung abnahm, was an den geringeren abdichtbaren Drücken sichtbar wurde. Der Effekt trat ab einer Unebenheitsbreite von ca. 15 mm auf. Daraus lässt sich schließen, dass ab einer Unebenheitsbreite, die geringer als der 4-5-fache Schnurdurchmesser ist, die Abstützung des O-Rings an den Flanken sich negativ auf die Anschmiegung auswirkt und die abdichtbare Unebenheitstiefe somit abnimmt.

Ausfüllversuche

Die Ausfüllversuche wurden an eingeritzten Fehlstellen durchgeführt. Leckage trat mit dem 2,62 mm dicken O-Ring bereits ab 20 µm auf. In den Versuchen zeigte sich kein signifikanter Einfluss der Fehlstellenform, weil die Versuchsergebnisse streuten. Teilweise konnte die Form A und teils die Form B besser ausgefüllt werden. Ursachen hierfür waren unter anderen Fertigungstoleranzen, wodurch bspw. der Flankenwinkel und der Grundradius von Form B streuten.
Den wesentlichen Einfluss auf das Ausfüllverhalten hatte die Tiefe der Fehlstelle. In Abb. 15 sind die ausfüllbaren Fehlstellentiefen in Abhängigkeit der Schnurstärke und der Verpressung dargestellt. Die Unterscheidung in verschiedene Formen entfällt aus oben genannten Gründen.

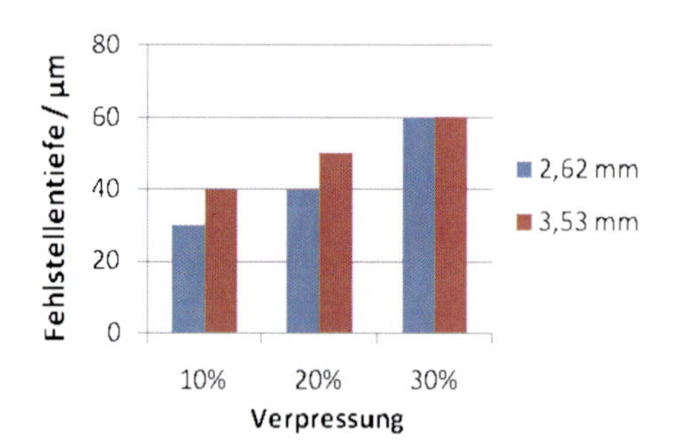

Abb. 15: Ausfüllbare Fehlstellentiefen in Abhängigkeit der Schnurstärke und Verpressung

Wie zu erwarten war, nimmt die Ausfüllung mit zunehmender Verpressung zu. Bei 30 % Verpressung wurden 60 µm tiefe Fehlstellen ausgefüllt.
Einen geringen Einfluss hat die Schnurstärke. Aufgrund des geringen Volumens der Fehlstellen ist dieser Einfluss vermutlich auf die höhere Linienkraft bei dickeren O-Ringen zurück zuführen und nicht auf das größere Volumen des O-Rings. Auf die Versuche mit 5,33 mm Schnurdicke wurde daher verzichtet.

8 Zusammenfassung

Infolge von Kosten-, Gewichts- und Bauraumeinsparungen sind heutige Dichtflächen zunehmend mit Unebenheiten und Fehlstellen behaftet, wie an Beispielen gezeigt wurde. Im Rahmen der hier vorgestellten Untersuchungen wurden zunächst mögliche Unebenheiten genannt und quantifiziert. Daraus wurden Prüfunebenheiten ausgewählt, bei deren Abdichtung Rückschlüsse auf das Anpassungsverhalten der Prüfdichtungen möglich sind. Als Prüfdichtungen kamen O-Ringe mit verschiedenen Schnurdicken und Härten zum Einsatz, weil der O-Ring eine der am häufigsten eingesetzten Dichtungen ist.
Die Ergebnisse zeigen, dass die Schnurstärke Einfluss auf die Anpassungsfähigkeit des O-Ringes hat. Je größer die Schnurstärke ist, umso besser schmiegt sich der O-Ring an die Flanke an. Wenn die Flankenwinkel flacher werden und dadurch die Anschmiegung leichter gelingt, sind mit dickeren O-Ringen Unebenheiten abdichtbar, deren Fläche beinahe der aus der Nut ragenden O-Ringfläche entspricht.
Wurden die Unebenheiten schmäler als das 4-5-fache der Schnurdicke, so nahm die Anschmiegung ab, weil sich der O-Ring an beiden Flanken abstützte. Das bedeutet, dass die Tolerierung von welligen Dichtflächen, bspw. durch Wärmeverzug, durchaus zulässig ist. Abhängig von der Schnurdicke gibt es eine kritische Unebenheitsbreite, aber der die Anschmiegung des O-Rings abnimmt.
Die Ausfüllung von engen Fehlstellen mit ca. 130 µm Breite war bei genügend Verpressung bis 60 µm Tiefe möglich. Der Einfluss der Schnurdicke war hierbei gering.
Dem Anwender und Konstrukteur bieten die Ergebnisse die Möglichkeit, abzuschätzen, ob die Fehler auf seiner Dichtfläche tolerierbar sind und er somit Kosten einsparen kann, oder ob Nacharbeit nötig ist. Im Zuge von Neukonstruktionen kann frühzeitig berücksichtigt werden, welche Schnurdicke und damit Bauraum eingeplant werden muss, und welche Verbindungskräfte dafür benötigt werden.
Für die Qualitätssicherung bieten die Ergebnisse die Möglichkeit, gewisse Unebenheiten auf der Dichtfläche zu tolerieren und anhand der Merkmale Flankenwinkel, Breite und Tiefe zu quantifizieren. Damit sind sie messbar und unnötiger Ausschuss durch zu hohe Qualitätsansprüche kann vermieden werden.

9 Literaturverzeichnis

/1/ **Müller**, **K. H.**, **Haas**, **W.** *Dichtungstechnik*. Waiblingen/Stuttgart, IMA, Uni Stuttgart, 2009.
/2/ **Arghavani**, **J.**, **Derenne**, **M.**, **Marchand**, **L.**: *Effect of Surface Characteristics on Compressive Stress and Leakage Rate in Gasketed Flanged Joints*. London, Springer, 2003.
/3/ **Czernik**, **Daniel E.**: *Gaskets: Design, Selection and Testing*. New York. McGraw-Hill, 1996.
/4/ **Norm DIN EN ISO 8785**, **Oktober 1999:** *Oberflächenunvollkommenheiten*.
/5/ **Victor Reinz** *Automobildichtsysteme; Grundlagen für Dichtungen moderner PKW-Motoren*. moderne Industrie, 1999.
/6/ **Wimmer**, **C.**: *Experimentelle Quantifizierung der Anpassfähigkeit von Dichtungen*. Herausgeber: XVI. Dichtungskolloquium. Steinfurt, 2009.
/7/ **Firmenschrift**, *O-Ringe Handbuch*. Pleidelsheim, Parker Prädifa, 2010.

/8/ **Norm DIN EN ISO 4288**, **April 1998** *Oberflächenbeschaffenheit: Tastschnittverfahren.*
/9/ **Firmenschrift**, *Sealing Guideline For Liquid Sealants.* Herausgeber: Henkel Loctite. 2003.
/10/ **Reinhardt**, **S.**, **Haas**, **W.**: *Einsatzgrenzen moderner Flüssigdichtmittel, Erstellung von Konstruktionsrichtlinien mit Hinweisen zum Dichtmittelauftrag.* Frankfurt, Abschlussbericht FVA 419/I, FVA-Forschungsheft 817, Forschungsvereinigung Antriebstechnik e.V., 2006.
/11/ **Reibert**, **J.**, **Haas, W.**: *Unebene Gehäusetrennstellen.* Frankfurt, Abschlussbericht FVA 546 I, FVA-Forschungsheft Nr. XXX, Forschungsvereinigung Antriebstechnik e.V., 2011.
/12/ **Reibert**, **J.-P.**, **Haas, W.**, **Simader, C.**:. *„Auf unebenen Flanschen perfekt abdichten.“* 16. ISC, 2010.

Technische Regeln für reine Luft – Die institutionelle Arbeit der Kommission „Reinhaltung der Luft“ im VDI und DIN

Dr. Rudolf Neuroth
Kommission Reinhaltung der Luft im VDI und DIN – Normenausschuss KRdL, Düsseldorf

1 Einleitung

Das zunehmende Umweltbewusstsein in unserer Gesellschaft, die Umweltpolitik sowie die Selbstverantwortung der Unternehmen haben den Umweltschutz in Deutschland und Europa weit nach vorne gebracht. Die Lösung der komplexen Aufgaben des Umweltschutzes kann dabei nur durch Einsatz fortschrittlicher Umweltschutztechnik erfolgen. Technische Regeln (DIN-Normen, VDI-Richtlinien) leisten einen wesentlichen Beitrag zur Konkretisierung der notwendigen technischen Maßnahmen und zum einheitlichen Vollzug und damit zur Erfüllung der hohen Umweltschutzanforderungen.

In Deutschland kommt der Kommission Reinhaltung der Luft im VDI und DIN - Normenausschuss KRdL (http://www.krdl.de) die Aufgabe zu, mit derzeit 1.250 ehrenamtlichen Experten aus Wirtschaft, Wissenschaft und Verwaltung den Stand der Technik im Bereich der Luftreinhaltung in freiwilliger Selbstverantwortung in Technischen Regeln festzuhalten. Die KRdL verfügt derzeit über einen Bestand von mehr als 520 VDI-Richtlinien und über 125 DIN-Normen, die in 6 Bänden als VDI/DIN-Handbuch „Reinhaltung der Luft“ zusammengefasst sind. Auf viele von der KRdL erarbeiteten Technischen Regeln wird vom deutschen wie auch vom europäischen Gesetzgeber Bezug genommen.

Mit über 70 neu veröffentlichten Technischen Regeln in 2010, jede Dritte war eine DIN-Norm, hat die KRdL das Themenspektrum von der Messtechnik, für zum Beispiel Dioxine oder Feinstaub, über emissionsmindernde integrierte Anlagentechnik, über Fragen der Meteorologie und der Ausbreitung von luftverunreinigenden Stoffen bis hin zu deren Wirkung auf Mensch, Tier, Pflanze, Werkstoffe und Boden abgedeckt.
Derzeit werden von der KRdL mehr als 200 nationale, europäische und internationale Standardisierungsprojekte bearbeitet. Die VDI 2290 "Kennwerte für dichte Flanschverbindungen" ist dabei eine grundlegende VDI-Richtlinie aus dem Bereich der Emissionsminderung.

Die KRdL ist sowohl eine Fachgesellschaft des VDI Verein Deutscher Ingenieure e.V. also auch eine Normenausschuss DIN Deutsches Institut für Normung e. V. (siehe Abschnitt 2) Diese besondere Konstellation ermöglicht es der KRdL, die Technische Regelsetzung zur Luftreinhaltung national, europäisch und auch international zu vernetzen und vereinheitlicht zu gestalten.

2 Akteure und Grundsätze der Standardsetzung

2.1 National

2.1.1 VDI Verein Deutscher Ingenieure e. V.

Der VDI Verein Deutscher Ingenieure e. V. wurde im Jahre 1856 gegründet und entwickelte sich seitdem zum größten technisch-wissenschaftlichen Verein in Deutschland mit heute über 140.000 persönlichen Mitgliedern. Ein wesentlicher, satzungsgemäßer Zweck des VDI ist die Erarbeitung von Regeln der Technik. Diesem Zweck widmen sich unter anderem die VDI-Fachgesellschaften. Die Arbeitsergebnisse werden durch die Erstellung von VDI-Richtlinien in einem eigenständigen VDI-Richtlinienwerk dokumentiert. An die Erstellung und Verabschiedung von VDI-Richtlinien sind wegen der angestrebten Verbindlichkeit besondere Anforderungen zu stellen, die in der Richtlinie VDI 1000 "Richtlinienarbeit; Grundsätze und Anleitungen" niedergelegt sind.

VDI-Richtlinien sind das Ergebnis ehrenamtlicher technisch-wissenschaftlicher Gemeinschaftsarbeit und sie werden gemäß den Grundsätzen der Richtlinie VDI 1000 im Konsens erarbeitet. VDI-Richtlinien bilden einen Maßstab für einwandfreies technisches Vorgehen und stehen jedermann zur Anwendung frei. Die Erarbeitung der VDI-Richtlinien erfolgt in Ausschüssen durch ehrenamtlich tätige Fachleute aus Wirtschaft, Wissenschaft und Verwaltung und sie werden nach Abstimmung mit allen interessierten Kreisen veröffentlicht. Die Ausschüsse werden so besetzt, dass im Rahmen des möglichen alle berechtigten Interessen angemessen vertreten sind.

2.1.2 DIN Deutsches Institut für Normung e. V.

Das DIN Deutsches Institut für Normung e. V. ist als technisch-wissenschaftlicher Verein mit Sitz in Berlin auf der Grundlage des mit der Bundesrepublik Deutschland geschlossenen Normenvertrages vom 5. Juni 1975 die für die Normungsarbeit in Deutschland zuständige Institution. Es nimmt die entsprechenden Aufgaben auch in den europäischen und internationalen Normenorganisationen (siehe Abschnitt 2.2) wahr.

Die technische Normung ist in Deutschland eine Aufgabe der Selbstverwaltung der an der Normung interessierten Kreise. Das DIN ist der runde Tisch, an dem sich Hersteller, Handel, Verbraucher, Handwerk, Dienstleistungsunternehmen, Wissenschaft, technische Überwachung, Staat, d. h. jedermann, der ein Interesse an der Normung hat, zusammensetzen, um den Stand der Technik zu ermitteln und unter Berücksichtigung neuer Erkenntnisse in Deutschen Normen niederzuschreiben. Diese Niederschrift des Standes der Technik, dieses Ordnen und Überprüfbarmachen, was Stand der Technik ist, ist ein entscheidender Beitrag zur technischen Infrastruktur unseres Landes und zur Ermöglichung eines grenzüberschreitenden Handels.

Die eigentliche Normungsarbeit wird von in Normenausschüssen zusammengefassten Arbeitsausschüssen durchgeführt. Deren Aufgaben, Arbeitsweise und Finanzierung sind in Festlegungen der Normenreihe DIN 820 “Normungsarbeit”, dem Handwerkzeug eines jeden Normers und Normanwenders, verankert. Die Beachtung der Grundsätze, wie z.

B. Beteiligung aller interessierten Kreise, Konsens, Ausrichtung am Stand der Technik und Widerspruchsfreiheit (wie sie auch für die Erarbeitung von VDI-Richtlinien gilt), haben den DIN-Normen allgemeine Anerkennung gebracht. DIN-Normen bilden heute einen Maßstab für einwandfreies technisches Verhalten.

2.2 Europäisch und International

2.2.1 Die Europäische Normungsinstitution

Das 1961 gegründete Europäische Komitee für Normung, CEN, bildet seit Beginn der achtziger Jahre zusammen mit seiner Schwesterorganisation, dem Europäischen Komitee für elektrotechnische Normung, CENELEC, auf das im folgenden nicht weiter eingegangen wird, die gemeinsame Europäische Normungsinstitution. Mit seiner Niederlassung 1975 in Brüssel hat sich CEN als ein internationaler, gemeinnütziger, technischer und wissenschaftlicher Verein konstituiert. CEN umfasst die nationalen Normenorganisationen aller EU(Europäische Union)- und EFTA(Europäische Freihandelszone)-Länder und damit heute 31 Institutionen. Das DIN ist für Deutschland nationales Mitglied. Die drei offiziellen Sprachen von CEN sind Deutsch, Englisch und Französisch.

Die von CEN erstellten Europäischen Normen (EN) sind technische Spezifikationen, die in Zusammenarbeit und mit Zustimmung der interessierten Kreise aus den verschiedenen Mitgliedsländern von CEN erarbeitet werden. Sie sind im Konsens erstellt und werden mit gewichteter Mehrheit angenommen. Eine Europäische Norm ist keine eigenständige Norm, sondern ein Dokument, das in den drei offiziellen Sprachfassungen veröffentlicht wird. Unabhängig davon, ob das einzelne Mitgliedsland der EN zugestimmt hat, ist sie unverändert in alle nationalen Normenwerke zu übernehmen, in Deutschland als DIN EN-Norm. Europäische Normen sind also gleichzeitig DIN-Normen und - wie diese auch - Empfehlungen und wichtige Entscheidungshilfen. Entgegenstehende nationale Normen sind in allen CEN-Mitgliedsländern zurückzuziehen.

Die Erarbeitung der EN erfolgt in den Technischen Komitees (TCs) gemäß den "Regeln für die Abfassung und die Gestaltung Europäischer Normen (PNE-Regeln)". Die nationale fachliche Zuarbeit zu europäischen Normungsthemen und die Definition des gemeinsamen nationalen Standpunktes erfolgt durch die nationalen Spiegelgremien.

Die wichtigste Aufgabe von CEN ist die Technische Harmonisierung zum Abbau von Handelshemmnissen auf dem Europäischen Markt durch die Veröffentlichung von Europäischen Normen, Europäischen Vornormen, Harmonisierungsdokumenten und "Workshop Agreements". Damit kommt CEN eine wichtige Rolle bei der Verwirklichung des Europäischen Binnenmarktes zu.

In einer Vereinbarung haben EG, EFTA und CEN im Jahre 1984 bzw. 1985 beschlossen, dass dem Europäischen Normungsinstitut Normungsaufträge, sogenannte "Mandate", zur Durchführung spezieller Normungsarbeiten von der Europäischen Kommission übertragen werden können (siehe auch Abschnitt 2.2.4). Diese behördlichen Normungswünsche sind mit Terminen, aber auch mit Finanzierungshilfen versehen. In manchen Europäischen Richtlinien wird der Ausdruck "harmonisierte Normen" im eingeschränkten Sinne nur für solche Europäischen Normen benutzt, die im Rahmen von mandatierten Normungsprojekten erstellt wurden.

Ein weiterer Auftrag von CEN ist der, mit seinen Mitgliedsländern in Europa die Anwendung von ISO-Normen (siehe Abschnitt 2.2.2) zu fördern und ihre Erstellung zu beschleunigen. Die Kooperation von CEN und ISO ist in der sogenannten Wiener Vereinbarung vom Juni 1991 (siehe Abschnitt 2.2.3) geregelt.

2.2.2 ISO Internationale Organisation für Normung

Die ISO, offiziell im Jahre 1947 gegründet, ist eine weltweite Vereinigung von nationalen Normungsinstitutionen. Sie hat 162 nationale Mitgliedsorganisationen, wobei jeweils nur eine nationale Normungsorganisation eines Landes als Mitglied bei ISO vertreten sein kann. Wie auch bei CEN ist das DIN bei ISO nationales Mitglied für Deutschland.

Die Ergebnisse der ISO-Arbeit werden als Internationale Normen (ISO-Normen) veröffentlicht. Die ISO-Arbeitsgebiete umfassen alle Bereiche der Technik, ausgenommen ist nur der Bereich der Elektrotechnik und Elektronik. Dieser wird von der Internationalen Elektrotechnischen, IEC, auf die hier weiter nicht eingegangen wird, abgedeckt. Das zentrale Sekretariat der ISO, das für die allgemeine Verwaltung, Planung und Koordinierung der Facharbeit sowie für die Veröffentlichung der ISO-Normen zuständig ist, hat seinen Sitz in Genf.

Die Erarbeitung der Internationalen Normen vollzieht sich in den Technischen Komitees (TC) mit ihren Unterkomitees (SC) und Arbeitsgruppen (WG). Alle ISO Mitglieder haben das Recht, in jedem beliebigen TC oder SC mitzuarbeiten. Die Erarbeitung der ISO-Normen erfolgt wie die Europäischen Normen nach festgelegten Regeln, die in ISO-Direktiven beschrieben sind. Die offiziellen Verhandlungssprachen in den ISO-Gremien sind Englisch, Französisch und Russisch. Die ISO-Normen sollten auch in diesen Sprachen veröffentlicht werden.

ISO-Normen werden im Konsens erstellt und die Annahme erfordert eine Zwei-Drittel-Mehrheit des zuständigen TC oder SC und zugleich eine Drei-Viertel-Mehrheit aller von ISO-Mitgliedern abgegebenen Stimmen. Sie haben Empfehlungscharakter, und ihre Anwendung ist freiwillig. ISO-Normen können im Gegensatz zu Europäischen Normen sowohl aus sich heraus als eigenständige ISO Normen als auch nach Überführung in nationale Normen oder Europäische Normen, d. h. als DIN ISO-Normen oder DIN EN ISO-Normen wirksam werden. Eine Verpflichtung zur Übernahme ins nationale Normenwerk wie bei Europäischen Normen gibt es nicht.

2.2.3 Die Wiener Vereinbarung

Die Zusammenarbeit zwischen ISO und CEN ist durch die Wiener Vereinbarung vom Juni 1991 geregelt, in der die besondere Bedeutung der internationalen Normung hervorgehoben wird. Die Vereinbarung sieht vor, dass bei jedem neuen Normvorhaben, das CEN zur Bearbeitung annimmt, geprüft wird, ob es nicht ebenso gut von ISO erledigt werden kann. Durch den Informationsaustausch auf Zentralsekretariatsebene von ISO und CEN sollen die Arbeitsprogramme koordiniert und über Internationale und Europäische Norm-Entwürfe gemeinsam abgestimmt werden. CEN lässt autorisierte ISO-Beobachter in seinen Technischen Komitees zu.

Die Realisierung der Wiener Vereinbarung setzt eine enge Kooperation der jeweiligen bei nationalen Normungsorganisationen angesiedelten CEN- und ISO-Sekretariate und den jeweiligen Technischen Komitees (TCs) voraus. Von CEN und ISO wird daher angestrebt, für identische Normungsthemen beide Sekretariate bei der gleichen nationalen Normungsorganisation anzusiedeln. Ein Beispiel hierfür ist die Ansiedlung des Sekretariates von ISO/TC 146 "Luftqualität" und des gleichnamigen Sekretariates von CEN/TC 264 beim DIN (siehe Abschnitt 3).

Die Vereinbarung zwischen CEN und ISO über die technische Zusammenarbeit und die Vermeidung von Parallelarbeit haben sich bewährt. Bei CEN sind inzwischen über 40 % der Europäischen Normen identisch mit ISO-Normen und damit als EN-ISO-Norm publiziert. Auch national hat die internationale Normung Vorrang. Es ist erklärtes Ziel des DIN, wann immer dies möglich ist, ISO-Normen unverändert als Europäische Normen und damit als DIN EN ISO-Normen zu übernehmen.

2.2.4 Die "Neue Konzeption"

Die am 7. Mai 1985 vom EG-Rat vor dem Hintergrund des Gemeinsamen Marktes beschlossene "neue Konzeption" sieht eine Arbeitsteilung zwischen dem europäischen Gesetzgeber und der privaten Normung unter dem Dach von CEN basierend auf den nachfolgenden Grundsätzen vor:

- Die Harmonisierung der Rechtsvorschriften beschränkt sich auf die Festlegung der grundlegenden Sicherheitsanforderungen (oder sonstiger Anforderungen im Interesse des Gemeinwohls) im Rahmen von EU-Richtlinien nach Artikel 100 des EWG-Vertrages, denen die in Verkehr gebrachten Erzeugnisse genügen müssen;
- Den für die Industrienormung zuständigen Gremien wird unter Berücksichtigung des Standes der Technik die Aufgabe übertragen, technische Spezifikationen auszuarbeiten, die die Beteiligten benötigen, um Erzeugnisse herstellen und in Verkehr bringen zu können, die den in den EU-Richtlinien festgelegten grundlegenden Anforderungen entsprechen;
- Diese technischen Spezifikationen erhalten keinerlei obligatorischen Charakter, sondern bleiben freiwillige Normen. Gleichzeitig werden jedoch die Verwaltun-

gen dazu verpflichtet, bei Erzeugnissen, die nach harmonisierten Normen hergestellt worden sind, eine Übereinstimmung mit den in den EU-Richtlinien aufgestellten "grundlegenden Anforderungen" anzunehmen (was bedeutet, dass der Hersteller zwar die Wahl hat, nicht nach den Normen zu produzieren, dass aber in diesem Fall die Beweislast für die Übereinstimmung seiner Erzeugnisse mit den grundlegenden Anforderungen der EU-Richtlinie bei ihm liegt).

Sinngemäß gelten diese Grundsätze auch für viele EU-Richtlinien zum Umweltschutz, wie z.B. für die Richtlinie 2000/76/EG über die Verbrennung von Abfällen oder die Richtlinie 2008/50/EG über Luftqualität und saubere Luft für Europa.

Die Inanspruchnahme freiwilliger Normen durch entsprechende gesetzliche Vorschriften, wie sie die "Neue Konzeption" für Europa vorsieht, hat in Deutschland eine lange, bewährte Tradition (siehe auch Abschnitt 5). Sie wird von der UNO-Wirtschaftskommission für Europa (ECE) seit 1975 empfohlen und hat im GATT(General Agreement on Tariffs and Trade)-Normenkodex von 1980 sowie im Übereinkommen über den Abbau technischer Handelshemmnisse vom 15. April 1994 ihren Niederschlag gefunden.

Ohne Zweifel bedeutet es für die europäischen nationalen Normungsorganisationen eine Stärkung und Bestätigung ihrer Arbeit, wenn EU-Richtlinien dieser "Neuen Konzeption" folgen. Den Europäischen Normen erwächst durch direkte Anbindung (Inbezugnahme) an EU-Richtlinien eine höhere Verbindlichkeit und rechtliche Bedeutung. Dieses hat weitere Konsequenzen: Die Motivation der interessierten Kreise, zur Mitwirkung an der Erstellung von Europäischen Normen steigt ebenso wie deren Bereitschaft, in den nationalen Spiegelgremien bei der Formulierung des nationalen Standpunktes mitzuwirken und bereits hier die Normung mit zu gestalten.

Auch das Europäische Parlament beteiligt sich an der Debatte über die Europäische Normung und hat dazu am 12. Februar 1999 eine Entschließung verabschiedet, die das Prinzip der „Neuen Konzeption auf dem Gebiet der technischen Harmonisierung und der Normung“ nachdrücklich befürwortet. Die „Neue Konzeption“, die 2005 ihren 20. Geburtstag feiern konnte, stellt sich als ein gelungenes Beispiel für die Verbindung von staatlichen Regeln mit freiwillig anzuwendenden Normen dar, das den europäischen und nationalen Gesetzgeber entlastet und so auch zur oft beschworenen Deregulierung beiträgt.

3 Die KRdL als Standardsetzer in der Luftreinhaltung

Die Realisierung des Binnenmarktes in Europa hat die Normungslandschaft auch in Deutschland entscheidend beeinflusst, verändert und neu gestaltet. Personelle und finanzielle Ressourcen mussten gebündelt bzw. ausgeschöpft werden. Mitte 1990 wurden daher die bisher in Deutschland für Luftreinhaltung zuständigen Organisationseinheiten (die Kommission "Reinhaltung der Luft" des VDI, gegründet 1957, und der Normenausschuss "Luftreinhaltung" im DIN, gegründet 1971) in ein Gemeinschaftsgremium mit dem Namen "Kommission Reinhaltung der Luft im VDI und DIN - Normenausschuss

KRdL" zusammengeführt. Aufgabe dieses Gremiums ist die Erstellung von VDI-Richtlinien, DIN-Normen, DIN-Vornormen, DIN EN-Normen und DIN ISO-Normen.

Die Geschäftsstelle der KRdL übernahm im Gründungsjahr vom Normenausschuss Luftreinhaltung des DIN das Sekretariat des ISO/TC 146 "Luftbeschaffenheit" (siehe Tabelle 2 im Anhang). Auf Initiative der KRdL wurde im März 1991 das CEN/TC 264 "Luftbeschaffenheit" (siehe Tabelle 1 im Anhang) gegründet. Auch für dieses TC wurde dem DIN und damit der KRdL-Geschäftsstelle das Sekretariat übertragen.

Die Erarbeitung der Technischen Regeln und die Einrichtung von Arbeitsgremien erfolgt nach den Grundsätzen des DIN (DIN 820) und denen des VDI (VDI 1000). Eine wichtige Grundlage ist die ausgewogene Einbeziehung aller interessierten Kreise in die Arbeitsgruppen. Dass es dadurch zu kontroverser Diskussion und verlängerter Bearbeitungszeit der Technischen Regeln kommen kann, muss hingenommen werden. Es wird jedoch eine mögliche Dominanz von Einzelmeinungen verhindert und ein offener Informationsaustausch sichergestellt. Weiterhin wird allen interessierten Fachleuten die Möglichkeit des Einspruchs zu den Entwürfen der VDI-Richtlinien und DIN-Normen eingeräumt. Die Einwände werden von den Arbeitsgruppen soweit als möglich in die Fertigstellung der VDI-Richtlinien und DIN-Normen einbezogen. Diese Offenheit und Transparenz bei der Erstellung ist ganz wesentlich für die Inbezugnahme der Technischen Regeln der KRdL im gesetzlichen Regelwerk (siehe Abschnitt 4).

Der überwiegende Teil der Kosten für diese ehrenamtliche Gemeinschaftsarbeit wird vom Staat und von den weiteren "interessierten Kreisen" aus Wirtschaft, Wissenschaft und Verwaltung getragen, die ihre Arbeitszeit und ihr Know-how dem Wesen der Normung entsprechend ehrenamtlich, ohne finanzielle Gegenleistung, zur Verfügung stellen. Die Organisation und Durchführung der ehrenamtlichen Gemeinschaftsarbeit erfolgt durch die Geschäftsstelle der KRdL in Düsseldorf. Von hier aus betreuen 18 hauptamtliche Mitarbeiter (u. a. Biologen, Chemiker, Ingenieure und Physiker) die technische Regelsetzung der KRdL. Heute sind in der KRdL mehr als 160 Arbeitsgruppen mit ca. 1.250 Fachleuten aus Wirtschaft, Wissenschaft und Verwaltung in ehrenamtlicher Gemeinschaftsarbeit tätig.

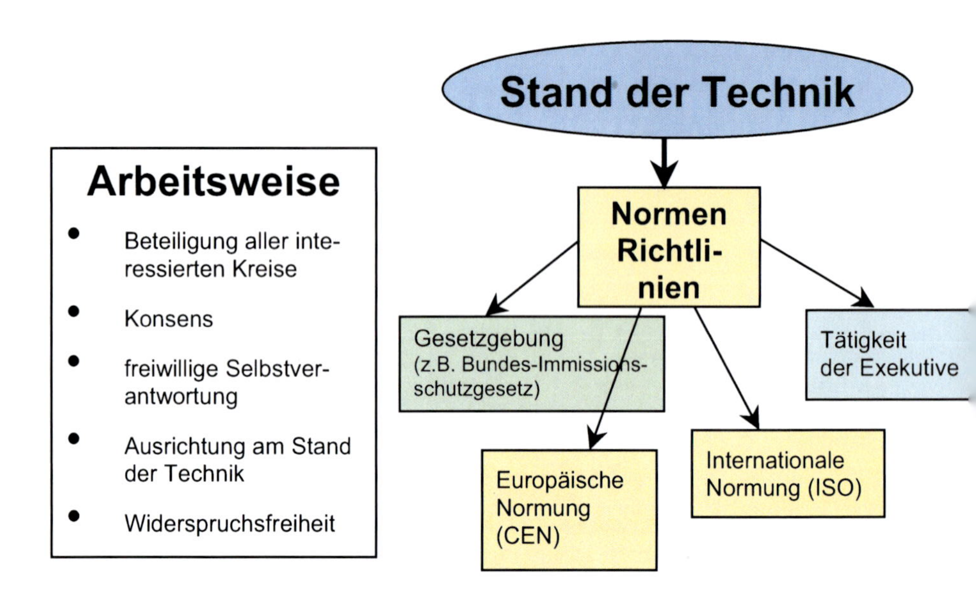

Bild 1. Umsetzung des staatsentlastenden Auftrags der KRdL im VDI und DIN

Der staatsentlastende Auftrag der KRdL (siehe Bild 1) ist im Haushaltstitel des Bundes verankert. Danach wird "das Bundesministerium für Umwelt, Naturschutz und Reaktorsicherheit (BMU) bei der Durchführung der Aufgaben auf dem Gebiet der Reinhaltung der Luft im Sinne von § 1 des Bundes-Immissionsschutzgesetzes von der KRdL in der Weise unterstützt, dass diese den Stand von Wissenschaft und Technik in freiwilliger Selbstverantwortung und gemeinsam mit allen Beteiligten (Behörden, Wissenschaft und Industrie) feststellt und in Richtlinien festhält und normungstechnisch umsetzt. Für die Umsetzung des staatsentlastenden Auftrags erhält die KRdL eine institutionelle Förderung durch das BMU/Umweltbundesamt (UBA).

Die von der KRdL erarbeiteten Richtlinien bzw. Normen fließen in die Gesetzgebung und die Tätigkeit der Exekutive ein (siehe auch Abschnitt 4). Sie werden ferner als Basisdokumente in die europäische und internationale Normungsarbeit eingebracht. Damit leistet die KRdL auch einen entscheidenden Beitrag, deutsche Interessen auf dem Gebiet des Umweltschutzes europäisch und weltweit einzubringen und umzusetzen.

Die Formulierung im Haushaltstitel des Bundes verdeutlicht die hohe Verbindlichkeit der von der KRdL erarbeiteten Technischen Regeln und damit ihre Bedeutung bei der Konkretisierung des Standes von Wissenschaft und Technik im Bereich der Luftreinhaltung. Deutlich wird auch die Bedeutung der Technischen Regeln im Hinblick auf die Entlastung des Staates, der die Ausarbeitung der technischen Spezifikationen den privatrechtlichen Regelsetzern überträgt.

Die Ergebnisse der KRdL zeigen, dass Staatsentlastung, d. h. Deregulierung, durch private technisch/wissenschaftliche Vereine entgegen so mancher kritischen Stimme im rechtswissenschaftlichen Raum mit demokratischer Legitimation sehr wohl möglich ist und erfolgreich sein kann. Dies wurde der KRdL auch vom Rat der Sachverständigen für Umweltfragen im seinem Umweltgutachten 1996 hinsichtlich der Transparenz, Verfahrensordnung und Öffentlichkeitsbeteiligung bei der Standardsetzung ausdrücklich bestätigt.

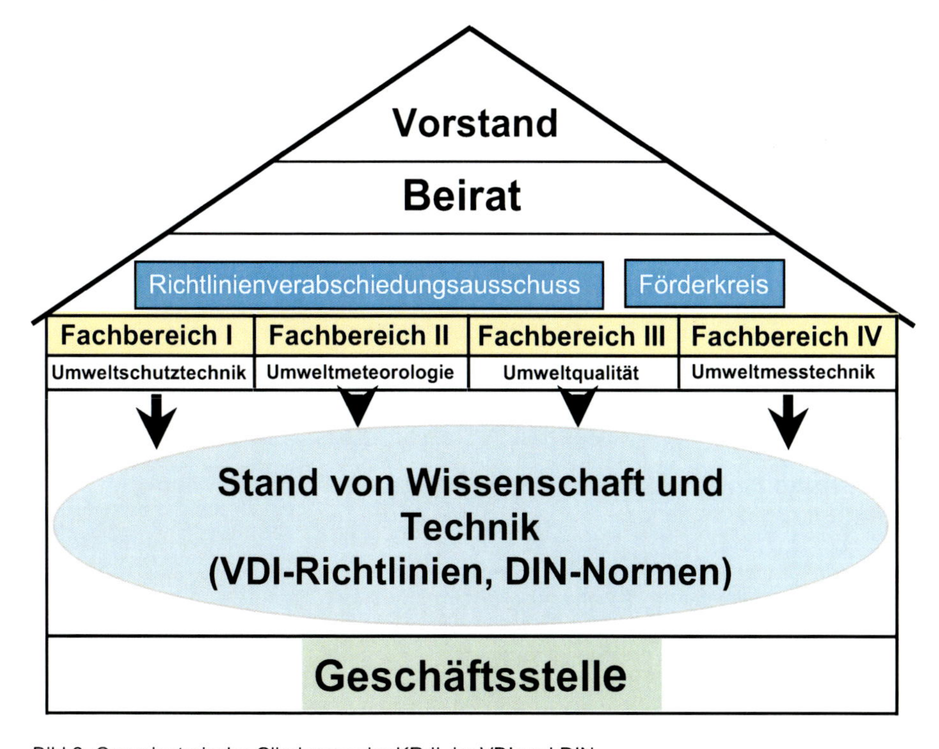

Bild 2. Organisatorische Gliederung der KRdL im VDI und DIN

Die Arbeiten der KRdL umfassen alle relevanten Fragestellungen der Luftreinhaltung. Das Themenspektrum reicht heute von der Messtechnik für z. B. Dioxine oder Feinstaub über die emissionsmindernde integrierte Anlagentechnik, über Fragen der Meteorologie und der Ausbreitung von luftverunreinigenden Stoffen bis hin zu deren Wirkung auf Mensch, Tier, Pflanze, Werkstoffe und Boden. Die gebündelte Kompetenz der KRdL ist in die folgenden vier Fachbereiche gegliedert (siehe Bild 2 sowie auch www.krdl.de):

- Umweltschutztechnik
- Umweltmeteorologie
- Umweltqualität
- Umweltmesstechnik

Die KRdL verfügt derzeit über einen Bestand von über 520 VDI-Richtlinien (davon ca. 250 aus dem Bereich Umweltmesstechnik) und mehr als 125 DIN-, DIN-EN- und DIN-ISO-Normen, die in den folgenden sechs Bänden als VDI/DIN-Handbuch „Reinhaltung der Luft" zusammengefasst sind:

Band 1 *Maximale Immissions-Werte und Umweltmeteorologie (*151 VDI-Richtlinien und DIN-Normen
Band 2 *Emissionsminderung (*21 VDI-Richtlinien und DIN-Normen)
Band 3 *Emissionsminderung* (Fortsetzung; 63 VDI-Richtlinien und Normen)
Band 4 *Analysen- und Messverfahren* (80 VDI-Richtlinien und DIN-Normen)
Band 5 *Analysen- und Messverfahren (Fortsetzung,* 274 VDI-Richtlinien und DIN-Normen)
Band 6 *Abgasreinigung – Staubtechnik* (48 VDI-Richtlinien und DIN-Normen)

Der Vertrieb der Technischen Regeln sowie der Handbücher erfolgt ausschließlich durch den Beuth-Verlag in Berlin (www.beuth.de)

Einen Überblick über die aktuellen und über die geplanten Richtlinien- und Normungstätigkeiten der KRdL bietet der KRdL-Tätigkeitsbericht sowie die KRdL-Projektliste (siehe www.krdl.de).

4 Bedeutung der Standardsetzung im Bereich der Luftreinhaltung

4.1 National

Das Bundes-Immissionsschutzgesetz (BImSchG) ist das maßgebende Gesetz zur Luftreinhaltung in Deutschland. Es enthält allerdings an vielen Stellen statt konkreter Aussagen lediglich Genehmigungshinweise, Verordnungsermächtigungen oder Hinweise auf noch zu erlassende Verwaltungsvorschriften. Eine solche Vorgehensweise wurde gewählt, weil das Immissionsrecht als technisches Recht in seinen Einzelheiten nur schwer in Rechtsnormen zu fassen ist und die Art der zu regelnden Materie eine möglichst rasche Anpassung an die dynamische Entwicklung verlangt. Das Verfahren zur Änderung des Gesetzes wäre hier zu schwerfällig.

Spezifische Anforderungen werden daher in nachstehenden Rechtsverordnungen und Verwaltungsvorschriften konkretisiert. So ist die Bundesregierung nach § 48 BImSchG ermächtigt, nach Anhörung der beteiligten Kreise mit Zustimmung des Bundesrates allgemeine Verwaltungsvorschriften zu erlassen. Diese nur die Verwaltung bindenden Vorschriften dienen der Durchführung des BImSchG und der aufgrund dieses Gesetzes erlassenen Rechtsverordnungen. Sie sind damit in Deutschland unverzichtbare Instrumente für den einheitlichen Vollzug von Maßnahmen zum Umweltschutz. Beispiel hierfür ist die Erste allgemeine Verwaltungsvorschrift zum Bundes-Immissionsschutzgesetz (TA Luft). Die TA Luft ist das wichtigste Instrument der Verwaltung zur Durchführung des BImSchG.

Die Rechtsordnung und verbindliche Technische Regeln stehen in der Luftreinhaltung, wie generell im Umweltschutz, in enger Wechselbeziehung. Die Vernetzung von rechtlicher (z.B. TA Luft) und Technischer Regel ergibt sich durch die Ausfüllung der in den rechtlichen Regeln benutzten unbestimmten Rechtsbegriffen, wie beispielsweise „Stand der Technik" bzw. „Stand der Messtechnik". So wird z. B. in der TA Luft zur Ermittlung des Standes der Technik bei der Begrenzung von Emissionen auch auf das VDI/DIN Handbuch „Reinhaltung der Luft" verwiesen. Zur Messung von Schadstoffen in der Außenluft (Messplanung, Probenahme, Analytik) sind ebenfalls VDI-Richtlinien und DIN-Normen des VDI/DIN-Handbuchs heranzuziehen. Im Anhang 6 der TA Luft sind diejenigen VDI-Richtlinien und DIN-Normen aufgeführt, die zur Durchführung von Emissionsmessungen sowie zur Emissionsüberwachung einzusetzen sind.

Durch die Verweisung auf Technische Regeln in der Rechtsordnung wird die Anwendung der Technischen Regeln verbindlich gemacht. Dabei sind zwei Arten von Verweisung möglich. In Bereichen mit rascher technischer Entwicklung (z. B. in der Emissionsminderungstechnik) bzw. wenn möglichst aktuelle technische Informationen berücksichtigt werden sollen, werden VDI-Richtlinien oder DIN-Normen ohne Angabe des Ausgabedatums in den Rechtstext aufgenommen („dynamische Verweisung"). Der Anwender ist gefordert, die jeweils neueste Fassung der Technischen Regel zu berücksichtigen. Ist dagegen vom Gesetzgeber beabsichtigt, eine ganz bestimmte Technische Regel zur Anwendung vorzuschreiben, um z. B. im Bereich der Emissions- oder der Immissionstechnik ein bestimmtes Messverfahren verbindlich zu machen, werden VDI-Richtlinien oder DIN-Normen mit Angabe des Ausgabedatums in den Rechtstext aufgenommen („statische Verweisung").

4.2 Europäisch

Einen engen Bezug von technischer und rechtlicher Regel, wie er in Deutschland schon lange Tradition hat, findet sich auch in der europäischen Gesetzgebung gemäß der "Neuen Konzeption" (siehe Abschnitt 2.2.4). Die bereits 1985 vom EG-Rat vor dem Hintergrund des Gemeinsamen Marktes beschlossene "Neue Konzeption" sieht eine Arbeitsteilung zwischen dem europäischen Gesetzgeber und der privaten Normung vor.

Diese Arbeitsteilung folgt dem Grundsatz, dass sich die Harmonisierung der Rechtsvorschriften auf die Festlegung der grundlegenden Sicherheitsanforderungen (oder sonstiger Anforderungen im Interesse des Gemeinwohls) beschränkt. Den für die Normung zuständigen Gremien wird unter Berücksichtigung des Standes der Technik die Aufgabe übertragen, technische Spezifikationen auszuarbeiten, die die Beteiligten benötigen, um Erzeugnisse herzustellen und in Verkehr zu bringen.

Diese technischen Spezifikationen erhalten keinerlei obligatorischen Charakter, sondern bleiben freiwillige Normen. Gleichzeitig werden jedoch die Verwaltungen dazu verpflichtet, bei Erzeugnissen, die nach harmonisierten Normen hergestellt worden sind, eine Übereinstimmung mit den in den EU-Richtlinien aufgestellten "grundlegenden Anforderungen" anzunehmen.

Singemäß gelten diese Grundsätze, die in der Industrienormung ihren Ausgang nahmen, auch für viele EU-Richtlinien zum Umweltschutz, wie z.B. für die Richtlinie 2000/76/EG über die Verbrennung von Abfällen oder die Richtlinie 2008/50/EG über Luftqualität und saubere Luft für Europa.

In der EU-Richtlinie 2008/50/EG werden für zahlreiche prioritäre Luftschadstoffe (z. B. Feinstaub (PM 10 und PM 2,5), Stickstoffoxide, Schwefeldioxid, Blei, Benzol, Kohlenmonoxid oder Ozon) Grenzwerte und Beurteilungsverfahren festgelegt. Messtechnische Details zur Bestimmung der Luftschadstoffe in der Abluft bzw. der Außenluft enthalten die EU-Richtlinien selbst nicht. Für die Durchführung der Messaufgaben wird auf Normen der Europäischen Normungsorganisation CEN verwiesen (z. B. auf die EN 14907 für die Bestimmung der PM2,5-Massenfraktion des Schwebstaubs in der Außenluft). Diese Normen werden im Technischen Komitee CEN/TC 264 „Luftbeschaffenheit“ (siehe Abschnitt 2 und Anhang) erarbeitet. Durch die Umsetzung von EU-Richtlinien in nationales Recht erhalten Europäische Normen, auf die in den EU-Richtlinien verwiesen wird, einen sehr hohen Verbindlichkeitsgrad.

Im Rahmen der Europäischen Normung besitzen auch national erarbeitete Technische Regeln einen hohen Stellenwert, wenn sie als Basis für die Erarbeitung Europäischer Normen in die entsprechenden CEN-Gremien eingebracht werden. Zwar führt der Konsensbildungsprozess auf europäischer Ebene häufig zu erheblichen Modifikationen der Dokumente, jedoch in der Regel nicht zu einer völligen Aufweichung des beschriebenen Standes der Technik.

4.3 International

Im Technischen Komitee ISO/TC 146 „Luftbeschaffenheit“ (siehe Abschnitt 2 und Anhang) der Internationalen Normungsorganisation ISO werden ebenfalls Technische Regeln (ISO-Normen) zur Luftreinhaltung erarbeitet, um auf internationaler Ebene eine vereinheitlichte Technikanwendung zu erreichen.

Da es für ISO-Normen – im Gegensatz zu Europäischen Normen – keine Verpflichtung zur Übernahme ins nationale Normenwerk gibt, ergeben sich mit der Veröffentlichung einer ISO-Norm auch nicht in jedem Falle Konsequenzen für das nationale rechtliche und technische Regelwerk.

Internationale Normen erlangen dann an Bedeutung, wenn für eine technische Fragestellung keine nationale Technische Regel, wohl aber eine ISO-Norm verfügbar ist. In diesen Fällen kann nach Prüfung durch das nationale Fachgremium die Übernahme einer ISO-Norm als nationale Technische Regel (DIN-ISO-Norm) in deutscher Sprache erfolgen.

Die DIN-ISO-Normen können dann auch in gesetzlichen Regelwerken angezogen werden. In der TA Luft wird beispielsweise auf verschiedene DIN-ISO-Normen verwiesen. ISO-Normen können auch indirekt erhebliche Bedeutung erlangen, in dem in Europäischen Normen für Teilaspekte im Abschnitt „Normative Verweisungen" auf ISO-Normen verwiesen wird.

5 Zusammenfassung

In Deutschland sind es die privatrechtlichen Institutionen VDI e.V. und DIN e. V., die in Technischen Regeln, d.h. in VDI-Richtlinien und DIN-Normen, den Stand der Technik beschreiben. Die Erarbeitung der Technischen Regeln erfolgt in ehrenamtlicher Gemeinschaftsarbeit nach den festgelegten Regeln und in freiwilliger Selbstverantwortung der interessierten Kreise aus Wirtschaft, Wissenschaft und Verwaltung. Freiwilligkeit, breite Beteiligung, Konsens, Widerspruchsfreiheit, Internationalität und Ausrichtung am allgemeinen Nutzen sind Grundpfeiler der Standardisierungsarbeit im VDI und DIN.

Besondere Bedeutung kommt der Standardisierung im Bereich des Umweltschutzes zu. Hier gilt es, die in den rechtlichen Regeln (z.B. TA Luft) benutzten unbestimmten Rechtsbegriffen (z. B. „Stand der Technik") mit Technischen Regeln auszufüllen. Durch diese Inbezugnahme, die im nationalen wie auch im europäischen Umweltschutzrecht lange Tradition hat, kommt den VDI-Richtlinien und DIN-Normen ein hoher Verbindlichkeitsgrad zu. Ohne Zweifel bedeutet diese praktizierte „Arbeitsteilung" mit dem Gesetzgeber für die Standardisierungsorganisationen eine Stärkung und Bestätigung ihrer Arbeit, die zudem im besonderen Maße zur Staatsentlastung und zur Deregulierung beiträgt.

In Deutschland ist der Kommission Reinhaltung der Luft im VDI und DIN - Normenausschuss KRdL (http://www.krdl.de) die Aufgabe übertragen worden, den Stand von Wissenschaft und Technik im Bereich der Luftreinhaltung gemeinsam mit allen Beteiligten in VDI-Richtlinien und DIN-Normen festzuhalten. Die von der KRdL erarbeiteten Technischen Regeln fließen in die nationale und europäische Gesetzgebung und die Tätigkeit der Exekutive ein und leisten so einen wesentlichen Beitrag zur Konkretisierung der notwendigen technischen Maßnahmen und zu einem einheitlichen Vollzug. Durch die gleichzeitige Führung der Sekretariate des CEN/TC 264 „Luftbeschaffenheit" und des gleichnamigen ISO/TC 146 liegt die nationale Regelsetzung sowie die europäische und internationale Normung auf dem Gebiet der Luftreinhaltung bei der KRdL in einer Hand.

6 Literatur

- Richtlinie 2000/76/EG des europäischen Parlamentes und des Rates vom 4. Dezember 2000 über die Verbrennung von Abfällen. Amtsblatt der EG vom 28.12.2000, L 332/91-111
- Richtlinie 2001/80/EG des europäischen Parlamentes und des Rates vom 23. Oktober 2001 zur Begrenzung von Schadstoffemissionen von Großfeuerungsanlagen in die Luft. Amtsblatt der Europäischen Gemeinschaften vom 27.11.2001, L 309/1-21
- Richtline 2008/50/EG des europäischen Parlaments und der Rates vom 21. Mai 2008 über Luftqualität und saubere Luft für Europa. Amtsblatt der Europäischen Union vom 11.6.2008, L 152/1-44
- Erste Allgemeine Verwaltungsvorschrift zum Bundes-Immissionsschutzgesetz (Technische Anleitung zur Reinhaltung der Luft – TA Luft) 1. BImSchVwV vom 24. Juli 2002; GMBl 2002, Heft 25-29 S. 511/605
- Umweltgutachten 1996 zur Umsetzung einer dauerhaft-umweltgerechten Entwicklung. Der Rat von Sachverständigen für Umweltfragen. Stuttgart: Metzler-Poeschel, 1996, ISBN 3-8246-0545-7
- Richtlinie VDI 1000: 2010-06 VDI-Richtlinienarbeit; Grundsätze und Anleitungen. Berlin: Beuth-Verlag
- DIN 820 Teil 1: 2009-05 Normungsarbeit - Teil 1: Grundsätze. Berlin: Beuth-Verlag
- KRDL im VDI und DIN – NA KRdL: 2011 Tätigkeitsbericht 2010. Bezug über die KRdL-Geschäftsstelle (E-Mail: steen@vdi.de) oder im Download über die KRdL-Homepage: www.krdl.de
- KRDL im VDI und DIN – NA KRdL: Projektliste. Bezug über die KRdL-Geschäftsstelle (E-Mail: steen@vdi.de) oder im Download über die KRdL-Homepage: www.krdl.de
- KRDL im VDI und DIN – NA KRdL: 50 Jahre KRdL – Aktiv für saubere Luft. KRdL Schriftenreihe Band 38 (2007)

Anhang

Tabelle 1. CEN/TC 264 „Luftbeschaffenheit“

Gründung: 1991
Vorsitzender: Dr. Theo Hafkenscheid, RIVM, Bilthoven, Niederlande
Sekretär: Dr. Rudolf Neuroth, KRdL, Düsseldorf, Deutschland

	Titel	**Sekretariat**	**Mandatierung durch die EC/EFTA**
WG 1	Dioxine/Emissionen	DIN, Deutschland	Beantragung geplant
WG 3	HCl-Emissionen/Manuelle Methode	AFNOR, Frankreich	X[1)]
WG 4	Gasförmige und dampfförmige organische Stoffe, ausgedrückt als Gesamt-C	BSI, Großbritannien	
WG 9	Qualitätssicherung für kontinuierlich arbeitende Messeinrichtungen	DIN, Deutschland	X[1)]
WG 11	Außenluftbeschaffenheit - Passivsammler zur Bestimmung von Gasen und Dämpfen	NEN, Niederlande	
WG 12	Referenzverfahren zur Bestimmung von $SO_2/NO_2/O_3/CO$ in der Außenluft	NEN, Niederlande	X[2)]
WG 15	Schwebstaub (2,5 µm)	DIN, Deutschland	beantragt
WG 18	Fernmessverfahren	DIN, Deutschland	
WG 21	Messmethode für B[a]P	DIN, Deutschland	X[2)]
WG 23	Manuelle und automatische Messung des Volumenstroms in Abgasen	BSI, Großbritannien	X[1) 3)]
WG 24	Quantifizierung von Massenemissionen	DIN, Deutschland	
WG 25	Messverfahren für Quecksilber in der Außenluft und Deposition	NEN, Niederlande	X[2)]
WG 26	Emissionen in Innenraumluft	AFNOR, Frankreich	
WG 27	Bestimmung der Geruchsstoffimmission durch Begehungen	DIN, Deutschland	

	Titel	Sekretariat	Mandatierung durch die EC/EFTA
WG 28	Messung von Bioaerosolen in der Außenluft und in Emissionen	DIN, Deutschland	Beantragung geplant
WG 29	Überwachung genetisch veränderter Organismen (GVO) in der Außenluft	DIN, Deutschland	
WG 30	Biomonitoring-Verfahren mit Blütenpflanzen	DIN, Deutschland	
WG 31	Biomonitoring - Verfahren mit Moosen und Flechten	AFNOR, Frankreich	
WG 32	Luftqualität – Bestimmung der Partikelanzahlkonzentration	DIN, Deutschland	
WG 33	Treibhausgas-Emissionen bei energieintensiven Industriezweigen	DIN, Deutschland	beantragt
WG 34	Standardisiertes Verfahren zur Bestimmung des auf Filtern abgeschiedenen Teils von NO_3^-, SO_4^{2-}, Cl^-, NH_4^+, Na^+, K^+, Mg^{2+}, Ca^{2+}	NEN, Niederlande	beantragt
WG 35	EC/OC im Schwebstaub	DIN, Deutschland	beantragt

Stand: 2011-01

[1] Mandat im Zusammenhang mit der EU-Richtlinie über die Verbrennung gefährlicher Abfälle

[2] Mandat im Zusammenhang mit der EU-Richtlinie über Luftqualität und saubere Luft für Europa

[3] Mandat für EU-Richtlinie zu Emissionen von Treibhausgasen

Tabelle 2. ISO/TC 264 „Luftbeschaffenheit"

Gründung: 1971
Vorsitzender: Ente Sneek, QUENDA, Arnheim, Niederlande
Sekretär: Dr. Rolf Kordecki, KRdL, Düsseldorf, Deutschland

SC 1	**NEN**	**Emissionen aus stationären Quellen**
WG 20	NEN	Messen von PM_{10} und $PM_{2,5}$
WG 21	NEN	Verdünnungstechniken
WG 22	DIN	Methan
WG 23	JISC	Testmethoden für reinigungsfähige Filtermedien
WG 24	JISC	Ermittlung des gesamten flüchtigen Kohlenstoffs
WG 25	NEN	Treibhausgase – Automatische Messeinrichtungen
WG 26	NEN	Kohlenstoffdioxid aus Biomasse und fossilen Brennstoffen
SC 2	**ANSI**	**Luftbeschaffenheit am Arbeitsplatz**
WG 1	ANSI	Partikelgrößenselektive Probenahme und Analyse
WG 2	BSI	Anorganische Schwebstoffe
WG 3	ANSI	Gase
WG 4	BSI	Organische Dämpfe
WG 5	SCC	Anorganische Fasern
WG 7	BSI	Kieselsäure
WG 8	ANSI	Bewertung der Verunreinigung von Haut und Oberflächen durch luftgetragene Chemikalien
WG 9	ANSI	Probenahmepumpen
SC 3	**ANSI**	**Außenluft**
WG 1	SCC	Bestimmung des Gehaltes von Asbestfasern
WG 8	SCC	Bestimmung von Ozon – UV-Verfahren
SC 4	**DIN**	**Allgemeine Gesichtspunkte**
WG 2	DIN	Messunsicherheit bei Messungen der Luftbeschaffenheit
SC 5	**ANSI**	**Meteorologie**
WG 1	ANSI	Windfahnen und Rotations-Anemometer
WG 6	DIN	LIDAR
SC 6	**DIN**	**Innenraumluft**
WG 2	ANSI	Bestimmung von Formaldehyd in der Innenraumluft
WG 3	SFS	Bestimmung von flüchtigen organischen Verbindungen in der Innenraumluft
WG 4	NEN	Asbest/Mineralfasern
WG 6	DIN	Luftwechselzahl
WG 10	DIN	Schimmelpilze

WG 12	JISC	Semi-VOC in Bauprodukten
WG 13	DIN	Bestimmung flüchtiger organischer Verbindungen im Autoinnenraum (gemeinsam mit TC 22)
WG 14	SFS	Sensorische Prüfung
WG 15	DIN	Probenahmestrategie für CO_2
WG 16	JISC	Prüfverfahren für VOC-Detektoren
WG 17	DIN	Sensorische Prüfung der Innenraumluft
WG 18	DIN	Flammschutzmittel

Stand: 2011-01

Grundsätzliche Strategien zur Umsetzung der VDI 2290 in der chemischen Industrie

Dr. Ing. Heinrich Wilming
IBW Consulting UG

1 Einleitung

Der Betreiber einer chemischen Produktionsanlage hat im Rahmen seiner Betreiberverantwortung Gefährdungen an den Arbeitsplätzen seiner Mitarbeiter zu ermitteln nach dem Schutzprinzip entsprechende Maßnahmen zur Gewährleistung eines sicheren Arbeitsplatzes zu ergreifen. Im Rahmen des Vorsorgeprinzips hat der Betreiber Emissionen aller Art zum Schutz der Nachbarschaft und der Umwelt zu minimieren. Die jeweiligen gesetzlichen Vorgaben und Nachweisverpflichtungen sind einzuhalten.

Mit der Inkraftsetzung der VDI 2290 „Kennwerte für dichte Flanschverbindung" [1], mit der in 2012 zu rechnen ist, erhält die Diskussion um die Problematik diffuser Emissionen aus Flanschverbindungen eine quantitative Vorgabe. Mehr qualitative Vorgaben finden sich schon in den Regelwerken, die sich bisher mit der Dichtheit von Flanschverbindungen beschäftigen. Die Umsetzung dieser ab 2012 verfügbaren quantitativen Vorgabe zur Dichtheit einer Flanschverbindung ist erst möglich geworden durch die DIN EN 1591 [2] mit dem dort vorgesehenen Festigkeits- und Dichtheitsnachweis. Aussagen über Dichtheiten einer Flanschverbindung ließen sich in der Vergangenheit nur über mehr oder minder aufwendige Messungen im Feld oder auf Prüfständen gewinnen.

Mit der VDI 2290, der heute verfügbaren Berechnungsnorm, den notwendigen Dichtungskennwerten und der am Markt verfügbaren Berechnungssoftware ergeben sich Verpflichtungen an alle Betreiber von chemischen Anlagen mit TA-Luft relevanten Medien. Sie müssen die Berechnungen für ihre Rohrklassen, die für TA-Luft Medien vorgesehen sind, überprüfen bzw. neu erstellen. Die der Auslegung zu Grunde gelegte Dichtheitsklasse kann nur erreicht werden, wenn bei der Montage sicher gestellt wird, dass erforderlichen Betriebsflächenpressungen auch erreicht werden.

Umsetzen heißt für die Betreiber, die Anforderungen der VDI 2290 in die relevanten Managementsysteme mit dem Ziel der nachhaltigen Sicherung und Verankerung in der Organisation einzuarbeiten. Beispielhaft seien hier folgende Managementsysteme für die betriebliche Praxis genannt:

- DIN EN ISO 18000 ff: Arbeitsschutzmanagement
- DIN EN ISO 9000 ff: Qualitätsmangementsysteme → TQM
- DIN EN ISO 14000 ff: Umweltschutzmanagementsystem
- EMAS III: ECO Management and Audit Scheme
- DIN EN 16001 / ISO 50001: Energiemanagementsystem

Der Umsetzungsprozess kann folgendermaßen beschrieben werden:

- **Erfassen des Istzustandes** der bisherigen Vorgehensweise incl. aller zu erfüllenden Anforderungen an dichte Flanschverbindungen
- **Planen (plan)** einer Umsetzungsstrategie / Vorgehensweise
- **Implementieren (do)** und **Umsetzen** der Vorgehensweise
- **Kontrollieren (check)**, beobachten der Abläufen und Ergebnisse
- **Handeln** (act) und beseitigen von Fehlern

Da durch die neuen Normen und Anforderungen an die Abläufe zumindest für Apparate und Rohrleitungen mit TA-Luft-Medien alle Regelungen überprüft werden müssen, bietet es sich an, in die Untersuchungen auch die Regelungen für Apparate und Rohrleitungen mit nicht TA-Luft Medien einzubeziehen.

2 Anforderungen an Flanschverbindungen aus Regelwerken

Bild 1 zeigt eine Zusammenstellung der relevanten Gesetze und Verordnungen, in denen Aussagen zur Dichtheit von Flanschverbindungen zu finden sind. Präzisiert werden diese Anforderungen in den zugehörigen technischen Regeln.

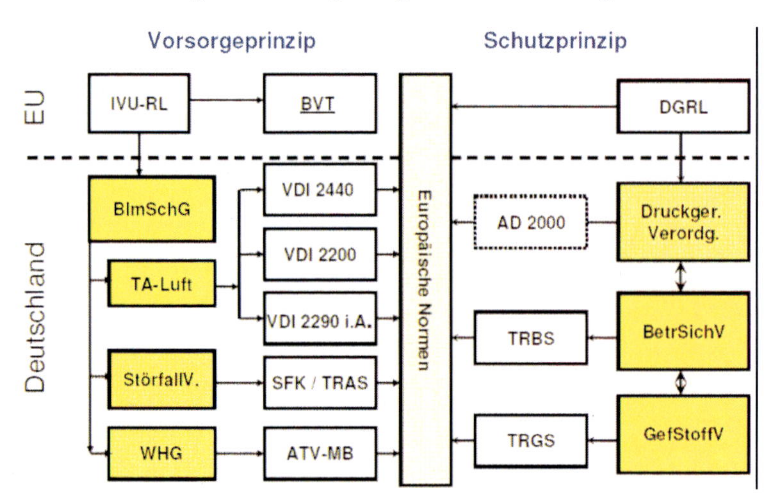

Bild 1: Gesetze, Verordnungen und Technische Regel zur Dichtheit von Flanschverbindungen

In **Bild 1** werden zwei große Bereiche unterschieden, zum einen der Bereich des Arbeitsschutzes, der dem Schutzprinzip unterliegt und durch die

Druckgeräte-Verordnung (Schutz vor Materialversagen) und der

- Betriebssicherheits- Verordnung (Explosionsschutz, z.B. Sicherstellung < 25 % untere Explosionsgrenze) und
- Gefahrstoffverordnung (Gesundheitsschutz, Einhalten des Arbeitsplatz Grenz Wertes AGW (MAK)) repräsentiert wird.

Zum anderen sind die Gesetze / Verordnungen aufgezeigt, die das Vorsorgeprinzip vertreten, wodurch das Emissionsniveau noch deutlich abgesenkt wird, als z.B. nach dem Schutzprinzip erforderlich.

- Bundes- Immissionsschutz- Gesetz / TA-Luft: Bei diskreten Quellen gelten hier die Emissionsgrenzwerte der TA-Luft. Für diffuse Quellen bei Flanschverbindungen gilt die Dichtheitsklasse nach VDI 2290.
- Bundes- Immissionsschutz- Gesetz / Störfallverordnung: Sicherstellung einer nachhaltigen Dichtheit einer Flanschverbindung → Sicherheitsmanagement
- Wasser- Haushalts- Gesetz: Sicherstellung der Vermeidung des Austritts von wassergefährdenden Flüssigkeiten über Leckagen, Verhindern des Herausdrückens der Dichtung aus der Flanschverbindung.

Alle Regelwerke fordern eine dichte bzw. auf Dauer dichte Flanschverbindung und machen dazu Vorgaben z. B. zu

- Art und Ausführung von Dichtungen (z.B. Weichstoff, metall. Dichtungen)
- Einsatzgrenzen Druck, Temperatur
- Vorgaben zur Montage, Empfehlungen zum Anzugsverfahren
- Wartung und Inspektion
- Anforderungen an Montagepersonal (DIN CEN/TS 1591-4 [3])
- Art und Umfang wiederkehrender Prüfungen

Alle Verordnungen, Technische Regeln greifen zurück auf den gleichen Satz von EN Normen zu Bauteilen, zu Werkstoffen, zu Auslegungsvorschriften und zum Dichtheits- und Festigkeitsnachweis. Die weitestgehenden Anforderungen werden über das BImSchG – TA-Luft - VDI 2290 gestellt. Wird hier der rechnerische Nachweis der dichten Flanschverbindung erbracht, kann man für die anderen Rechtsbereiche auch von der technischen Nachweiserfüllung ausgehen. Ggf. muss formal die Dichtungsauswahl angepasst werden.

Fasst man die Anforderungen der z.Z. geltenden Regelwerke zusammen, müsste jeder Betreiber, dessen Anlage unter eines der Regelwerke BImSchG, StörfallV, BetrSiV / DGRL, WHG fällt, ein eingeführtes entsprechendes Qualitätssicherungssystem mit Wirksamkeitsprüfung eingeführt haben. Er müsste zumindest über eine entsprechenden Montageanweisung mit ggf. Drehmomentvorgaben und Dokumentationsstandards verfügen zum Nachweis der qualitätsgesicherten Flanschverbindungsmontage. Mit der DIN EN 1591-4 wird in kürze eine Norm zur Qualifikation des Montagepersonals nach DGRL kommen

3 Anforderungen aus der VDI 2290

Die VDI 2290 fordert im Rahmen der Auslegung für alle Flanschverbindungen einen Festigkeits- und Dichtheitsnachweis mit einer Dichtheitsklasse L0,01 mit Ermittlung der notwendigen Betriebsflächenpressung und den dazugehörigen Anzugsmomenten. Eine gesicherte Umsetzung der Anzugsmomente in der Montage kann nur von sachkundigem Personal mit geeignetem Werkzeug garantiert werden.

Die Anforderungen des Kapitels 6 der VDI 2290 „Montage von Flanschverbindungen" lassen sich wie folgt zusammenfassen:

- Sachgerechte Auslegung zur Zielerreichung
  - Umsetzung der Berechnungsrandbedingungen in der Montage (Reibung, Anziehverfahren)
  - Ausleger ermittelt notwendige Schraubenvorspannung → Umsetzung in Drehmomenttabellen (Reduzierung der Komplexität)
  - Montagevorgaben (z.B. Montagerichtlinie) an Schlosser und Prüfpersonal → Aufbau, Anziehverfahren, Schmierung, Werkzeuge
- Passgenaue Fertigung → Voraussetzung für hohe Montagequalität (Toleranzen)
- Monatepersonal
  - Einsatz nur von sachkundigem Personal
  - Schriftliche Benennung
- Qualtätssicherung
  - Betreiber legt Prüfumfang der Stichprobe fest
  - Betreiber legt Art und Umfang einer unabhängigen Prüfung fest
- Dokumentation
  - Betreiber legt Art und Umfang der Dokumentation fest angepasst an bisher praktizierte Abläufe (Neubau, Instandsetzung)
- Qualitätsmanagemtsystem
  - Erstellung von Prozeduren zur Vorgehensweise für die Montage und Qualitätssicherung
- Verantwortlichkeiten Betreiber
  - die sachgerechte Auslegung und Umsetzung in Montagevorgaben
  - Sachkunde des eingesetzten Personals
  - Delegation an Dienstleister → Kontrollpflicht
  - Umsetzung im Qualitätsmanagement- / Fremdfirmenmanagementsystem
- Erkenntnisquellen
  - VDI – Richtlinien, z.B. VDI 2200 [5]
  - ESA – Leitfäden [6], [7]
  - Literatur von Dichtungs- und Schraubenherstellern

Die technischen Anforderungen, die nach Einführung der VDI 2290 zu erfüllen sind, unterscheiden sich bis auf den bisher nicht möglichen Dichtheitsnachweis nicht wesentlich von den Anforderungen, die in Summe sich aus den sonstigen relevanten Regelwerken abgeleitet werden.

Die Dichtheitsklasse L0,01 hat in der Praxis die Konsequenz [8],[9], das z.B.:

- Einzelne Dichtungen nicht mehr eingesetzt werden können
- Schrauben 5.6 nicht mehr die Anforderungen erfüllen und durch höherwertige wie z.B. 25CrMo4 ersetzt werden müssen.

Da die alten DIN Flansche bis DN 500 / PN10 die gleichen Abmessungen wie die neuen EN Flansche nach DIN EN 1092 haben, können die ermittelten Drehmomente auch für Altanlagen mit den entsprechenden Dichtungen und Schrauben eingesetzt werden.

Beispielhaft sind die Anforderungen aus der VDI 2290 in dem VCI Leitfaden zur Montage von Flanschverbindungen in verfahrenstechnischen Anlagen umgesetzt. [12]

4 Grundsätzliche Umsetzungsstrategien

Alle nach TA-Luft relevanten Flanschverbindungen fallen in den Geltungsbereich der Betriebssicherheitsverordnung (z.B. druckbedingte Gefährdungen, Explosionsgefahr, Gesundheitsgefährdung) und ggf. in den anderer Regelwerke und sind i.d.R. als Bestandteil von Apparaten und Rohrleitungen als Arbeitsmittel oder überwachungsbedürftige Anlage erstmalig und/oder wiederkehrend prüfpflichtig und dokumentationspflichtig.

In jeder Anlagendokumentation wird eine tagesaktuelle Apparateliste und Rohrleitungsliste sowie die jeweilige Prüfdokumentation der prüfpflichtigen Apparate und Rohrleitungen existieren. Bei nicht prüfpflichtigen Apparaten und Rohrleitungen wird eine Gefährdungsbeurteilung bzw. eine sicherheitstechnische Bewertung nach BetrSiV vorliegen. Der Apparateliste bzw. Rohrleitungsliste kann die Einstufung nach DGRL / BetrSiV und TA-Luft entnommen werden.

Es bietet sich an, bei der Umsetzung der VDI 2290 auf die bewährten Verfahren z.B. aus der Umsetzung der Betriebssicherheitsverordnung aufzusetzen und das dafür vorliegende Prozedere um den Nachweis der Dichtheit entsprechend der Dichtheitsklasse zu ergänzen. Der Nachweis nach VDI 2290 gilt dann durch den Nachweis der qualitätsgerechten Montage als erbracht. Der Festigkeitsnachweis ist bereits im Umfang der Gefährdungsbeurteilung nach BetrSiV (respektive DGRL) enthalten.

Die Schlussprüfung der DGRL bzw. die Prüfung vor Inbetriebnahme nach BetrSiV umfasst u.a. folgende wesentliche Punkte:

- ✓ Prüfung Herstellerbescheinigung
- ✓ Prüfung Konformitätserklärung / - bescheinigung
- ✓ Betriebsanleitung
- ✓ Angaben zur Planung
  - o Innendrucknachweis (Festigkeitsnachweis)
  - o Elastizitätsnachweis

  - Beständigkeitsnachweis
- ✓ Werkstoffe und Werkstoffnachweise
  - Materialstempelungen, Chargenummer, Werkstoffzeugnisse
- ✓ Fertigungsunterlagen
  - Schweißerzeugnisse, Verfahrensprüfungen, Schweißpläne
  - Nachweis des Scheißwesens
  - Nachweis ordnungemäße Fertigung, Montage
  - Protokoll Druckfestigkeitsprüfung
  - Ergebnisse zerstörungsfreie Prüfungen
- ✓ Beschaffenheit einer Rohrleitung
  - Prüfung Verlauf gegen Isometrie / RI – Fließbild
  - Prüfung ordnungsgemäßer Einbau aller Bauteile
  - Prüfung der Kennzeichnung (Schweißerstempel, Fabrikationsnummer)
  - Stichprobe, Prüfung der Abmessung
  - Sichtprüfung der Fügestellen / Außenoberfläche

Die meisten Betreiber chemischer Anlagen werden eine dokumentierte Form der Umsetzung der BetrSiV und anderer Regelwerke haben, da diese Voraussetzung für die Inbetriebnahme sind.

Zur Sicherstellung der Umsetzung der Anforderungen aus der Gefährdungsanalyse von Flanschverbindungen an Rohrleitungen / Apparaten wird in der Regel eine Montageanweisung für Flanschverbindungen vorliegen.

Alle Dienstleister in deren Angebots- und Leistungsspektrum sich Apparate- und Rohrleitungsmontagen befinden werden in ihrem Qualitätssicherungsystem über Montageanleitungen verfügen zum Nachweis des von Ihnen praktizierten Qualitätsstandards für z.B. Flanschverbindungen soweit der Kunde keine eigenen Vorgaben macht. Das Ergebnis der Dienstleistung Flanschmontage wird / muss in jedem Fall den Nachweis der qualitativ dichten Flanschverbindung beinhalten.

Ob und wie ein Equipment von der BetrSiV und oder BImSchG / TA-Luft betroffen ist, wird üblicherweise in den entsprechenden Bestandsdokumenten / Spezifikationen wie Apparateliste und Rohrleitungsliste vermerkt. Soweit das bisher noch nicht geschieht, muss neben der Einstufung nach Betriebssicherheitsverordnung (DGRL) auch die Einstufung als Equipment mit TA – Luft relevantem Medium erkennbar sein. Diese Dokumente sind für die entsprechende Montageplanung und Qualitätssicherung Voraussetzung.

Bei den TA Luft/VDI 2290 relevanten Flanschverbindungen handelt es sich entweder um Flanschverbindungen an Apparaten (Apparateflansche oder Rohrleitungsanschlüsse) / Maschinen oder in Rohrleitungen (Vorschweißflansch gegen Vorschweißflansch oder Armatur oder Maschine oder Apparat).

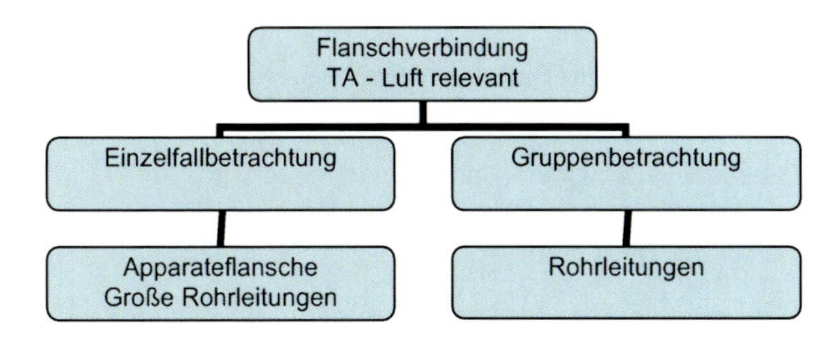

Bild 2: TA – Luft Nachweis, Vorgehensweisen

In der Anlagenplanung ist es üblich, Flanschverbindungen innerhalb von Apparaten und ggf. großen komplexen Rohrleitungen als Individuen zu betrachten mit individuellem rechnerischem Nachweis (Festigkeits- und zukünftig Dichtheitsnachweis). Rohranschlüsse werden üblicherweise mit Normflanschen ausgeführt.

Werden nur individuelle Flanschverbindungen (Bild 2) wie z.B. Apparateflansche oder Sonderflansche betrachtet, ist das Vorgehen zur Umsetzung der VDI 2290 grundsätzlich geklärt und eindeutig und entspricht im Wesentlichen dem heutigen Vorgehen. Sehr oft werden auch heute schon für diese Flanschverbindungen Anzugsmomente berechnet und in der Montage mit qualifizierten Anzugsverfahren umgesetzt und entsprechend dokumentiert.

Bei einem möglichen Vorgehen für Rohrleitungen ergeben sich verschiedene Umsetzungsmöglichkeiten, üblicherweise werden Rohrleitungen mit Gruppenbetrachtungen über Rohrklassen umgesetzt.

Die Anforderungen an Rohrleitungen werden mit Baukastensystemen – sogenannten Rohrklassen – nachgewiesen, d.h. für ein bestimmtes Druck – Temperatur - Rating ist der Nachweis auf Innendruck für alle Bauteile erbracht. Zukünftig muss dann die Auslegung der Rohrklasse den Dichtheitsnachweis entsprechend einer geforderten Dichtheitsklasse ebenfalls erfüllen. Ein individueller Nachweis einer Flanschverbindung (Festigkeit, Dichtheit) findet nur statt, wenn aus der Verlegung der Rohrleitung äußere Kräfte und Momente auf die Bauteile Rohrleitung (Flanschverbindung) aufgeprägt werden z.B. durch behinderte Wärmedehnung, Wind, usw., die die vorher bei der rechnerischen Auslegung berücksichtigten Reserven überschreiten. Soweit der vereinfachte Nachweis z.B. HP100R / EN13480-3 durch das Verlegekonzept / Halterungskonzept erfüllt werden kann, gelten die Reserven als nicht überschritten. Andernfalls wird durch eine Rohrspannungsanalyse die Zulässigkeit nachgewiesen bzw. der Verlauf der Rohrleitung geändert bis die Spannungen zulässig sind.

Arbeiten mit Rohrklassen heißt für die Anwendung im Geltungsbereich (Druck, Temperatur, Reserven für äußere Lasten) dass

- ✓ Für die ausgewählten Werkstoffe (Rohr, Formstücke, Flansche Schraube, Dichtung)
- ✓ Für die gewählte Flanschform

- ✓ Für den gewählten Dichtungstyp
- ✓ Für die zugrunde gelegte Dichtheitsklasse
- ✓ Für den gewählten Nennweitenbereich
- ✓ Für den gewählten Druck – Temperaturbereich (Rating)

die Rohrklasse ohne weitere Nachweise mit den in der Spezifikation beschriebenen Bauteile eingesetzt werden darf.

Singuläre Lösungen z.B. für einzelne Nennweiten sind in der Praxis nicht handhabbar und bedeuten, dass die Flanschverbindung zum Individuum wird. Sie sollten die Ausnahme bleiben.

Wertet man Anlageninventare aus, ergibt sich, dass der überwiegende Anteil aller TA - Luft relevanten Flanschverbindungen sich in Rohrleitungen befindet. Nach einer Untersuchung der BASF [10] über eine größere Anzahl Projekte (50 Projekte, 62 400 Rohrleitungen) ergibt sich eine Verteilung wie folgt.

DN	Häufigkeit	Sumenhäufigkeit
<= 25	42,8	42,8
40	5,8	48,6
50	22,9	71,5
80	12,1	83,6
100	6,2	89,8
150	4,1	93,9
200	2,6	96,5
300	2,1	98,6
500	1	99,6

Bild 3: Rohrleitungen in Chemieanlagen – Nennweitenverteilung, mittlere Nennweite: 64,4 mm [10]

Betrachtet man die Statistik über alle Rohrleitungen, so zeigt sich, dass die Masse der Rohrleitungen kleine Nennweiten (ca. 43 % <= DN 25 und fast 90 % <= DN 100) und niedrige Betriebstemperaturen (mittlere Betriebstemperatur ca. 93 °C) haben. Der durchschnittliche Druck beträgt nur 10,2 bar. Dreiviertel aller Leitungen haben Nennweiten <= DN 150 und Temperaturen <= 150 °C. [10]

Nach dieser Statistik ergibt sich ein Schraubenspektrum für die Masse aller betrachteten Flansche von M12 - M20 (M24). Bei Schrauben kleiner M20 war und ist das Anziehen von Hand in der Praxis üblich.

DN	PN 10		PN 16		PN 25		PN 40	
	Schrauben		Schrauben		Schrauben		Schrauben	
	Anzahl	Größe	Anzahl	Größe	Anzahl	Größe	Anzahl	Größe
25	4	M12	4	M12	4	M12	4	M12
50	4	M16	4	M16	4	M16	4	M16
80	8	M16	8	M16	8	M16	8	M16
100	8	M16	8	M16	8	M20	8	M20
125	8	M16	8	M16	8	M24	8	M24
150	8	M20	8	M20	8	M24	8	M24
200	8	M20	12	M20	12	M24	12	M27
250	12	M20	12	M20	12	M27	12	M30

Bild 4: Einsatz von Schrauben in Vorschweißflanschen, Größe und Anzahl je nach Nenndruckstufe und Nennweite, DIN EN 1092 [11]

Untersuchungen haben gezeigt, dass der größte Teil der Rohrleitungen (ca. 85 %) nicht prüfpflichtig nach DGRL ist, obwohl ca. 50 % der Rohrleitungen unter den Geltungsbereich der DGRL fällt. Vermutlich kann aber davon ausgegangen werden, dass alle Rohrleitungen mit den identischen Rohrklassen geplant und gebaut worden sind. Nach Regelwerksanforderungen (DGRL, BetrSiV) müssen diese Rohrleitungen nach „guter Ingenieurpraxis" geplant, gebaut und montiert worden sein, was in jedem Fall einen Festigkeitsnachweis und eine Qualitätssicherung voraussetzt. Wünschenswert wäre, wenn für alle Rohrleitungen nach DGRL und nach Art. 3 Abs. 3 ein vergleichbarer Dokumentationsstandard zur Anwendung kommen würde.

Man kann sicher davon ausgehen, dass die o.g. Ergebnisse auf eine große Zahl von chemischen Anlagen übertragbar sind und dass Rohrleitungen mit hohen Drücken und großen Nennweiten nicht der Normalfall sind. TA – Luft relevante Leitungen werden vermutlich in den Anlagen einen geringen Anteil an den gesamten Leitungen haben.

Bei der Wahl der Umsetzungsstrategie sollten sich die Methoden an der Vielzahl der kleinen Flanschverbindungen mit kleinen Schraubendurchmessern orientieren. Für die relativ wenigen großen und ggf. kritischen Flanschverbindungen mit großen Schrauben lassen sich aufwändigere Verfahren rechtfertigen. Hier wird man schon aus wirtschaftlichen gründen auf hydraulische oder ähnliche Verfahren zurückgreifen, da ein Anziehen von Hand auch mit Drehmomentschlüsseln und Verlängerungen nicht zu empfehlen ist.

Grundsätzlich bieten sich zum Nachweis der Dichtigkeit in Auslegung und Montage folgende Strategien an:

- **Strategie „alles gleich" behandeln; Prüfungen unterschiedlich gewichten**
  Alle Flanschverbindungen in Rohrleitungen werden nach der gleichen Philosophie mit Vorgabe von Drehmomenten und Stichprobenprüfungen angezogen. Lediglich der Stichprobenumfang für TA - Luftleitungen und z.B. für Leitungen die nach BetrSiV. von zugelassenen Überwachungsstellen zu prüfen sind wird gruppenspezifisch festgelegt. Dieses lässt sich technisch durch Zuordnung der Rohrleitung zu einer Montageklasse (Bild 5) mit entsprechend festgelegtem Prüfaufwand (Bild 6) realisieren.

Einstufung des Druckgerätes (Apparat - Rohrleitung)		Montageklasse			
		1	2	3	4
DGRL Art. 3, Abs. 3	BetrSiV Arbeitsmittel	X			(X)
DGRL Kategorie I	BetrSiV bP	X			(X)
DGRL Kategorie II			X		(X)
DGRL Kategorie III	BetrSiV ZÜS			X	(X)
TA - Luft	TA - Luft		X		(X)

bP: befähigte Person

ZÜS: zugelassene Überwachungsstelle

Bild 5: Einstufung von Druckgeräten (Apparate – Rohrleitungen) in Montage klassen [12]

Montageklasse	Qualitätssicherungsmaßnahme
1	Keine weitergehenden Prüfungen
2	**Stichprobenkontrolle** ➢ Durch Montagepersonal ➢ Umfang: ca. 2 % der Flanschverbindungen ➢ Bei Abweichungen vom vorgegebenen Drehmomentbereich ist der Prüfumfang zu erhöhen ➢ Dokumentation
3	**Stichprobenkontrolle** ➢ Durch Montagepersonal ➢ Umfang: ca. 10 % der Flanschverbindungen ➢ Bei Abweichungen vom vorgegebenen Drehmomentbereich ist der Prüfumfang zu erhöhen ➢ Dokumentation **Gegenkontrolle** ➢ Durch unabhängige Person ➢ Umfang: ca. 2 % der Flanschverbindungen ➢ Dokumentation
4	**Stichprobenkontrolle** ➢ Durch Montagepersonal ➢ Umfang: ca. 10 – 100 % der Flanschverbindungen ➢ Bei Abweichungen vom vorgegebenen Drehmomentbereich ist der Prüfumfang zu erhöhen ➢ Dokumentation ggf. mit besonderen Anforderungen Gegenkontrolle ➢ Durch unabhängige Person ➢ Umfang: ca. 2 - 100 % der Flanschverbindungen ➢ Dokumentation ggf. mit besonderen Anforderungen ➢ Ggf. Kennzeichnung der Flanschverbindung (Plombe)

Bild 6: Maßnahmen zur Qualitätssicherung [12]

- Es gibt nur noch eine Rohrklasse pro Werkstoff, PN – Stufe und Dichtungstyp, die sowohl für TA-Luft Medien und andere Medien mit Flanschverbindungen eingesetzt werden kann
- Wahl hochwertiger Schrauben, die oft nur für TA-Luft Flanschverbindungen erforderlich sind
- Alle ausgewählten Dichtungen erfüllen die Bauteilanforderungen nach TA-Luft
- Einheitliche Montagerichtlinie mit unterschiedlicher Stichprobenhäufigkeit

Vorteile:

- ⇒ Einheitliches Verfahren zur Erfüllung der Anforderungen aller Regelwerke
- ⇒ Einheitlicher Montagequalitätsstandard
- ⇒ Nachträglicher Medienwechsel unproblematisch zu TA-Luft Medien
- ⇒ Einheitliche Vorgehensweise für Mitarbeiter / Dienstleister (niedrige Komplexität)
- ⇒ Eingekauft wird eine nachgewiesen dichte Flanschverbindung

Nachteile

- ⇒ Ggf. höhere Kosten für Schrauben und Dichtungen

- **Strategie „TA – Luft Lösung", gesonderte Vorgehensweisen medienabhängig** - TA-Luft Rohrleitungen erhalten eine eigene Montageanweisung, für alle anderen Leitungen wird z.B. die bisher eingeführte Praxis beibehalten.
  - Unterschiedliche Rohklassen mit je nach Einsatz z.B. unterschiedlichen Schrauben (z.B. TA – Luft Medien: 25CrMo4 Schrauben, nicht TA - Luft Medien z.B. 5.6 Schrauben)
  - Unterschiedliche Dichtungen, mit und ohne TA - Luft Zulassung
  - Unterschiedliche Montagerichtlinien
  - Zusätzliche Prozeduren zur Sicherstellung der Vermeidung von Verwechselungen und Dokumentation

Vorteile:

- ⇒ Ggf. Kosteneinsparungen bei Schrauben und Dichtungen

Nachteile

- ⇒ Nachträglicher Medienwechsel zu TA – Luft Medien problematisch
- ⇒ Erhöhter Aufwand zur Vermeidung von Verwechselungen
- ⇒ Unterschiedliche Vorgehensweise für Mitarbeiter / Dienstleister (höhere Komplexität)

Welche Strategie für die Umsetzung angewendet wird, muss jede Firma für sich entscheiden. Ein möglicher Standardisierungseffekt und eine Verringerung der Komplexität lässt sich nur mit der Strategie „alles gleich" behandeln erzielen.

Literatur

[1] VDI-Richtlinie 2290 (Gründruck)):
Emissionsminderung – Kennwerte für dichte Flanschverbindungen
Beuth Verlag, Berlin, 08-2010

[2] DIN EN 1591-1:
Flansche und ihre Verbindungen - Regeln für die Auslegung von Flanschverbindungen mit runden Flanschen und Dichtungen
Teil 1: Berechnungsmethode
Beuth Verlag, Berlin, 2001

[3] DIN CEN/TS 1591-4:
Flansche und ihre Verbindungen - Regeln für die Auslegung von Flanschver-
Teil 4: Qualifizierung der Kompetenz von Personal zur Montage von Schraubverbindungen im Geltungsbereich der Druckgeräterichtlinie
Beuth Verlag, Berlin, Oktober 2007 (Deutsche Vornorm)

[4] VDI-Richtlinie 2440:
Emissionsminderung – Mineralölraffinierien
Beuth Verlag, Berlin, 11-2000

[5] VDI-Richtlinie 2200:
Dichte Flanschverbindungen – Auswahl, Auslegung, Gestaltung und Montage von geschraubten Flanschverbindungen
Beuth Verlag, Berlin, 06-2007

[6] Wegweiser für eine sichere Dichtverbindung an Flanschen; Teil 1 – Leitfaden für Wartungspersonal, Ingenieure, Monteure
ESA / FSA Publikation Nr. 009 / 98

[7] Sealing Technology - BAT guidance notes
ESA Publication No. 014/05

[8] H. Wilming:
Grenzen von Flanschverbindungen hinsichtlich Dichtheits- und Festigkeitsnachweis
Dichtungskolloquium Steinfurt, 2009

[9] M. Schaaf:
Dichtheits- und Festigkeitsnachweis nach EN 1591-1 unter Berücksichtigung der Forderungen der VDI 2290
SGL / IDT - Symposium, 2009

[10] R. Limpert (BASF):

Weiterentwicklung und Stand des Regelwerks für Rohrleitungen, die der Druckgeräterichtlinie unterliegen.
3R International (41), Heft 2/2002

[11] DIN EN 1092-1:
Flansche und ihre Verbindungen - Runde Flansche für Rohre, Armaturen, Formstücke und Zubehörteile, nach PN bezeichnet - Teil 1: Stahlflansche
Beuth Verlag, Berlin, 2007

[12] Leitfaden zur Montage von Flanschverbindungen in verfahrenstechnischen Anlagen; VCI: Arbeitskreis der chemischen Industrie;
VCI 2011

Vorgehen zum optimierten Einsatz von Dichtungen

Dipl. Ing. (FH) Rainer Arndt
Kempchen Dichtungstechnik GmbH

1 Einleitung

Die demnächst erscheinende VDI-Richtlinie 2290 [1] fordert in vielerlei Hinsicht eine neue Betrachtung der Dichtverbindungen.
Das aus den Elementen Schraube, Flansch, Dichtung, Medium bestehende und im Zusammenspiel wirkende System wird zunächst rechnerisch ausgelegt, dann muss aber sichergestellt sein, dass die zugrunde gelegten Annahmen in der Praxis wieder zu finden sind.
Man kann mittels der entsprechenden Verfahren, die in den einschlägigen EN Normen beschrieben sind, eine erreichbare Leckageklasse bestimmen. Hierzu unterstützt die Normreihe EN 1591 [2] den Anwender.
Zukünftig muss der Betreiber nachweisen, dass er die von der VDI 2290 definierte Leckageklasse einhält. Das ist mittels einer Berechnung nach EN 1591-1 und der „richtigen“ Kennwerte gemäß der EN 13555 [3] eine überwiegend formalistische Aufgabe. Man erhält einen mehrseitigen Ausdruck mit vielen Zahlen, an dessen Ende dann (rein rechnerisch) bestätigt wird, dass die Leckagerate unterschritten wird.
Nun ist die nächste Aufgabe, die in der Berechnung getroffenen Annahmen in der Praxis einzuhalten.
Für die Praxis heißt es dann abzuschätzen, ob die zuvor angenommene Situation auch so vorgefunden wird.

Diesen Vergleich von Annahme und Ist-Zustand kann nur eine Person bei einer Gelegenheit vornehmen: Der Monteur bei der Montage.

Der ausführende Monteur hat oft die Aufgabe:
„Diese Dichtung in diesen Flansch einbauen“.

Nach bestem Wissen und Gewissen wird diese Aufgabe dann größtenteils durchgeführt. Die meisten Flanschverbindungen liegen im Bereich bis DN 150 und t= 150 °C und einem durchschnittlichen Druck von rd. 10 bar. Es werden also Schrauben M16 bis M24 verschraubt. [4]

Diese Schraubengrößen werden, wenn es nicht anders gefordert wird, mit handbetätigtem Schraubenschlüssel angezogen. Dabei kann man durchaus davon ausgehen, das ein geübter Monteur in die Nähe des geforderten Anzugsmomentes kommt. Dazu gibt es unterschiedliche Untersuchungen, die das bestätigen.
Die IGR-Richtlinie [5] lässt dieses Verfahren bis Schraubengröße M20 ausdrücklich zu.

Tabelle 5 — Erforderliche Anzugsmomente für Flansche nach DIN EN 1092-1 und Schrauben aus 25CrMo4 / A2-70 oder vergleichbarer Festigkeit

Gewinde	Anzugsmoment [Nm][a]		Anzugsverfahren
	Dichtungsgruppe A	Dichtungsgruppe B	
M12	50	50	Mit handbetätigtem Schraubenschlüssel ggf. mit geeigneter Verlängerung
M16	125[b]	80[b]	
M20	240[c]	150[c]	
M24	340	200	Mit Drehmomentschlüssel oder anderen drehmomentgesteuerten Verfahren
M27	500	250	
M30	700	300	
M33	900	500	
M36	1200	750	
M39	1400	850	
M45	2000	1000	
M52	3000	-	

a Diese Anzugsmomente wurden von der Fa. BASF SE berechnet und müssen von einer kompetenten Stelle validiert werden
b Empfohlene Hebellänge 300 mm nach TCS-Bericht-Nr 201007780159
c Empfohlene Hebellänge 550 mm nach TCS-Bericht-Nr 201007780159

Bild 1: Auszug aus der IGR- Richtlinie [5]

Zur Sicherstellung der erforderlichen Leckageklasse gehört jedoch bekanntermaßen mehr als das Drehmoment. Ziel der Montage ist die Erreichung einer gleichmäßigen Flächenpressung bestimmter Höhe.

Technisch dicht heißt jetzt: Die Leckageklasse wird im Betriebszustand eingehalten. Und das gilt nur dann, wenn die Montageflächenpressung den errechneten Zielwert (z.B. mittels der EN1591-1 ermittelt) erreicht.
Und dazu bedarf es der Kompetenz des Monteurs, das ist mehr als das geübte Armgefühl um ein Drehmoment zu erreichen.

2 Technisch dicht

Technische Dichtheit wird nur dann erreicht, wenn in der ganzen Kette, von der Auslegung der Dichtung bis zur Montage, alle Maßnahmen konsequent und nachvollziehbar durchgeführt werden.

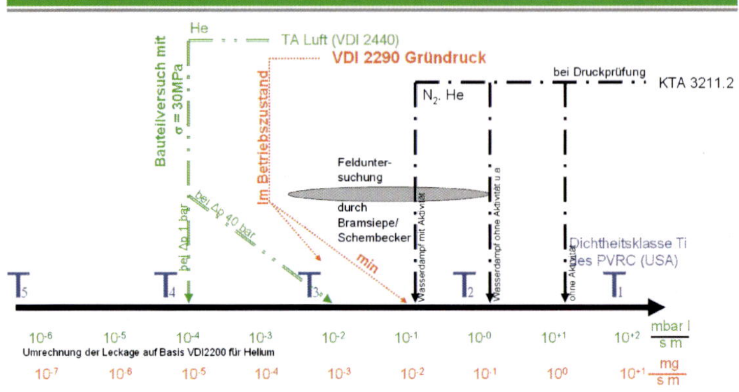

Bild 2: Unterschiedliche Anforderungen an die Leckageklassen [6]

Technisch dicht heißt, es wird eine geforderte max. Leckagerate unterschritten. In Bild 3 sind die derzeit vorhanden Grenzwerte dargestellt.

Hervorzuheben ist der Grenzwert, welcher in der VDI 2290 voraussichtlich festgeschrieben wird. Dabei ist sicherzustellen, dass eine vergleichbare Helium-Leckagerate von 10^{-2} mg/sm im Betrieb unterschritten wird und zusätzlich das Minimierungsgebot eingehalten wird. Das bedeutet für die Flanschverbindung, dass die Bauteile möglichst hoch ausgelastet werden müssen, um die geringst mögliche Leckage zu erreichen.

Der Montagevorgang bekommt hierdurch seine besondere Bedeutung.

3 Einflüsse in der Montage

Folgende, nur bei der Montage erkennbare bzw. beeinflussbare, Aspekte haben einen Einfluss:

- Zustand der Schrauben
- Art und Weise der Schmierung
- Flanschschiefstellungen
- Flanschabstand
- Dichtflächenzustand
- Art des Montagewerkzeuges und des Einsatzes

Wie weiter oben ausgeführt, sind die theoretischen Arbeitsschritte nachvollziehbar und gut dokumentierbar.

In der Praxis findet man in der Regel eine andere Situation vor. Dieser IST-Zustand kann zu so einer großen Abweichung führen, dass die Leckageklasse nicht mehr eingehalten werden kann.
Hier beginnt die verantwortungsvolle Aufgabe des Monteurs, die er ohne Kompetenz nicht lösen kann.

4 Durchführung einer fachgerechten Montage durch fachspezifisch geschultes Montagepersonal gemäß der CEN/TS 1591-4

Schon die VDI 2200 weist darauf hin, dass „*die Montage mehr als nur der letzte Schritt zum Aufbringen der Vorspannkräfte und zur Realisierung der Flanschverbindung ist. Sie ist darüber hinaus als abschließender und wichtiger Bestandteil des Qualitätsmanagements zu betrachten. Entsprechend steigen mit den Anforderungen an die Flanschverbindung auch die Anforderungen an das Montagepersonal(...)*“[7].

Aus der bald geltenden VDI 2290 ist die Anforderung zu entnehmen, dass zur „Montage von Flanschverbindungen“ nur sachkundiges Personal eingesetzt werden darf.
Im Allgemeinen gilt:

- Fachpersonal (z. B. Rohrschlosser) gelten als fachkundig
- Sonstiges Personal (z. B. betriebliche Mitarbeiter) muss geschult werden

Wobei man feststellen muss, dass der Ausbildungsplan der Rohrleitungsbauer in der Bauwirtschaft das „Wort“ Dichtung gar nicht kennt.
Wie weiter unter noch aufgeführt wird entspricht das auch der Erfahrung aus vielen Schulungen von Monteuren. Die Dichtverbindung wird i.d.R. nicht detailliert genug in der Ausbildung behandelt.
Insoweit ist der Einsatz von Rohrleitungsbauern ohne spezifische Schulung als Fachpersonal fraglich.

Nur entsprechend ausgebildetes Personal kann also diesen Anforderungen gerecht werden.
Mit dem Inkrafttreten des vierten Teils der CEN/TS 1591-4 [8] wurde den Betreibern ein Regelwerk an die Hand gegeben, das die Schulung von Monteuren vereinheitlicht.

Zukünftig soll es möglich sein, Montagepersonal nach dem Kriterium der individuellen Montagekompetenz auszuwählen. Dichtungen in Flanschen, die der Druckgeräterichtlinie unterliegen, werden zukünftig von zertifiziertem Personal kompetent montiert.

Die erforderliche Schulungsmaßnahme wird mit einem entsprechenden Lehrplan in der CEN/TS1591-4 beschrieben.

Normkonform ist eine Schulung, wenn das erforderliche Grundlagenwissen auf Basis der dort beschriebenen Lehrpläne vermittelt wird.
Nach erfolgreicher Teilnahme können folgende Fragen beantwortet werden:

- Was ist bei der Lagerung, beim Transport und bei der Handhabung von Weichstoff- und Metall/Weichstoff-dichtungen zu beachten?
- Was ist bei dem Einbau der Dichtung zu beachten?
- Welche arbeitssicherheitstechnischen Voraussetzungen sind bei Montage und Demontage zu erfüllen?
- Welche Werkzeuge / Anzugs- und Anziehverfahren sind – fallbezogen – einzusetzen?
- Wie behandelt man die Verspannelemente (wie, welche, wann)?
- Was ist bei der Demontage einer Dichtung zu beachten?

Im allgemeinen Praxismodul, welches von der CEN/TS 1591-4 ausdrücklich gefordert wird, sollen an unterschiedlichsten Flanschformen und -arten Montagevorgänge geübt werden. Dazu gehört:

- Zeigen der unterschiedlichen Flanschformen und defekter Dichtflächen.
- Vorstellen passender Dichtungstypen bzw. passender Geometrien.
- Praktisches Anwenden unterschiedlicher Anzugsverfahren. Untersuchen der unterschiedlichen Auswirkungen auf die Flanschverbindung.
- Untersuchen der Auswirkung des Anzugsverfahrens.
- Vorstellen gebräuchlicher Schrauben und Hilfsmittel.
- Untersuchen des Einflusses von Schmierung und des Schraubenzustandes.
- Auswirkung von Montagefehlern und fehlerhaften Elementen auf die Dichtfunktion.

Darauf aufbauend gibt es Zusatzmodule unterschiedlicher Themen, die weitergehendes Wissen vermitteln:

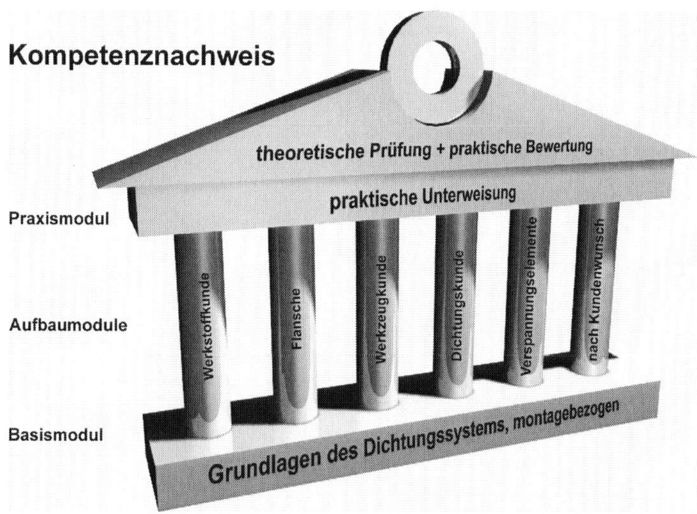

Bild 3: Beispiel eines Schulungskonzept

Dieses modulare Schulungssystem findet sich nun auch in der prEN1591-4 wieder.

5 Inhalt der prEN 1591-4 [9] zum Zeitpunkt Juli 2011

Es liegt nun der Text vor, mit dem das Voting voraussichtlich durchgeführt wird. Folgender Zeitplan ist aufgestellt worden durch das CEN:

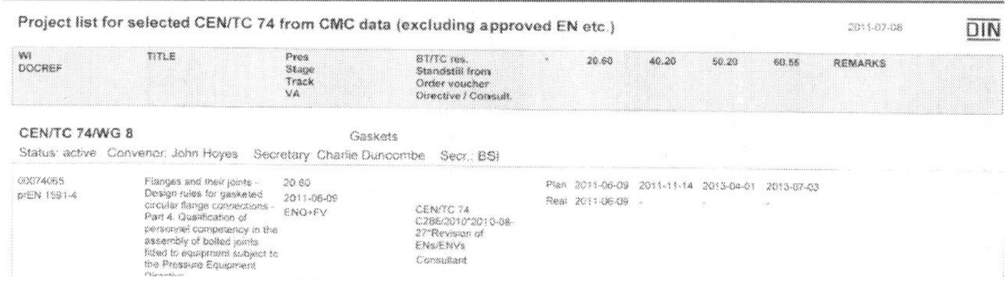

Project list for selected CEN/TC 74 from CMC data (excluding approved EN etc.) 2011-07-08 DIN

WI DOCREF	TITLE	Pres Stage Track VA	BT/TC res. Standstill from Order voucher Directive / Consult.	*	20.60	40.20	50.20	60.55	REMARKS
CEN/TC 74/WG 8		Gaskets							
Status: active Convenor: John Hoyes		Secretary: Charlie Duncombe	Secr.: BSI						
00074065 prEN 1591-4	Flanges and their joints - Design rules for gasketed circular flange connections - Part 4: Qualification of personnel competency in the assembly of bolted joints fitted to equipment subject to the Pressure Equipment	20.60 2011-06-09 ENQ+FV	CEN/TC 74 C286/2010"2010-08-27"Revision of ENs/ENVs Consultant	Plan Real	2011-06-09 2011-06-09	2011-11-14 -	2013-04-01 -	2013-07-03 -	

Bild 4: Auszug aus einem DIN-Dokument

06.09.2011 Verabschiedung des Textes
14.11.2011 Start Voting
01.04.2012 Finales Voting (nur noch redaktionelle Änderungen)
03.07.2013 Abschluss des Votings anschließend Veröffentlichung

Die Schrift weicht in einigen entscheidenden Teilen von der ursprünglichen CEN/TS 1591-4 ab.

Folgende Punkte haben sich geändert, bzw. sind hinzugekommen:
"Zitate aus der Norm"

1) Es gibt einen deutlichen Hinweis, dass die Montage eine zentrale Rolle bei der Erreichung von sicheren Flanschverbindungen spielt.
„To achieve the lowest possible emissions from a gasketed bolted connection a number of stages have to be completed sequentially. (...)To ensure that the stages of assembly and controlled tightening are carried out in the best manner the personnel who assemble and tighten the gasketed bolted connection should be accredited as being competent to undertake that task "

2) Die Schrift bietet dazu ein Vorgehen an, mit dem das Ziel erreicht werden kann.
„The aim of this document is to offer a procedure for the assessment of the competency after training of personnel who disassemble, assemble and tighten bolted joints."

3) Der Geltungsbereich ist deutlich festgeschrieben worden.
„This European Standard establishes a procedure for the competency assessment of personnel who disassemble, assemble and tighten bolted joints such as fitted to equipment subject to the Pressure Equipment Directive 97/23/EC (PED), in the content of this Standard named "PED"."
"This Standard is applicable for bolted joints included on mechanical equipment subject to the PED or any joint where failure would endanger personnel, plant or the environment."

4) Der betroffene Personenkreis ist erweitert worden.
Neben der Gruppe der Monteure sind nun auch die Inspekteure zu schulen und zu zertifizieren.
„The intent of this Standard is to ensure personnel, both technicians and supervisors, are competent to disassemble, inspect , assemble and (...)"

5) Die entsprechenden Gruppen sind eindeutig beschrieben, z.B.
"<u>Bolting technican:</u> A person whose role is to disassemble, inspect, assemble or tighten bolted connections. Anyone who only disassembles or assembles bolted connections must still be competent to at least the Foundation level as defined within this document."
"<u>Responsible person:</u> The person whose role is to plan and supervise the activity of bolting technicians."
Die Gruppen erhalten einen eigenen Lehrplan mit unterschiedlich gewichteten Inhalten. Wobei die grundsätz-lichen Themen für beide gleich sind. Die Lehrpläne sind in so genannten Matrizen beschrieben.

6) Es gibt weitere Lehrpläne für Spezialisten, z. B. für
   a) Wärmetauscher
   b) Verschraubungsdichtungen
   c) Hydraulische Werkzeuge (Drehmoment und Ziehen)
   d) Bestimmung der Schraubenkraft (Berechnung der Flanschverbindung)

e) Speziale Flansche

7) Die Norm sieht einen Schulungsumfang der Basisschulung von 2 Tagen + 1 Tag Prüfung vor:
„Foundation course will be of two days duration with assessment on the third day.“

8) In der praktischen Prüfung sollte der Kandidat eine funktionierende Flanschverbindung herstellen.
„The joint should be tested, if practical, for leak tightness. The joints should then be disassembled to allow demonstration of the disassembly technique and to allow the joint to be inspected for evidence of poor gasket installation.“

9) Um das Zertifikat über die Laufzeit von 5 Jahren aufrecht zu erhalten, sind bestimmte Bedingungen einzuhalten.

„Initial Certification
The validity of the certification of the bolting technician begins on the date that the competency examinations have been passed. The period of validity is 5 years provided that both of the following conditions are fulfilled
The bolting technician has had no interruption in bolted flange work for a period exceeding 6 months
There are no specific reasons to question the ability , skill or knowledge of the bolting technician in the application of bolted flange connections.
If either of these conditions is not fulfilled, the certification shall be withdrawn."

Dieser geänderte Text ist das Ergebnis vieler Sitzungen der Mitglieder im Normenausschuss, die ihre Erfahrungen abgestimmt haben.

6 Erfahrungen aus durchgeführten Schulungen

Im Rahmen der Schulungen, die in den Schulungseinrichtungen der Kempchen Dichtungstechnik GmbH durchgeführt wurden, haben sich folgende Problemfelder gezeigt.

In diesen Feldern musste man die fehlende Kompetenz feststellen.

- Keine Kenntnis über den Begriff „technische Dichtheit“, bzw. keine Kenntnisse was „dicht“ eigentlich bedeutetet
- Kaum Kenntnisse über Einflüsse auf Dichtigkeit aufgrund von Abweichungen vom Ideal, z. B. Flanschschiefstellung

- Keine Kenntnis über die mechanische Funktionsweise einer Flanschverbindung als Federmodel
- Kaum Kenntnisse über die Wirkung von Schmiermitteln
- Selten Kenntnis über die Funktionsweise eines Drehmomentenschlüssels und den bestimmungsgemäßen Umgang (z. B. das man i.d.R. einen Drehmomenten-schlüssel nur in seiner Funktionsrichtung anwenden darf)
- Keine Kenntnisse über die unterschiedlichen Wirkweisen von Dichtungstypen
- Keine Sicherheit im Umgang mit defekten Flanschdichtflächen
- Fehlendes Gespür für die Sensibilität von Dichtungen, z.B. die Unverzeihlichkeit von quer zur Dichtungsbreite verlaufenden Riefen in Graphitdichtungen

Diesem Umstand wurde Rechnung getragen, indem man die Schulungsinhalte entsprechend angepasst und Vorrichtungen zur Visualisierung entwickelt bzw. angeschafft hat.

Die Monteure haben in der Regel ein gutes Geschick in der Handhabung der Flansche und Schrauben. Auch gibt es viele Ideen, wie man Missstände beheben kann. Ob es jedoch ratsam ist, eine Flanschschiefstellung mittels einseitiger Erwärmung durch einen Schweißbrenner und massivem Einsatz eines Gabelstaplers zu „richten“ ist dichtungstechnisch fragwürdig.

7 Zusammenfassung

Im Laufe der 2 Jahre, in denen zahlreiche Schulungen stattgefunden haben, hat sich folgendes Bild gezeigt.

- Die Monteure haben viel Geschick in der Improvisation.
- Monteure sind kräftige Leute, Drehmomente bis 750 Nm traut man sich gerne zu.
- Monteure aus Kernkraftwerken sind gut ausgebildet in der praktischen Handhabung von Drehmomentwerkzeugen, wobei die Funktionsweise und potentielle Fehlerquellen nicht weit reichend genug bekannt waren.
- Die Schulungsteilnehmer waren i.d.R. überrascht, welchen großen positiven Einfluss eine sorgfältige Montage auf das Arbeitsergebnis hat.
- Auch Monteure, die gerade eine fachspezifische Ausbildung beendet haben, hatten keine Kompetenz in der Dichtungsinstallation, so wie in einschlägigen Schriften gefordert.
- Die Monteure waren, nach anfänglicher Reserviertheit der Schulung gegenüber, sehr interessiert an den Informationen.
- Die Schulung wurde durch die Anreicherung von Praxisteilen innerhalb der theoretischen Schulung inhaltlich immer besser akzeptiert. Die Teilnehmer glauben immer nur, was sie sehen bzw. selber erfahren können.

8 Literatur / Quellen

[1] VDI Richtlinie 2290 Entwurf August 2010
Emissionsminderung. Kennwerte für dichte Flanschverbindungen

[2] EN 1591-1
Flansche und ihre Verbindungen - Regeln für die Auslegung von Flanschverbindungen mit runden Flanschen und Dichtungen. Teil 1: Berechnungsmethode
Beuth Verlag GmbH, Berlin, 2001

[3] DIN EN 13555:2005:
Flansche und ihre Verbindungen - Dichtungskennwerte und Prüfverfahren
Beuth Verlag, Berlin, 2005

[4] R. Limpert: Weiterentwicklung und Stand des Regelwerkes für Rohrleitungen, die der Druckgeräterichtlinie unterliegen
3R International, Heft 2/2002

[5] IGR Richtlinie
Leitfaden zur Montage von Flanschverbindungen in verfahrenstechnischen Anlagen

[6] Leckageklassen, zusammengetragen aus unterschiedlichen Quellen, u. a. von Klinger, Amtec, KTA, VDI-Richtlinien

[7] VDI 2200
Dichte Flanschverbindungen
Auswahl, Auslegung, Gestaltung und Montage von verschraubten Flanschverbindungen
Beuth Verlag GmbH, Berlin 2007

[8] CEN/TS 1591-4
Flansche und ihre Verbindungen - Regeln für die Auslegung von Flanschverbindungen mit runden Flanschen und Dichtungen
Teil 4: Qualifizierung der Kompetenz von Personal zur Montage von Schraubverbindungen im Geltungsbereich der Druckgeräterichtlinie
Beuth Verlag, Berlin, 2001

[9] preCEN EN 1591-4
Flansche und ihre Verbindungen — Regeln für die Auslegung von Flanschverbindungen mit runden Flanschen und Dichtung — Teil 4: Qualifizierung der Befähigung von Personal zur Montage von Schraubverbindungen im Geltungsbereich der Druckgeräterichtlinie

Optimierung von Rohrklassen unter Berücksichtigung der VDI2290

Dipl. Phys. Manfred Schaaf
Amtec Messtechnischer Service GmbH

1 Zusammenfassung

Die VDI-Richtlinie 2290 "Kennwerte für Flanschverbindungen" regelt die nach der Veröffentlichung der VDI 2440 und VDI 2200 noch offenen Fragen hinsichtlich dem Nachweis einer technisch dichten Flanschverbindung im Sinne der TA-Luft. Während in den vergangenen Jahren eine erfolgreiche "TA-Luft-Prüfung" des Dichtelementes in einem Bauteilversuch als ausreichend betrachtet wurde, stehen nun der Nachweis der Einhaltung einer definierten Dichtheitsklasse im Betrieb und eine qualifizierte Montage der Flanschverbindung im Blickpunkt.

Die rechnerischen Nachweise können z. B. auf Basis der EN 1591-1 erfolgen, wobei die entsprechenden Dichtungskennwerte nach EN 13555 verwendet werden müssen. In der VDI 2290 sind hierzu zum einen detaillierte Erläuterungen gegeben, zum anderen ist aber auch die einzuhaltende Dichtheitsklasse mit $L_{0.01}$ festgeschrieben, wobei sich die Leckagerate von 0.01 mg/(s·m) auf das Prüfmedium Helium und nicht auf das abzudichtende Medium bezieht.

Durch die Forderung des rechnerischen Nachweises der Flanschverbindungen ergibt sich für den Betreiber aber nicht nur ein zusätzlicher Aufwand, sondern sie bietet auch die Möglichkeit, die vorhandenen Rohrklassen grundsätzlich zu überarbeiten, die Erfahrungen aus dem langjährigen Betrieb einfließen zu lassen und ggf. die Anzahl der Rohrklassen zu minimieren. Durch eine solche weitergehende Standardisierung kann somit auch die Lagerhaltung optimiert werden.

Im Weiteren werden durch die ermittelten Anzugsmomente und die entsprechende konsequente Umsetzung durch eine qualifizierte Montage die Grundlagen geschaffen, große Leckagen auszuschließen und diffuse Emissionen zu minimieren. Dadurch erhöht sich die Wirtschaftlichkeit der Anlagen, und die zunächst erforderlichen Investitionen, die durch die Umsetzung der Forderungen der VDI 2290 erforderlich sein werden, dürften sich innerhalb kürzester Zeit amortisieren.

2 Einleitung

Flanschverbindungen gehören zu den meist verwendeten Konstruktionen bei Rohrleitungen, Behältern, Armaturen, Pumpen, usw., da sie als lösbare Verbindungen für die Montage, Instandhaltung, innere Besichtigung, Reinigung, usw. benötigt werden. Zur Vermeidung des Medienaustritts wird zwischen die Trennflächen ein Dichtelement eingebracht, das zum Erreichen der erforderlichen Abdichteigenschaften vorwiegend mit Schrauben bei der Montage vorgespannt wird.

Je nach Anordnung der Dichtung zwischen den Flanschflächen unterscheidet man zwischen Krafthauptschluss- bzw. Kraftnebenschlussverbindungen, s. **Abb. 1**. Diese unterschieden sich hinsichtlich des Verhaltens der Dichtung, ebenso gelten unterschiedliche Berechnungsverfahren für einen Festigkeits- und Dichtheitsnachweise, siehe /1/ bis /3/.

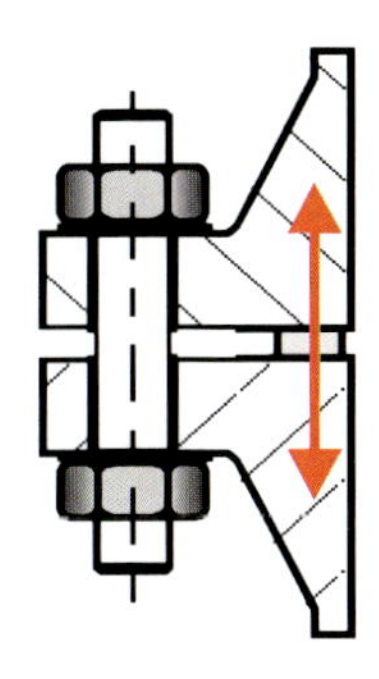

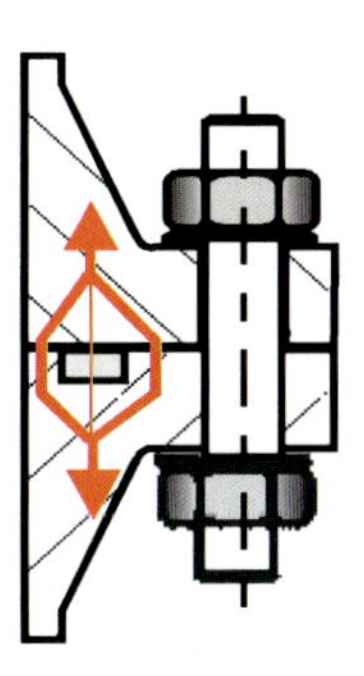

Abb. 1: Flanschverbindungen mit der Dichtung im Krafthauptschluss (KHS) und Kraftnebenschluss (KNS)

Die grundlegenden Anforderungen an Flanschverbindungen in TA Luft /4/ und der dort zitierten VDI-Richtlinie 2440 /5/ sind sinngemäß die folgenden:

- Die konstruktive Ausführung lässt eine bestimmungsgemäße Funktion unter den Betriebsbedingungen auf Dauer erwarten.
- Der Auslegung der Flanschverbindungen sind Dichtungskennwerte nach DIN 28090-1 /6/ (zwischenzeitlich ersetzt durch DIN EN 13555 /7/) bzw. DIN EN 1591-2 /8/ zu Grunde zu legen.
- Die Einhaltung der spezifischen Leckagerate von 10^{-4} mbar·l/(s·m) wird in einer Bauteilprüfung unter speziellen Randbedingungen nachgewiesen.

Unter diesen Voraussetzungen wird in VDI 2440 der Begriff des "hochwertigen" Dichtsystems als eine besonders wirksame Maßnahme zur Emissionsminderung bei Flanschverbindungen geprägt.

Weder in einem der genannten Regelwerke noch in der später veröffentlichen VDI-Richtlinie 2200 /9/ zu Flanschverbindungen finden sich allerdings konkrete Hinweise zu der bei der geforderten Auslegung der Flanschverbindung zu Grunde zu legenden Dichtheitsklasse bzw. zu der max. zulässigen spezifischen Leckagerate. Dies ist Gegenstand der neuen VDI-Richtlinie 2290 /10/. Dadurch sind erstmalig, außerhalb des kerntechnischen Regelwerkes, alle Randbedingungen für rechnerische Nachweise von Flanschverbindungen eindeutig definiert. Als Konsequenz daraus müssen die Rohrklassen, in welchen die Einsatzgrenzen und die Werkstoffe verschiedener Rohrleitungskomponenten festgelegt sind, überarbeitet werden.

Einen weiteren zentralen Aspekt der VDI 2290 stellt neben den rechnerischen Dichtheitsnachweisen die qualifizierte Montage der Flanschverbindungen dar. Durch diese beiden Forderungen ergeben sich für den Betreiber aber nicht nur zusätzlicher Aufwand und damit verbunden zusätzliche Kosten, sie bieten auch die Möglichkeit, die in den Anlagen vorhandenen Rohrklassen grundsätzlich zu überarbeiten, die Erfahrungen aus dem langjährigen Betrieb einfließen zu lassen und ggf. die Anzahl der Rohrklassen zu minimieren. Durch diverse Optimierungsmaßnahmen können somit nicht nur die Umweltschutzziele verfolgt werden, auch die Wirtschaftlichkeit der Anlagen kann dadurch erhöht werden.

3 Praktische Umsetzung der VDI 2290

Eine Vorgehensweise zur Emissionsminderung von Flanschverbindungen nach VDI 2290 im Einklang mit TA Luft ist für Krafthauptschlussverbindungen in **Abb. 2** skizziert. Wesentliche Bearbeitungsschritte sind die Auslegung der Flanschverbindung mit Festigkeits- und Dichtheitsnachweis gemäß DIN EN 1591-1 /11/ auf der Basis realistischer Dichtungskennwerte nach DIN EN 13555. Wenn dann bei der Montage das nachgewiesene Anzugsmoment der Schrauben in kontrollierter Weise von qualifiziertem Personal aufgebracht wird, dann ist von technischer Dichtheit im Sinne der TA Luft auszugehen. Die Bauteilprüfung nach VDI 2200 bzw. VDI 2440 und die Zertifizierung der Dichtung als hochwertige Dichtung sind bei dieser Vorgehensweise eigentlich überflüssig, dieser Schritt stellt aber schon vor der Auslegung sicher, dass nur geeignete Dichtungen zur Auswahl stehen.

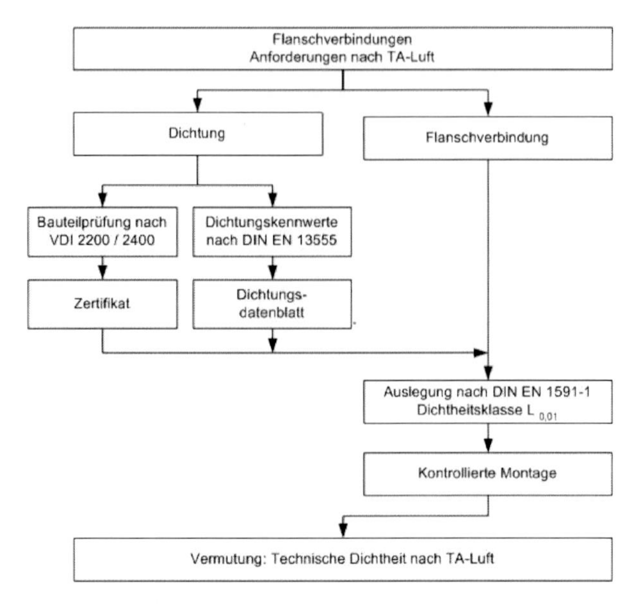

Abb. 2: Vorgehensweise zur Emissionsminderung im Sinne der TA-Luft

Im Folgenden sollen nun einige praktische Hinweise zur Umsetzung der Anforderungen der VDI 2290 im Hinblick auf die Flanschberechnung gegeben werden. Wie aus **Tab. 1** zu entnehmen ist, stellt hierbei die DIN EN 1591-1 das zentrale Berechnungsverfahren dar. Ein alternatives Berechnungsverfahren, mit welchem ebenfalls Festigkeits- und Dichtheitsnachweise durchgeführt werden können, stellt das Berechnungsverfahren des kerntechnischen Regelwerkes dar, auf welches aber in der VDI 2290 bewusst nicht verwiesen wurde.

Tab. 1: Vergleich der Berechnungsverfahren für Flanschverbindungen (KHS)

Berechnungs-verfahren	KHS	KNS	Prüfnorm Kennwerte	Festigkeits-nachweis	Dichtheits-nachweis	TA-Luft Nachweis
EN 1591-1	x		EN 13555	x	x	x [1]
TS 1591-3		x	-	x	x	x [1]
AD-2000	x	-	EN 13555	x	x [2]	x [1,2]
EN 13445-3 (Abschnitt 11)	x	-	-	x	-	-
Finite Elemente Analyse	x	x	EN 13555 (erweiterte Auswertung)	x	x	x [1]

[1] nur in Verbindung mit Bauteilversuch nach VDI 2440 / VDI 2200 und einer qualifizierten Montage

[2] nur in Verbindung mit EN 1591-1

4 Flanschberechnung unter Berücksichtigung der VDI 2290

Im Vergleich zu den anderen Regelwerken weist die DIN EN 1591-1 einige Besonderheiten auf. Es wird nämlich das Verhalten des Gesamtsystems Flansche/Schrauben/ Dichtung betrachtet, wobei das Verformungs- und Kräftegleichgewicht in allen Belastungszuständen einzuhalten ist. Hierbei werden die Längung der Schrauben, die Flanschblattneigung, die unterschiedliche thermische Ausdehnung von Flanschen und Schrauben, die Kriechrelaxation der Dichtung und die elastische Rückfederung der Dichtung bei Entlastung berücksichtigt. Zudem betrachtet das Berechnungsverfahren DIN EN 1591-1 die vom Anziehverfahren abhängige Streuung der Schraubenkraft.

Als weitere Besonderheit wird in DIN EN 1591-1 die durch die Flanschblattneigung hervorgerufene Entlastung der Dichtung in ihrem Innenbereich ermittelt. Dies kann dazu führen, dass die Dichtung nicht über die gesamte Breite verpresst wird, womit bei gleicher Schraubenkraft eine höhere Dichtungsflächenpressung erzielt wird. Durch die Änderung der "effektiven" Dichtungsgeometrie in Abhängigkeit der Einbauschraubenkraft ändern sich aber auch die wirkenden Hebelarme. Dies hat dann wieder eine Rückwirkung auf das Kräfte- und Verformungsgleichgewicht, was auch wieder die Schraubenkraft beeinflusst. Daher muss die Bestimmung der Einbauschraubenkraft iterativ erfolgen, eine einfache Handrechnung ist nicht mehr möglich.

Die dem Dichtheitsnachweis zu Grunde zu legenden Dichtheitsklasse bzw. die maximal zulässige spezifische Leckagerate ist nun in der VDI-Richtlinie 2290 definiert. Bei der Festlegung der geforderten Dichtheitsklasse musste das Konzept der besten verfügbaren Techniken (BVT) verfolgt werden, welche dem in Deutschland traditionell verwendeten Konzept des Standes der Technik entspricht. Dies ist auch in der EG-Richtlinie über die integrierte Vermeidung und Verminderung von Umweltverschmutzung (IVU-Richtlinie /12/) verankert, welche die Grundlage für die Genehmigung besonders umweltrelevanter Industrieanlagen bildet und das Ziel verfolgt, ein hohes Schutzniveau für die Umwelt insgesamt zu erreichen.

Welche Dichtheitsklassen bei einer vorgegebenen Geometrie- und Werkstoffkombination in einer bestehenden Anlagen gegeben sind bzw. welche bei einer Neuinstallation erreicht werden können, hängt von vielen Faktoren ab und wurde u. a. im Rahmen von Reihenberechnungen für Flanschverbindungen untersucht /13/, /14/. Die Ergebnisse dieser systematischen Berechnungen haben letztendlich dazu geführt, dass eine Flanschverbindungen als technisch dicht i.S.d. TA Luft Nr. 5.2.6.3 bzw. hochwertig i.S.d. Nr. 3.3.1.4 der VDI 2440 gilt, wenn für die Auswahl der Dichtung und die Auslegung der Flanschverbindung die Dichtheitsklasse $L_{0,01}$ mit der spezifischen Leckagerate kleiner 0,01 mg/(s·m) angewendet wird.

Bauartbedingt sind Flansche mit Metall- und Schweißdichtungen technisch dichte Flanschverbindungen nach TA Luft bzw. hochwertig nach VDI 2440 Nr. 3.3.1.4. Für diese Dichtverbindungen werden keine expliziten Nachweise gefordert, allerdings muss natürlich auch hier eine erforderliche Einbauschraubenkraft für die Montage vorliegen, so dass letztendlich auch eine Berechnung notwendig wird.

Die Definition der einzuhaltenden Dichtheitsklasse bei der Auslegung einer Flanschverbindung ist letztendlich, neben der Einschränkung der geeigneten Berechnungsverfahren, die einzige Forderung in der VDI 2290, die bei einer Flanschberechnung berücksichtigt werden muss. Alle anderen Informationen zur Berechnung, wie z. B.

- die Auswahl der Dichtungskennwerte,
- die Interpolation von Dichtungskennwerten,
- die Bestimmung der Nennberechnungsspannung (zulässige Spannung),
- die Berücksichtungen von äußeren Kräften und Momenten,
- die Berücksichtigung des Streubandes des eingesetzten Anziehverfahrens oder
- die Reibfaktoren für die Umrechnung zwischen Anzugsmoment und Schraubenkraft

sind nur Erläuterungen zur Flanschberechnung, die dem Anwender die Durchführung von Berechnungen erleichtern sollen.

5 Rohrklassenberechnungen

Um den Stand der Technik hinsichtlich der Dichtheit von Flanschverbindungen quantifizieren zu können, wurden systematische Berechnungen von Flanschverbindungen durchgeführt, in welchen die aktuellsten Maßnormen, gebräuchliche Flansch- und Schraubenwerkstoffe sowie hochwertige Dichtelemente im Sinne der TA Luft als Eingangsgrößen verwendet wurden. In **Tab. 2** sind die den Rohrklassenberechnungen nach DIN EN 1591-1 in /14/ zu Grunde gelegten Randbedingungen zusammengestellt.

Tab. 2: Berechnungsmatrix der Rohrklassenberechnungen

Flanschgeometrie	Vorschweißflansche nach DIN EN 1092-1 (2008) • PN 10 • PN 40
Flanschwerkstoff	• 1.0352 (P245GH)
Schraubentyp / Schraubengeometrie	• Starrschrauben DIN 931
Schraubenwerkstoff	• Güte 5.6 • 25 CrMo 4
Dichtung	• Graphitdichtung • PTFE-Dichtung • Wellringdichtung • Kammprofildichtung • Winkelringdichtung
Belastungen	• 20 °C / 10 bar • 300 °C / 6.4 bar • 20 °C / 40 bar • 300 °C / 25.7 bar
Dichtheitsklasse	• $L_{0.01}$ • $L_{0.001}$

Bei den Dichtungen wurde für jeden Dichtungstyp eine hochwertige Dichtung mit TA Luft-Zertifikat ausgewählt, die zu den besten heute am Markt verfügbaren Dichtungen zählen. Basis für die Auswahl der Dichtungen waren die veröffentlichten Dichtungsdatenblätter. In den Berechnungen wurden dann sowohl für die Dichtheitsklasse $L_{0.01}$ als auch für Dichtheitsklasse $L_{0.001}$ die erforderliche Ausgangsflächenpressung und die zugehörige Mindestflächenpressung im Betrieb als Berechnungsparameter zur Bestimmung der erforderlichen Einbauschraubenkräfte angesetzt.

Bei den betrachteten Belastungen wurde berücksichtigt, dass bei erhöhter Temperatur der Innendruck entsprechend den p/T-Ratings der DIN EN 1092-1 /15/ reduziert werden muss. Der Prüfdruck wurde in den Reihenberechnungen in Höhe des 1.43-fachen Nenndrucks angesetzt, äußere Lasten wurden als axiale Rohrzusatzkräfte entsprechend den Formeln in der DIN EN 1092-1 berücksichtigt.

Durch diese Variation der Eingangsgrößen wurden insgesamt 160 Reihenberechnungen erforderlich. Da in jeder Nenndruckstufe ca. 30 Nennweiten enthalten sind, ergab sich eine Gesamtsumme von ca. 4800 Einzelberechnungen. An Hand dieser Berechnungen konnte ermittelt werden, welche Dichtheitsklasse mit welchen Bauteilen zu erreichen ist, bzw. mit welchen Schraubenwerkstoffen und Dichtungsmaterialien "gute" Ergebnisse zu erzielen sind. In **Abb. 3** ist beispielhaft für eine Nenndruckstufe aufgetragen, welche Dichtungen in welchen Nennweiten eingesetzt werden können.

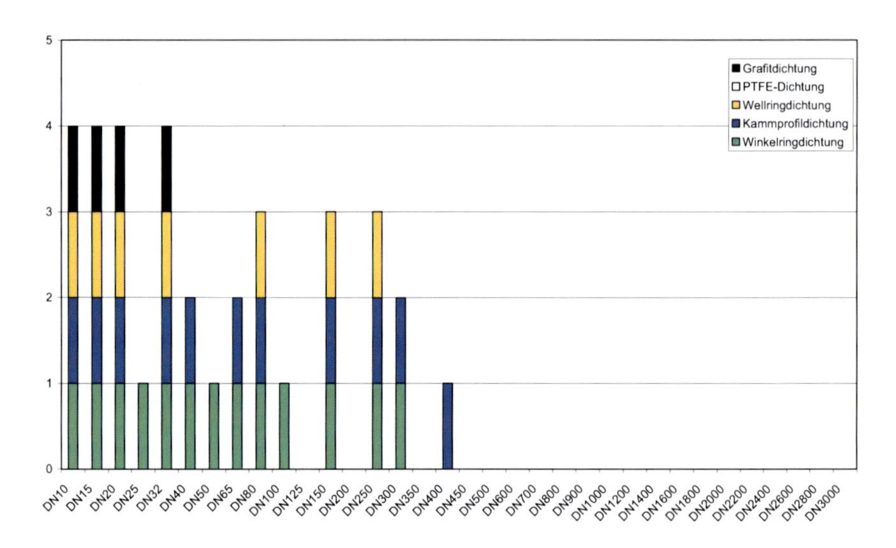

Abb. 3: Einsetzbare Dichtungen bei der Verwendung von Flanschen DIN EN 1092-1 (2008) PN10, Schrauben 5.6, einer geforderten Dichtheitsklasse $L_{0.01}$ und bei einer Temperatur von 300 °C

Zusammenfassend können aus diesen Rohrklassenberechnungen folgende Schlussfolgerungen gezogen werden:

- Obwohl nur hochwertige Dichtungen betrachtet wurden, ist die Dichtheitsklasse $L_{0.01}$ nicht für alle Dichtungstypen/Nennweiten einzuhalten.
- Bei den kleinen Nennweiten ist häufig die Schraube das begrenzende Element, bei den größeren Nennweiten zumeist der Flansch. Die Verwendung von höherfesten Schraubenwerkstoffen bringt daher nicht für alle Nennweiten eine Verbesserung der erreichbaren Dichtheitsklasse.
- Schmale Dichtungen, wie z. B. die Kammprofil- oder die Winkelringdichtung, bringen nicht so große Vorteile wie vermutet, da wegen des geringeren Rückfedervermögens wieder andere Nachteile in Kauf genommen werden müssen.

Letztendlich muss der Betreiber speziell für seine Rohrklassen die passende Lösung finden, es wird oftmals verschiedene Optionen geben, die geforderte Dichtheitsklasse zu erreichen. Bei der Bearbeitung der existierenden Rohklassen kann selbstverständlich auch die Notwendigkeit von unterschiedlichen Rohrklassen hinterfragt werden. Hier gibt es sicherlich Potential, den Umfang und somit auch die vorzuhaltende Lagerware zu reduzieren.

Ein weiterer Pluspunkt, der sich aus der Überarbeitung der Rohrklassen ergibt, ist die Ermittlung der Einbauschraubenkräfte bzw. der Anzugsmomente mit denen die geforderte Dichtheitsklasse $L_{0.01}$ für das Prüfmedium Helium erreicht wird. Da die Leckageraten realer flüssiger Betriebsmedien meist deutlich geringer sind als diejenigen des Prüfmediums (ideales Gas), sind die tatsächlichen Leckageraten flüssiger Betriebsmedien meist um mindestens eine Größenordnung geringer. Dies wird durch vereinzelt verfügbare Untersuchungsergebnisse für Medien wie Methanol und Ethanol /16/, Kältemittel R134a /17/, Kerosin /18/ und weitere Fluide /19/, belegt. Durch eine konsequente Anwendung dieser Montagevorgaben, z. B. durch ein ausgewogenes Qualitätssicherungskonzept, wird vor allem die Anzahl der großen Leckagequellen, welche durch eine falsche Montage entstehen, stark minimiert. Dies erhöht selbstverständlich wiederum die Wirtschaftlichkeit einer industriellen Anlage,

6 Schlussfolgerungen

Die Forderungen der VDI 2290 hinsichtlich der rechnerischen Auslegung unter Einhaltung einer Dichtheitsklasse $L_{0.01}$ verursacht zunächst zwar Kosten, da eine Überarbeitung der Rohrklassen notwendig werden und evtl. höherwertige Werkstoffe eingesetzt werden müssen, unterm Strich kann die VDI 2290 aber auch Kosten für den Betreiber einsparen.

Die Reduzierung der Anzahl der Rohrklassen sowie die Reduzierung der verschiedenen Dichtungsmaterialien oder Schraubenwerkstoffe stellen Einsparpotentiale dar, die bei der Umsetzung der VDI 2290 voll ausgeschöpft werden können. Im Weiteren werden durch die ermittelten Anzugsmomente und die entsprechende konsequente Umsetzung durch eine qualifizierte Montage die Grundlagen geschaffen, große Leckagen auszuschließen und diffuse Emissionen zu minimieren. Dadurch werden außerplanmäßige Stillstände vermieden, der Medienverlust wird reduziert, eventuelle Umweltschutzauflagen können vermieden werden, letztendlich erhöht sich die Wirtschaftlichkeit der Anlagen

7 Literaturverzeichnis

/1/ Bartonicek, Kessler, Wiemer, Ulmer, Schaaf:
Voraussetzungen für die Absicherung der Funktion von Flanschverbindungen,
25. MPA-Seminar, 1999

/2/ Bartonicek, Kockelmann, Metzner und Schaaf:
Stand der Regelwerke für die Auslegung von Flanschverbindungen mit der Dichtung im Krafthaupt- und Kraftnebenschluss
27. MPA-Seminar, 2001

/3/ Schaaf, Schöckle, Bartonicek, Kockelmann: Relevante Kennwerte der Dichtungen für Flanschverbindungen
32. MPA-Seminar, 2006

/4/ Bundesministerium für Umwelt, Naturschutz und Reaktorsicherheit:
Technische Anleitung zur Reinhaltung der Luft - TA Luft
24. Juli 2002; Inkrafttreten: 1. Oktober 2002

/5/ VDI-Richtlinie 2440 (2000-11):
Emissionsminderung Mineralölraffinerien

/6/ DIN 28090 (1995-09):
Statische Dichtungen für Flanschverbindungen;
Teil 1: Dichtungskennwerte und Prüfverfahren

/7/ DIN EN 13555 (2005-02):
Flansche und ihre Verbindungen - Dichtungskennwerte und Prüfverfahren für die Anwendung der Regeln für die Auslegung von Flanschverbindungen mit runden Flanschen und Dichtung

/8/ DIN EN 1591-2 (2008-09):
Flansche und ihre Verbindungen - Regeln für die Auslegung von Flanschverbindungen mit runden Flanschen und Dichtung
Teil 2: Dichtungskennwerte

/9/ VDI Richtlinie 2200 (2007-06):
Dichte Flanschverbindungen - Auswahl, Auslegung, Gestaltung und Montage von verschraubten Flanschverbindungen

/10/ VDI-Richtlinie 2290 (Entwurf 2010-08):
Emissionsminderung – Kennwerte für dichte Flanschverbindungen

/11/ DIN EN 1591-1:2001+A1:2009 (2009-10):
Flansche und ihre Verbindungen - Regeln für die Auslegung von Flanschverbindungen mit runden Flanschen und Dichtung
Teil 1: Berechnungsmethode

/12/ Richtlinie 96/61/EG des Rates vom 24. September 1996 über die integrierte Vermeidung und Verminderung der Umweltverschmutzung (IVU-Richtlinie)

/13/ H. Wilming:
Grenzen von Flanschverbindungen hinsichtlich Dichtheits- und Festigkeitsnachweis
XVI. Dichtungskolloquium, 16./17. September 2009, Steinfurt

/14/ M. Schaaf:
Dichtheits- und Festigkeitsnachweis nach EN 1591 unter Berücksichtigung der Forderungen der VDI 2290
SGL/IDT-Symposium, 24.11.2009, Frankfurt-Hoechst

/15/ DIN EN 1092-1 (2008-09):
Flansche und ihre Verbindungen; Runde Flansche für Rohre, Armaturen, Formstücke und Zubehörteile, nach PN bezeichnet
Teil 1: Stahlflansche

/16/ A. Bern, D. Göbel, H.-P. Hecker, A. Hövel, R. Hahn und H. Kockelmann:
Alternatives praxisorientiertes Prüfverfahren zum Hochwertigkeitsnachweis für Flanschverbindungen nach TA Luft,
XIV. Dichtungskolloquium "Untersuchung und Anwendung von Dichtelementen", Steinfurt, 11. und 12. Mai 2005;
Dichtungstechnik, Heft 2, Oktober 2005, S. 66-69

/17/ X. Cazauran, Y. Birembaut, R. Hahn, H. Kockelmann and St. Moritz:
Gas leakage correlation
ASME Pressure Vessels & and Piping Conference (PVP 2009), Paper 77059, July 26-30, 2009, Prague, Czech Republic

/18/ A. Bazergui, L. Marchand and J. R. Payne:
Effect of fluid on sealing behaviour of gaskets
10th Int. Conf. on Fluid Sealing, Innsbruck, Austria, April 3 to 5, 1984, Paper H2

/19/ A. Hirschvogel:
Untersuchung und Vergleich von hochwertigen Dichtungen auf der Basis flexiblen Graphits
VIII. Int. Dichtungskolloquium, TH Köthen, 21./22. April 1993

Die VDI 2290 und Erfahrungen bei deren Umsetzung aus Sicht der Immissionsschutzbehörde

Dipl. Ing. Wolfgang Wick
Bezirksregierung Köln

Einleitung

Die TA Luft 2002 [2] enthält als Verwaltungsvorschrift Anforderungen an Flanschverbindungen, die von Zulassungs- und Überwachungsbehörden umzusetzen sind. Die Vorschrift ist seit mittlerweile gut neun Jahren in Kraft, doch ist das Thema Emissionsminderung an diffusen Quellen nach wie vor aktuell, da die TA Luft und die zugehörigen technischen Regelwerke die Anforderung der technisch dichten Flanschverbindung nicht umfassend festlegen. Das ist umso problematischer, als die Anforderungen in den meisten Fällen bis Ende Oktober 2007 bereits umzusetzen waren. Die VDI 2290 Emissionsminderung – Kennwerte für dichte Flanschverbindungen wird den maßgeblichen Dichtheitskennwert und die Montagebedingungen für eine technisch dichte Flanschverbindung in Sinne der TA Luft erstmals umfassend enthalten. Betreiber und Behörden sind jetzt gefordert.

1. Die Entwicklung immissionsschutztechnischer Anforderungen an Flanschverbindungen

Immissionsschutztechnische Anforderungen an Flanschverbindungen sind nicht neu. Die Raffinerie-Richtlinie von 1975 (NRW-Erlass) und die TA Luft 1986 enthielten bereits Anforderungen an Flanschdichtungen. In Letzterer waren vergleichbare, zum Teil sogar identische Anforderungen enthalten. Mit der TA Luft 2002 wurden grundsätzlich Kernelemente der TA Luft 1986 nach Vorgaben der IVU-Richtlinie weiterentwickelt. Die Neufassung der TA Luft enthält jetzt insgesamt umfassendere Vorgaben zur Emissionsminderung an diffusen Quellen. Für die Ausführung einer Flanschverbindung nach dem Stand der Emissionsminderungstechnik fehlen jedoch die konkreten Festlegungen, was unter einer technisch dichten Flanschverbindung zu verstehen ist. Die Festlegung ist auch in dem technischen Regelwerk, auf das in der TA Luft verwiesen wird, nicht zu finden. Das führte in der Folge dazu, dass sich einerseits die Behörden mit eigenen Lösungsansätzen dem Thema vor dem Hintergrund näherten, dass keine einheitlichen länderübergreifenden Vorgaben existieren.
Andererseits haben Betreiber und Dichtungshersteller durch die Vorlage von Zertifikaten über Dichtungen, die einen Bauteilversuch erfolgreich bestanden hatten, in Verbindung mit Festigkeitsnachweisen angestrebt, auch den Nachweis für die technisch dichte Flanschverbindung im Sinne der TA Luft insgesamt zu führen. Dieser Nachweis war und ist zukünftig zweifelsfrei nicht ausreichend.

Mit der VDI 2290 [3] wird das technisches Regelwerk zur umfassenden Ausfüllung der TA Luft-Anforderungen an technisch dichte Flanschverbindungen zur Verfügung stehen, das sich nicht nur mit der Auslegung einer Flanschverbindung befasst, sondern auch die sachgerechte Montage der Flansche und die Qualitätssicherung als die ausschlaggebenden Faktoren für die Dichtheit behandelt.
Der Gründruck wurde im August 2010 veröffentlicht. Die Einspruchsfrist lief bis Ende November 2010. Inzwischen wurden die Einsprüche von der KRdL-Arbeitsgruppe bearbeitet und die Richtlinie zum Weißdruck verabschiedet. Die Änderungen gegenüber dem Gründruck werden im Folgenden berücksichtigt.
Um die Zusammenhänge besser zu verstehen, sollen zunächst die rechtlichen Rahmenbedingungen erläutert werden.

2. Rechtsgrundlagen

2.1 Bundes-Immissionsschutzgesetz

Die Betreiber von genehmigungsbedürftigen Anlagen nach dem Bundes-Immissionsschutzgesetz (BImSchG) [1] sind verpflichtet, ihre Anlagen so zu betreiben, dass Vorsorge gegen schädliche Umwelteinwirkungen und sonstige Gefahren, erhebliche Nachteile und erhebliche Belästigungen getroffen wird, insbesondere durch die dem Stand der Technik entsprechenden Maßnahmen (§ 5 Abs. 1 Nr. 2 BImSchG). Dieser Betreiberpflicht liegt also das Vorsorgeprinzip des BImSchG zu Grunde.

2.2 Stand der Technik

Vorsorge ist nach dem Stand der Technik zu treffen. Stand der Technik im Sinne des BImSchG ist der Entwicklungsstand, der die praktische Eignung einer Maßnahme zur Begrenzung von Emissionen, im vorliegenden Fall in die Luft, zur Erreichung eines allgemein hohen Schutzniveau für die Umwelt insgesamt erscheinen lässt (§ 3 Abs. 6 BImSchG). Angesprochen ist der Entwicklungsstand fortschrittlicher Verfahren, Einrichtungen oder Betriebsweisen.
Kriterien zur Bestimmung des Standes der Technik enthält der Anhang zum BImSchG, die unter Beachtung des Verhältnismäßigkeitsgrundsatzes zwischen Aufwand und Nutzen anzuwenden sind. Vergleichbare Vorrichtungen, die mit Erfolg im Betrieb erprobt wurden, Fortschritte in der Technologie und in den wissenschaftlichen Erkenntnissen sowie die Art und Menge der jeweiligen Emissionen sind maßgebliche Kriterien zur Ermittlung des Standes der Emissionsminderungstechnik bei Flanschverbindungen. Der Verordnungsgeber hat diese grundsätzliche Ermittlung des Standes der Technik bereits vorgenommen und in den Vorsorgeanforderungen der TA Luft umgesetzt.

2.3 Stand der Technik nach TA Luft

Die TA Luft enthält unter Nr. 5 Anforderungen zur Vorsorge gegen schädliche Umwelteinwirkungen. Es handelt sich dabei um emissionsbegrenzende Anforderungen, die dem Stand der Technik entsprechen. Das sind Emissionsbegrenzungen in Form von Konzentrations- oder Massenstrombegrenzungen sowie anlagen- und verfahrenstechnische Anforderungen. Diese grundsätzlich geltenden Anforderungen der Nr. 5.1.3

werden für wesentliche Anwendungsbereiche in Nr. 5.2 konkretisiert. Die Regelungen in Nr. 5.2 gelten grundsätzlich für alle Anlagen, soweit keine hiervon abweichenden anlagenspezifischen Regelungen in Nr. 5.4 getroffen werden.
An dieser Stelle ist besonders auf das Minimierungsgebot nach Nummer 5.2.7 hinzuweisen. Krebserzeugende, erbgutverändernde, oder reproduktionstoxische Stoffe sind danach unter Beachtung des Grundsatzes der Verhältnismäßigkeit soweit wie möglich zu begrenzen. Wenn die TA Luft für diese Stoffe Anforderungen enthält, handelt es sich um Mindestanforderungen.
Die TA Luft berücksichtigt die Merkblätter über die Besten Verfügbaren Techniken (BVT-Merkblätter) der Europäischen Kommission als Informationsquelle, die vor dem Erlass der TA Luft in 2002 bereits vorlagen. Alle danach erschienenen BVT-Merkblätter setzen die TA Luft nicht außer Kraft. Vielmehr berät ein vom BMU eingerichteter Ausschuss das BMU, inwieweit sich der Stand der Technik gegenüber den Festlegungen der TA Luft weiter entwickelt hat oder die TA Luft ergänzungsbedürftig ist. Erst nachdem das BMU das Fortschreiten des Standes der Technik oder die Ergänzungsbedürftigkeit der TA Luft bekannt gemacht hat, sind die Behörden nicht mehr an die Vorgaben der TA Luft gebunden.
Für die Bereiche, für die die TA Luft keine vollständigen Regelungen enthält, soll neben den BVT-Merkblättern auf DIN-Normen und VDI-Richtlinien als Erkenntnisquelle zurückgegriffen werden. Da die TA Luft, wie eingangs dargestellt, keine vollständige Regelung zur Dichtheit einer Flanschverbindung enthält, kann die VDI 2290 als Erkenntnisquelle herangezogen werden.
Die TA Luft hat als Verwaltungsvorschrift keine unmittelbare Außenwirkung, sondern muss in Genehmigungsverfahren und bei bestehenden Anlagen durch nachträgliche Anordnungen von den Behörden umgesetzt werden.
Grundsätzlich gelten für bestehende und neue Anlagen die gleichen Anforderungen. Der Verhältnismäßigkeitsgrundsatz wird bei der Umsetzung in bestehenden Anlagen durch Sanierungsfristen und einzelne Sonderregelungen berücksichtigt.
Die Umsetzung der RICHTLINIE 2010/75/EU DES EUROPÄISCHEN PARLAMENTS UND DES RATES vom 24. November 2010 über Industrieemissionen (integrierte Vermeidung und Verminderung der Umweltverschmutzung) [10] in deutsches Recht wird im Hinblick auf die Anwendung der besten verfügbaren Technik (BVT) eine Anpassung der TA Luft bis 2013 erforderlich machen. Diese Anpassung dürfte jedoch keine Konsequenzen für die technische Ausführung von Flanschverbindungen haben.

2.4 Anforderungen der TA Luft an Flanschverbindungen (Nr. 5.2.6.3)

Die TA Luft enthält konkretisierende Anforderungen zur Vermeidung und Verminderung von gasförmigen Emissionen beim Verarbeiten, Fördern, Umfüllen, oder Lagern von flüssigen organischen Stoffen. Die Anforderungen gelten für flüssige Stoffe, die einen Dampfdruck von 1,3 kPa überschreiten und die unabhängig vom Dampfdruck ein Stoffwirkungspotenzial haben (Stoffe nach Nr. 5.2.6a) bis d) TA Luft). Für diesen Anwendungsbereich werden die Maßnahmen für Flanschverbindungen in Nr. 5.2.6.3 TA Luft festgelegt.
Die TA Luft schränkt grundsätzlich die Zulässigkeit von Flanschverbindungen auf die verfahrenstechnisch, sicherheitstechnisch und für die Instandhaltung notwendigen An-

wendungen ein. Für die dann noch notwendigen Flanschverbindungen sind technisch dichte Flanschverbindungen entsprechend der Richtlinie VDI 2440 „Emissionsminderung; Mineralölraffinerien“ (Ausgabe November 2000) [4] zu verwenden.
Die TA Luft enthält zwei Grundsatzanforderungen, zum einen an die Ausführung einer technisch dichten Flanschverbindung und zum anderen an die Qualität des Dichtelements der Flanschverbindung. Die Ausführung der Flanschverbindung wird dahingehend konkretisiert, dass für die Dichtungsauswahl und Auslegung die Dichtungskennwerte der DIN 28090-1 (Ausgabe September 1995) oder der DIN V ENV 1591-2 (Ausgabe Oktober 2001) zu Grunde zu legen sind. Die Qualität des Dichtelements wird durch die Einhaltung einer spezifischen Leckagerate von 10^{-5} kPa·l/(s·m) vorgeschrieben, die mit einer Bauartprüfung nach VDI 2440 nachzuweisen ist.
Bei bestehenden Flanschverbindungen sind die Anforderungen in einer Sanierungsfrist von 5 Jahren umzusetzen. In Anlagenteilen mit Stoffen, die nur den Dampfdruck von 1,3 kPa überschreiten und darüber hinaus kein Stoffwirkungspotenzial haben, können die vorhandenen Dichtungen bis zum Ersatz weiter verwendet werden (Absterbensregel). Für einzelne Anlagenarten gibt es weitere abweichende Festlegungen. So gilt für Tankläger und Raffinerien eine Sanierungsfrist bis 2014.

2.4.1 Qualität des Dichtelements

Die Qualität der Dichtelemente ist eine grundsätzliche Voraussetzung für eine technisch dichte Flanschverbindung. Die in den Bauteilversuchen ermittelte Leckagerate ist das Kriterium für die Hochwertigkeit des Dichtelements.
Für die Durchführung der Bauartprüfung von Flanschdichtungen wurden verschiedene Prüfmethoden entwickelt, die in den einschlägigen Richtlinien und der Literatur beschrieben sind. Die VDI 2440 bzw. VDI 2200 „Dichte Flanschverbindungen; Auswahl, Auslegung, Gestaltung und Montage von verschraubten Flanschverbindungen“ (Ausgabe Juni 2007) [8] beschreibt einen Bauteilversuch, mit dem die Einhaltung der vorgegebenen spezifischen Leckagerate nachgewiesen werden kann. Eine konkrete Prüfmethode ist weder in der TA Luft noch in der VDI 2440 vorgeschrieben, so dass grundsätzlich weitere validierte Prüfverfahren zugelassen sind, deren Ergebnisse auf die Einheit [kPa·l/(s·m)] umzurechnen sind.
Mit den Bauteilversuchen kann nur die grundsätzliche Eignung eines Dichtelements belegt werden. Die Dichtheit der Flanschverbindung wird dadurch jedoch nicht bestimmt.

2.4.2 Ausführung der Flanschverbindung

Dem Verweis der TA Luft folgend finden sich in Nr. 3.3.1.4 der VDI 2440 Vorgaben für technisch dichte Flanschverbindungen. Die VDI 2440 spricht von Flanschverbindungen mit hochwertigen Dichtsystemen, deren Verwendung eine besonders wirksame Maßnahme zur Emissionsminderung darstellt. Das sind Metall- und Schweißdichtungen sowie alle Dichtsysteme, deren konstruktive Ausführung des Dichtsystems eine bestimmungsgemäße Funktion unter Betriebsbedingungen auf Dauer erwarten lässt. Für die Dichtungsauswahl und Auslegung wird ebenfalls auf die DIN 28090-1 bzw. DIN EN 1591 (Entwurf November 1994) verwiesen.

Die DIN 28090 wurde inzwischen von der DIN EN 13555 (Ausgabe Februar 2005) [7] abgelöst. Der Änderungsentwurf der VDI 3479 „Emissionsminderung Raffinerieferne Tankläger“ (Stand April 2009) [9] berücksichtigt die Entwicklung des Regelwerks, indem auf die DIN EN 13555 und die DIN EN 1591-1 (Ausgabe Oktober 2001) und DIN EN 1591-2 (Ausgabe September 2008) für die Dichtungsauswahl und Auslegung der Flanschverbindungen verwiesen wird. Die notwendigen Kriterien für die Festlegung der technischen Dichtheit der Flanschverbindung wurden auch hier nicht aufgenommen.
Obwohl die TA Luft statische Verweise enthält, spricht nichts gegen die Anwendung der DIN EN 13555 sowie DIN EN 1591-1 [5] und DIN EN 1591-2 [6].
Mit der VDI 2290 stehen jetzt erst die Instrumente für die vollständige Umsetzung der TA Luft im Hinblick auf die Ausführung des Systems Flanschverbindung zur Verfügung. Die VDI 2290 enthält erstmals konkrete Vorgaben für Auslegung und Berechnung von Flanschverbindungen. Dabei werden auch die zulässigen Verfahren beschrieben, mit denen der Dichtheitsnachweis geführt werden kann.
Die DIN EN 1591-1 ist die Berechnungsvorschrift, mit der Festigkeits- und Dichtheitsnachweise geschraubter Dichtverbindungen mit der Dichtung im Krafthauptschluss durchgeführt werden können. Für Flanschverbindungen im Kraftnebenschluss stehen bisher keine erprobten Verfahren zur Verfügung.
Für die Berechnungsverfahren werden die Dichtungskennwerte als Eingangsparameter benötigt. Entscheidend für die Dichtheit einer Flanschverbindung ist die Dichtheitsklasse L.

2.4.2.1 Dichtungskennwerte

Die TA Luft fordert in Verbindung mit der VDI 2240 eine konstruktive Ausführung des Dichtsystems, die eine bestimmungsgemäße Dichtfunktion unter Betriebsbedingungen dauerhaft erwarten lässt. Zur Auswahl einer Dichtung für die jeweiligen Anforderungen (Belastungen, Medien, Dichtheitsanforderungen) und für die Berechnung der Nachweise sind Kennwerte der Dichtung für die Abdicht- und Verformungseigenschaften, die Beständigkeit über die Betriebsdauer und die Qualitätssicherung bei der Herstellung erforderlich.
Die Ermittlung der Mindestflächenpressungen im Einbauzustand und im Betriebszustand, die für die Dichtheit der Flanschverbindung entscheidend sind, hängt von der geforderten Dichtheitsklasse L ab. Für die Auswahl der Dichtung im Krafthauptschluss sowie für die erforderliche Berechnung der Verbindung nach DIN EN 1591-1 sind die Dichtungskennwerte nach DIN EN 13555 relevant.
Die Ermittlung der Dichtungskennwerte nach DIN EN 13555 erfolgt nach standardisierten Verfahren. Die in den Versuchen ermittelten Dichtungskennwerte werden in Dichtungsdatenblättern zusammengestellt und stehen für die Flanschberechnung zur Verfügung. Basierend auf den Betriebsparametern und der einzuhaltenden Dichtheitsklasse werden die Dichtungskennwerte für den Festigkeits- und Dichtheitsnachweis ausgewählt.

2.4.2.2 Dichtheitsklasse/Leckageraten nach der VDI 2290

Für die Auswahl der Dichtungen und die Auslegung der Flanschverbindungen sind die Dichtungskennwerte nach DIN 28090-1 (Ausgabe September 1995) - ersetzt durch die DIN EN 13555 (Ausgabe Februar 2005) - oder DIN EN 1591-2 (Ausgabe Oktober 2001) zu Grunde zu legen. Die TA Luft und die weiteren Regelwerke (VDI 2440, VDI 2200) enthalten keine Festlegung der Dichtheitsklasse L, die das Dichtungsvermögen einer Flanschverbindung als technisch dicht bestimmt.
Die Dichtheitsklasse L wird in Form von spezifischen Leckageraten festgelegt. Wie auch schon die DIN 28090-1 enthält die DIN EN 13555 unter Nr. 5.3 Dichtheitsklassen von $L_{1,0}$, $L_{0,1}$, und $L_{0,01}$ mit den entsprechenden spezifischen Leckageraten ≤ 1,0, ≤ 0,1 und ≤ 0,01 $mg \cdot s^{-1} \cdot m^{-1}$. Sie verweist darauf, dass höhere Dichtheitsklassen angegeben werden können. Die DIN EN 13555 gibt jedoch ebenfalls keine Hinweise für die Anwendung der aufgeführten Dichtheitsklassen.
Diese Regelungslücke wird zukünftig durch die VDI 2290 geschlossen.
Bauartbedingt sind Flansche mit Metall- und Schweißdichtungen technisch dichte Flanschverbindungen nach TA Luft bzw. hochwertig nach Nr. 3.3.1.4 der VDI 2440.
Für die übrigen Flanschverbindungen, die vom Anwendungsbereich der VDI 2290 erfasst werden, wird die Dichtheit nach dem Stand der Technik im Sinn der TA Luft durch die Festlegung einer Dichtheitsklasse in der VDI 2290 bestimmt. Für die Auswahl der Dichtung und die Auslegung der Flanschverbindung ist die Dichtheitsklasse $L_{0,01}$ mit einer spezifischen Leckagerate von 0,01 $mg \cdot s^{-1} \cdot m^{-1}$ anzuwenden. Die Dichtheitsklasse bezieht sich auf das Prüfmedium Helium.
Bei der Auslegung der Flanschverbindungen sind die zulässigen Spannungen der Komponenten auszuschöpfen.
Die Dichtheitsklasse ermöglicht den Dichtheitsnachweis bei dem Einsatz hochwertiger Komponenten durchgängig über alle gängigen Nennweiten. Außerdem werden wesentliche Aspekte für eine sichere Montage der Flanschverbindungen berücksichtigt, wie z.B. die sinnvolle Festlegung einheitlicher Anzugsdrehmomente für eine Schlüsselweite. Durch die Maßgabe, die zulässigen Spannungen der Komponenten auszuschöpfen, wird eine zusätzliche Minderung erreicht.
Ergänzend gilt das Minimierungsgebot für die Stoffe nach Nr. 5.2.7 TA Luft, wonach die Emissionen unter Beachtung des Grundsatzes der Verhältnismäßigkeit soweit wie möglich zu begrenzen sind. Das geht über den grundsätzlich festgelegten Stand der Technik hinaus.
Die VDI 2290 fordert erstmalig neben dem Festigkeitsnachweis einen Dichtheitsnachweis für Flanschverbindungen. Das Verfahren für diesen Dichtheitsnachweis wird konkret vorgegeben.
Da die VDI 2290 grundsätzlich für alle Stoffe gilt, für die emissionsbegrenzende Maßnahmen nach TA Luft festgelegt sind, kann die VDI 2290 auch als Erkenntnisquelle für Flanschverbindungen zur Beurteilung des Standes der Technik im Sinn der Nr. 5.1.3 TA Luft bei gasförmigen Stoffen herangezogen werden.

3. Montagequalität von Flachdichtungen

Entscheidend für die Funktion der Dichtverbindung im bestimmungsgemäßen Betrieb ist die Ausführung der Montage der Flanschverbindung. Daher greift die VDI 2290 die Grundprinzipien einer sachgerechten Montage auf. Informationen zur Technik der Montage und zum Umgang mit Dichtungen enthält zum Beispiel die VDI 2200. Die Montageanweisungen von Dichtungs- und Schraubenherstellern sind ebenfalls zu beachten. Diese Montageanforderungen müssen im Managementsystem des Betreibers umgesetzt werden, dem sich auch die Fremdfirmen zu unterwerfen haben, die mit der Flanschmontage beauftragt werden.
Die Voraussetzungen für eine sachgerechte Montage sind

- die Auswahl der Elemente der Flanschverbindung für den jeweiligen Anwendungsbereich (Flanschpaar mit definierter Dichtfläche, Verbindungselemente und Dichtung) nach den Festlegungen der Technologie,
- die Festlegung der erforderlichen Schraubenvorspannung mit Angabe des Anzugsdrehmoments sowie der Schmierung und Festlegung des konkreten Schmiermittels,
- die montagegerechte Planung, Fertigung und Montage der gesamten Rohrleitung mit parallelen, fluchten- den Flanschblättern, die den Einbau der Dichtung ohne Beschädigung erlauben,
- die Vorgaben für die technisch sachgerechte Durchführung des Montagevorgangs mit Vorgabe der dabei anzuwendenden Anzugsmomente und der Werkzeuge,
- das qualifizierte Montagepersonal des Betreibers und der beauftragten Fremdfirmen,
- die Prüfung der ordnungsgemäßen Montage und Dichtheitsprüfung im Rahmen eines risikobewerteten Qualitätssicherungssystems und
- ein angemessenes Inspektions- und Wartungsprogramm.

Die erforderliche Schraubenvorspannung für die zu montierende Flanschverbindung zu ermitteln und in Form einer Drehmomenttabelle dem Flanschmonteur vorzugeben. Die Mindestdrehmomente und die höchstzulässigen Drehmomente sind zu beachten. Von besonderer Bedeutung sind die Angaben über den Oberflächenzustand der Schraubenelemente (trocken, geschmiert). Im Falle der Schmierung ist das Schmiermittel anzugeben. Die erforderliche Schraubenvorspannung ist mit Werkzeugen aufzubringen, die ein definiertes Anzugsmoment gewährleisten, wie zum Beispiel Handdrehmomentschlüssel.
Die sachgerechte Montage einer Flanschverbindung kann nur von fachkundigem Personal durchgeführt werden. Die Qualifikation kann durch eine entsprechende Ausbildung mit qualifiziertem Abschluss oder durch gezielte Schulungen nachgewiesen werden. Der Betreiber der Anlage und der beauftragten Fremdfirmen sind für die Schulung, Unterweisung und schriftliche Benennung des Montagepersonals verantwortlich, wobei sich der Betreiber von der Einhaltung der Anforderungen durch die Fremdfirmen überzeugen muss.
Der Betreiber ist verpflichtet ein risikobasiertes Qualitätssicherungssystem zu installieren, das eine unabhängige Stichprobenprüfung der montierten Flanschverbindungen beinhaltet. Das gilt entsprechend für die beauftragten Fremdfirmen. Das Qualitätssicherungssystem basiert auf einer sicherheitstechnischen Bewertung (Gefährdungsbeurtei-

lung), mit der insbesondere der Prüfungsumfang, die Stichprobenhäufigkeit und Dokumentation der Montage und Prüfung festgelegt werden. Die Montage und Prüfung ist zumindest in Protokollen, darüber hinaus entsprechend der durchgeführten Bewertung in detaillierten Aufzeichnungen und durch Kennzeichnungen der Flansche zum Beispiel mit Plomben zu dokumentieren. Im Managementsystem sind diese Anforderungen in Form von Standards, Verfahrensanweisungen bis hin zu konkreten Arbeitsanweisungen für Einzelfälle festzulegen.

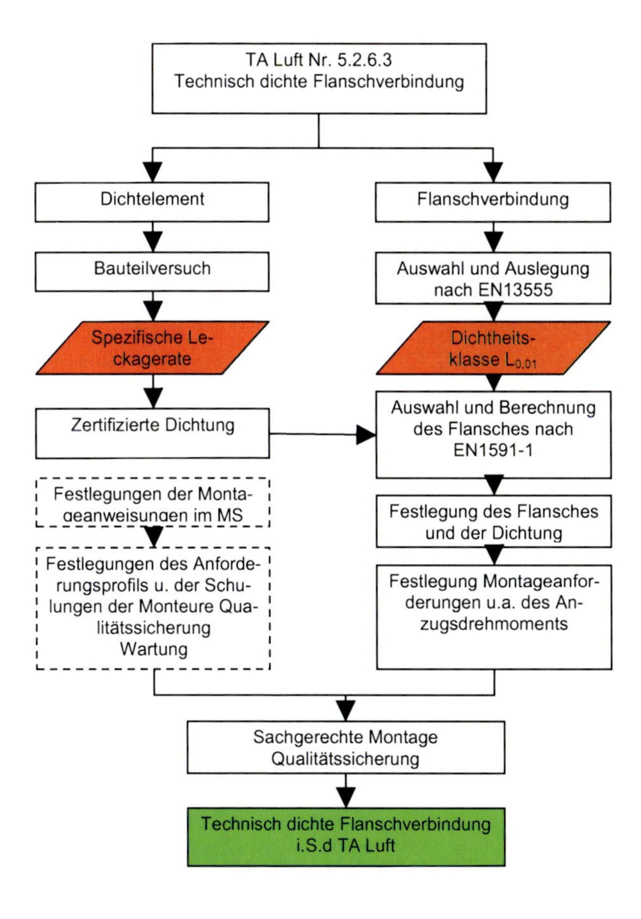

Bild 1: Die Anforderungen der TA Luft an Flanschverbindungen

4. Umsetzung der Anforderungen

4.1 Bei neuen Dichtungen

Durch die VDI 2290 wird die Dichtheitsklasse festgelegt, die den Stand der Technik für die Anforderung „technisch dichte Flanschverbindung" beschreibt. Für zukünftige Festlegungen, insbesondere für Neuanlagen und Änderungen von Anlagen, wird zukünftig die in der VDI 2290 festgelegte Dichtheitsklasse anzuwenden sein. Das bedeutet, dass neben den Festigkeitsnachweisen auch Dichtheitsnachweise zu führen sind. Die Dichtheitsnachweise werden unfangreiche Berechungen der Rohrklassen erforderlich machen.

4.2 Bei eingebauten Dichtungen

Für bestehende Flanschverbindungen kann der Nachweis nach TA Luft gegebenenfalls wegen fehlender Bauteilprüfungen der eingesetzten Dichtungen und fehlender Auslegungsnachweise nicht geführt werden. Betroffen sind Anlagenabschnitte, in denen Stoffe nach Nr. 5.2.6b-d TA Luft vorhanden sind und für die die Absterbensregelung nicht gilt. Generell geltende Nachweisverfahren sind für diese Fälle nicht vorhanden.
In diesen Fällen sind Ersatznachweise durch exemplarische Messung an Flanschverbindungen im Betrieb denkbar und werden auch in der Praxis angewendet.
Die Ersatznachweise gelten entsprechend dem mit der Behörde vereinbarten Verfahren für Dichtungen der gleichen Bauart z.B. dann als erbracht, für die die durchgeführten Messungen hinsichtlich der Baugröße, Betriebsbedingungen und Eigenschaften der Stoffe abdeckend sind. Diese Flanschdichtungen können entsprechend den Anforderungen für Stoffe nach Nr. 5.2.6a TA Luft (Absterbensregelung) weiter betrieben werden.
Spätestens dann sind die Anforderungen der TA Luft einzuhalten, wenn die Flansche nach dem Lösen erneut montiert werden. Da nunmehr die Dichtheitsklasse der VDI 2290 einzuhalten ist, kann die Umsetzung in bestehenden Systemen Probleme aufwerfen. Die Anforderung ist in vielen Fällen nicht allein durch den Austausch der Dichtung zu erfüllen. Insofern werden hier Lösungen für den Einzelfall notwendig werden.
Grundsätzlich werden auch für die bestehenden Rohrleitungen zukünftig neben den vorhandenen Dichtheitsnachweisen auch Dichtheitsnachweise zu führen sein, die Anpassungen der Anlagen erforderlich machen.
Der Austausch der Dichtungen bzw. die Anpassung der Flansche wird jedenfalls innerhalb der jeweils nächsten geplanten Stillstände durchzuführen sein.

5. Nachweis der Umsetzung

Der Betreiber muss den Nachweis führen, dass die Flanschverbindungen in Bezug auf die Auslegung der Flanschverbindung und die Auswahl der Dichtung nach den aufgezeigten Maßgaben ausgeführt und korrekt montiert werden. Hierzu muss der Betreiber zunächst eine Bestandsaufnahme der Anlagenbereiche erstellen, in denen Stoffe nach Nr. 5.2.6 in Verbindung mit Nr. 5.2.5 und 5.2.7 TA Luft vorhanden sind (**Bild 2**). Die Einstufung der Stoffe ist z.B. an Hand von Stoffdatenblättern zu führen. Für diese Bereiche müssen die Nachweise erbracht werden.

Die Überprüfung der Umsetzung der Anforderungen durch die Überwachungsbehörde erfolgt regelmäßig als Systemprüfung mit Stichproben. Ein Überwachungskonzept ist in Bild 3 dargestellt.

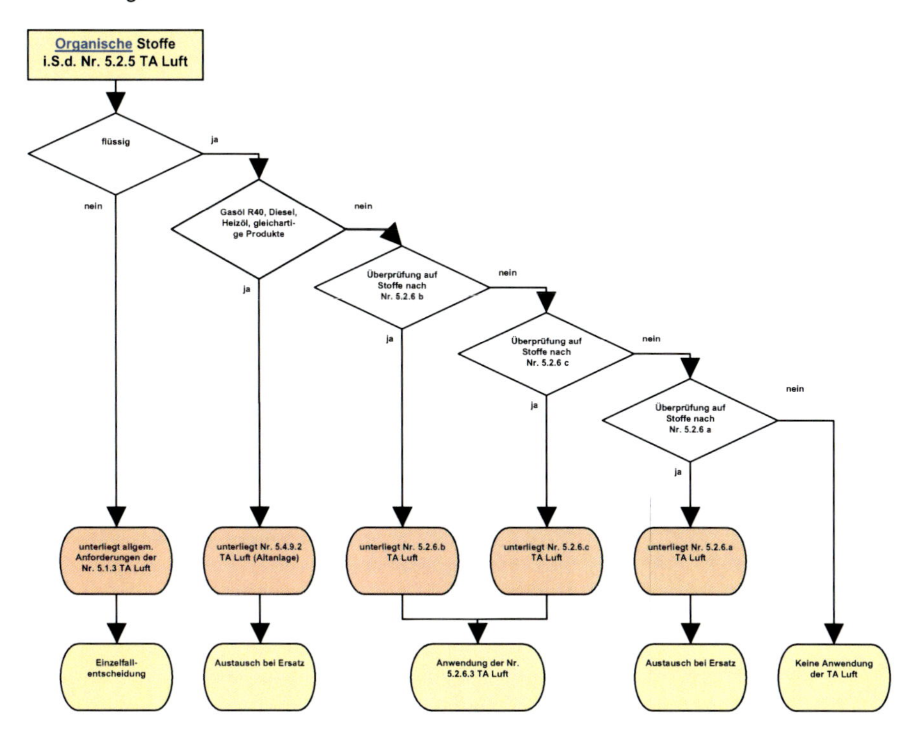

Bild 2: Einstufung der Anlagenbereiche

5.1 Nachweis für neue Flanschverbindungen

Der Nachweis der Anforderungen für neue Flanschverbindungen und Flanschverbindungen, die den Anforderungen der TA Luft angepasst werden, ist in der Regel an Hand der managementspezifischen Festlegungen für die Auslegung, Auswahl und die Beschaffung der Dichtungen zu erbringen.
Für die ausgewählten und eingesetzten Dichtungen ist das Zertifikat über den Bauteilversuch beizubringen. Im Rahmen einer systematischen Überprüfung wird nachvollzogen, dass die normgerechte Auslegung in den entsprechenden Dokumenten des Managementsystems festgelegt ist.
Hierbei ist insbesondere das Verfahren zum Nachweis der Festigkeit und der Dichtheit unter Einbeziehung der Dichtheitsklasse darzulegen. Das muss durch die Anwendung

eines der zulässigen Verfahren belegt werden. Darüber hinaus ist nachzuweisen, dass bei der Auslegung der Flanschverbindungen die zulässigen Komponentenspannungen ausgeschöpft wurden.
Bei den Stichproben ist für einen ausgewählten Rohrleitungsabschnitt die Dokumentation der konkreten Auswahl und Berechnung der Flansche vorzulegen. Darüber hinaus ist die Dokumentation der Beschaffung der geeigneten Komponenten und der betrieblichen Qualitätskontrolle der Komponenten vor dem Einbau darzustellen.

5.2 Nachweis der regelkonformen Montage

Die für Durchführung der Montage von Flanschen und die Qualitätssicherung geltenden Managementanweisungen werden in Hinblick auf die notwendigen Inhalte von der Überwachungsbehörde nachvollzogen. Die Anweisungen müssen mindestens Vorgaben zu den Punkten Öffnen der Flansche, Prüfumfang (u a. Zustand der Flansche und Dichtflächen, Ausrichtung der Flansche, richtige Dichtung, nur eine Dichtung, richtige Schraubengröße und -art, zentrische Montage der Dichtung), Reinigen und Vorbereiten der Dichtflächen
Vorgaben für die Montage (Zentrierung, Anzugsdrehmoment, Schmiermittel), Werkzeuge für die Montage, Prüfung nach der Montage (Dichtheitsprüfung, Prüfung der Anzugsmomente), Qualitätssicherung und Dokumentation der Prüfung der Flanschverbindung nach Montage
enthalten. Die Stichproben in Rahmen der Überprüfung durch die Behörde konzentrieren sich auf die Dokumentation, mit der vom Betreiber der Beleg erbracht werden muss, dass die Managementvorgaben in der Praxis „gelebt“ werden.
Die Qualifikation und Qualifizierung des Personals wird an Hand der Ausbildungsnachweise und Dokumentation der Schulungen nachvollzogen.

5.3 Nachweis für bestehende Flanschverbindungen

Das behördliche Überwachungskonzept in **Bild 3** enthält auch den oben beschriebenen Ersatznachweis, mit dem die Gleichwertigkeit des Dichtverhaltens der eingebauten Dichtungen nachgewiesen werden kann. Mit einem entsprechenden Ersatznachweis kann der Betreiber die Absterbensregelung für diese Flanschverbindungen in Anspruch nehmen. Zunächst bestimmt der Betreiber die Anlagenbereiche, für die der Ersatznachweis erbracht werden soll. Für diesen Bereich sind die Stoffeigenschaften (Molmasse) und die Betriebsbedingungen anzugeben, um über die grundsätzliche Vergleichbarkeit mit den Vergleichsmessungen entscheiden zu können. Im zweiten Schritt der Nachweisführung ist zu belegen, dass die Flansche des zu beurteilenden Anlagenabschnitts vergleichbar zu den gemessenen Flanschen ausgelegt wurden und der gleiche Dichtungstyp verwendet wurde. Das kann zum Beispiel an Hand der Rohrklassenspezifikationen erfolgen bzw. der Auslegungsparameter, die den Spezifikationen zu Grunde liegen. Sind die Parameter abdeckend im Hinblick auf die für das Dichtverhalten maßgeblichen Kriterien, können die eingebauten Dichtungen in dem beurteilten Anlagenteil weiter betrieben werden, bis die Flansche gelöst werden.
Im Übrigen gilt das Verfahren für neue Flanschverbindungen.

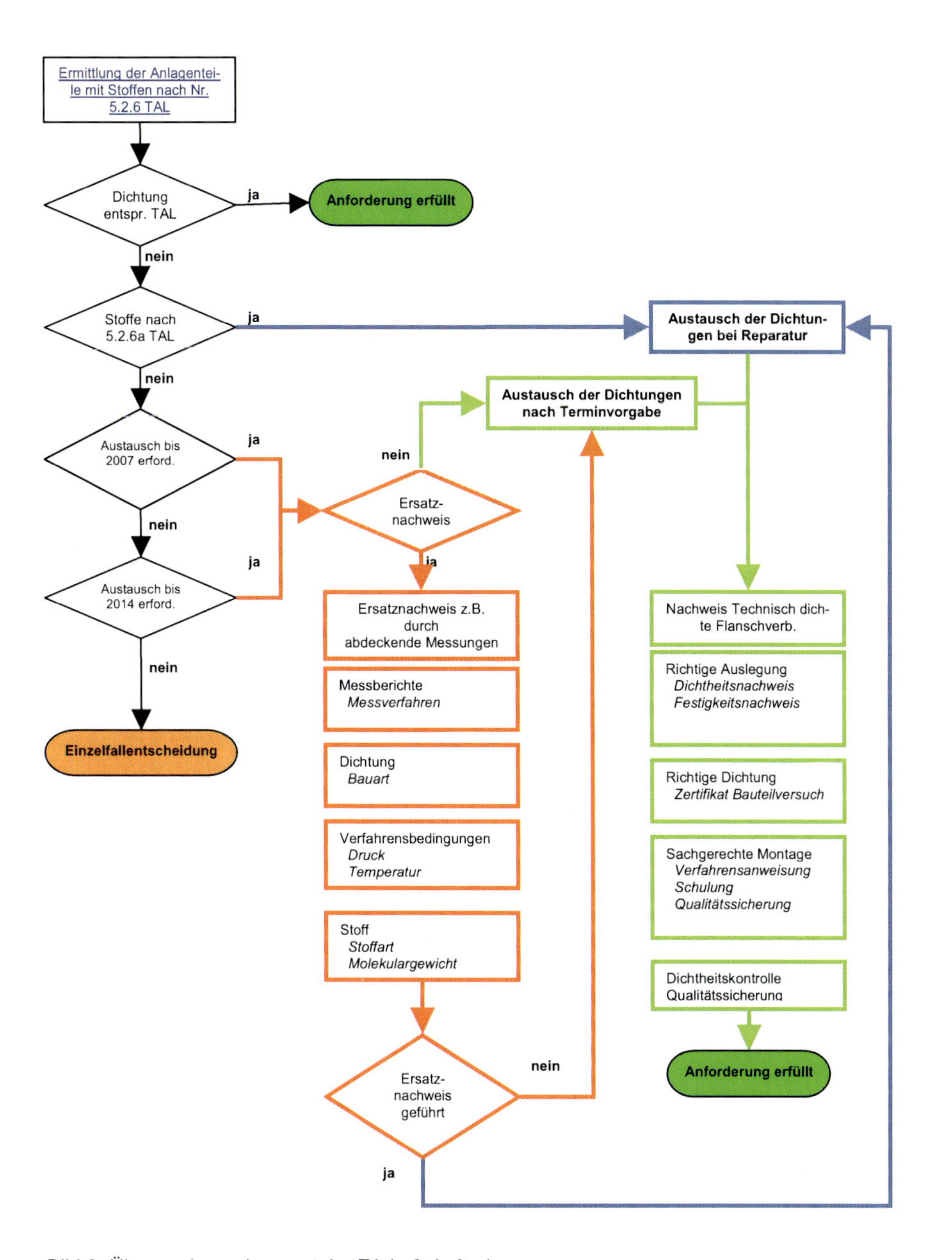

Bild 3: Überwachungskonzept der TA Luft-Anforderungen

5.4 Stand der Umsetzung

Die Umsetzung der TA Luft setzt voraus, dass die Anlagenteile in denen die relevanten Stoffe vorhanden sind, die die Dichtheitsanforderungen an die Flanschdichtungen auslösen, umfassend ermittelt sind. Das dürfte bei den meisten Betreibern der Fall sein. Im Rahmen der behördlichen Überwachung muss das bestätigt werden. Jedoch beschränkte sich die Umsetzung der Anforderungen für die identifizierten Flanschverbindungen zunächst überwiegend auf den Einsatz von geeigneten Dichtelementen. Die Betreiber bauten Dichtungen ein, die ein „Zertifikat nach TA-Luft“ hatten. Diese Zertifikate basieren auf sehr unterschiedlichen Bauteilversuchen, da es auch für die Bauteilversuche keine konkreten Vorgaben gibt. Jedenfalls ist festzuhalten, dass die Zertifikate nur in Verbindung mit den Prüfberichten überhaupt eine Aussagekraft haben.
Die Zertifikate sind jedenfalls kein Nachweis für eine technisch dichte Flanschverbindung. Die technisch dichte Flanschverbindung kann nur durch die Einhaltung einer Dichtheitsklasse nachgewiesen werden. In wenigen Fällen wurden von Behördenseite Dichtheitsanforderungen in Form von Dichtheitsklassen in Genehmigungsverfahren und nachträglichen Anordnungen gestellt.
Das Problem war und ist, dass für Rohrleitungen in der Praxis in der Vergangenheit nur Festigkeitsnachweise geführt wurden. Es gab untaugliche Versuche von den Festigkeitsnachweisen auf die Dichtheit der Flanschverbindungen zu schließen.
Die Betreiber sind nach wie vor zurückhaltend, für die betroffenen Flanschverbindungen Dichtheitsnachweise zu führen. Das hat insbesondere zwei Gründe. Zum fehlen verbindliche Vorgeben bis zum Inkrafttreten der VDI 2290. Zum anderen befürchten die Betreiber einen großen Aufwand zur Umsetzung der Anforderungen. Der erste Punkt wird absehbar durch die VDI 2290 ausgeräumt. Mit Erscheinen des Weißdrucks liegen alle Voraussetzungen für den Dichtheitsnachweis vor. Die Betreiber werden dann jedenfalls den Aufwand betreiben müssen, für Ihre Anlagen die Dichtheitsnachweise zu führen. Dazu sind die Managementsysteme anzupassen und insbesondere die Rohrklassen nachzurechnen.

Literatur

[1] Gesetz zum Schutz vor schädlichen Umwelteinwirkungen durch Luftverunreinigungen, Geräusche, Erschütterungen und ähnliche Vorgänge (Bundes-Immissionsschutzgesetz – BImSchG) in der z. Zt. gültigen Fassung (BGBl. I S.2470)

[2] Erste Allgemeine Verwaltungsvorschrift zum Bundes-Immissionsschutzgesetz (Technische Anleitung zur Reinhaltung der Luft - TA Luft) vom 24.07.2002 (GMBl. S. 511)

[3] VDI-Richtlinie 2290 (Entwurf):
Emissionsminderung – Kennwerte für dichte Flanschverbindungen
Beuth Verlag, Berlin, 08-2010

[4] VDI 2440
Emissionsminderung Mineralölraffinerien, November 2000
Beuth Verlag, Berlin

[5] DIN EN 1591-1:
Flansche und ihre Verbindungen - Regeln für die Auslegung von Flanschverbindungen mit runden Flanschen und Dichtungen
Teil 1: Berechnungsmethode
Beuth Verlag, Berlin, 2001

[6] DIN EN 1591-2:
Flansche und ihre Verbindungen - Regeln für die Auslegung von Flanschverbindungen mit runden Flanschen und Dichtungen
Teil 2: Dichtungskennwerte
Beuth Verlag, Berlin, 2008

[7] DIN EN 13555:
Flansche und ihre Verbindungen - Dichtungskennwerte und Prüfverfahren
Beuth Verlag, Berlin, 2005

[8] VDI 2200
Dichte Flanschverbindungen, Auswahl, Auslegung, Gestaltung und Montage von verschraubten Flanschverbindungen
Beuth Verlag, Berlin, 2007

[9] VDI 3479
Emissionsminderung Raffinerieferne Tankläger
Beuth Verlag, Berlin, 2009

[10] RICHTLINIE 2010/75/EU DES EUROPÄISCHEN PARLAMENTS UND DES RATES vom 24. November 2010 über Industrieemissionen (integrierte Vermeidung und Verminderung der Umweltverschmutzung)
Abl. L 334 vom 17.12.2010, S. 17

Dichtungskennwerte – Entwicklung und Ausblick

Jörg Skoda
IDT Industrie- und Dichtungstechnik GmbH

In den letzten Jahren hat sich die Dichtungstechnik signifikant weiterentwickelt; damit einhergehend sind die Anforderungen des Marktes in Bezug auf verlässliche und reproduzierbare Dichtungskennwerte gestiegen. Die Dichtungshersteller - in Zusammenarbeit mit Technischen Hochschulen - haben sich dieser Herausforderung gestellt; ein Zeugnis hierfür ist sicherlich die entstandene Dichtungsdatenbank der Fachhochschule Münster (www.gasketdata.org).

Grundsätzlich sind nicht nur die emissionsmindernden Anforderungen an die Dichtungen gestiegen, sondern auch das dichtungstechnische Bewusstsein bei Endanwendern hat einen deutlich höheren Stellenwert erhalten. Heute ist Anwendern und Anlagenplanern offensichtlich, dass immer das gesamte System „Flansch-Schraube-Dichtung" zu betrachten ist und für dieses System eine entsprechende, rechnerische Auslegung vorhanden sein muss.

Ein weiterer wichtiger Faktor ist sicherlich die Montage einer Flanschverbindung. Oft eher stiefmütterlich behandelt, wird heute immer mehr auf eine fachgerechte Montage einer Flanschverbindung geachtet. Die Praxis zeigt, dass die firmeneigenen Monteure der Betreiber gut geschult sind und eine entsprechend hohe Qualität der Flansch -/ Dichtverbindung erreichen; für Fremdpersonal / Montagefachkräfte bietet es sich an, sich durch externe Schulungen entsprechend weiterbilden zu lassen. Seminare seitens der Dichtungshersteller können hier nur unterstützend und sensibilisierend wirken; da die „reale" Montagepraxis bei diesen Veranstaltungen nur bedingt abgebildet werden kann und nicht in der Verantwortung der Dichtungshersteller steht.

Zur Berechnung von Flanschverbindungen existieren verschiedene, gültige Berechnungsmethoden. Mit den meisten Regelwerken ist es jedoch nur möglich eine Festigkeitsbetrachtung der verwendeten Bauteile durchzuführen. Durch die EN 1591-1 lassen sich Flanschverbindungen hinsichtlich ihrer Festigkeit **und** einer Leckageklasse berechnen.

Die VDI 2290, welche Ende 2011 bzw. Anfang 2012 erscheinen wird, definiert für die Berechnung eine entsprechende Leckageklasse; deren wichtigste Berechnungsgrundlage die Dichtungskennwerte nach EN 13555 darstellen.

Betrachtet man die letzten Jahre, so waren bei Berechnungen von Flanschverbindungen nach AD-Merkblatt B7 und B8 die Kennwerte nach DIN 2505 V Stand der Technik; eine Leckagebetrachtung war jedoch mit diesen Kennwerten nicht möglich. Die Dichtungskennwerte waren je Dichtsystem hinterlegt und wurden somit als gegebene Größe unabhängig des Dichtungsherstellers / Fertigungsprozesses als gleich angenommen.

Als Beispiel gilt für eine Kammprofildichtung mit Graphitauflage nach AD-Merkblatt B7:

Vorverformen $k_0 \cdot k_D$: $15 \cdot b_D$ [N/mm]

Betriebszustand k_1 : $1{,}1 \cdot b_D$ [mm]

mit : b_D : wirksame Dichtungsbreite in mm

Interessant dürfte hier ebenfalls sein, dass eine Ermittlung der Kennwerte im Prüfstand nicht direkt möglich gewesen ist, da es für diese Dichtungskennwerte keine geeignete Prüfnorm gibt. Somit ist davon auszugehen, dass diese Kennwerte aufgrund von empirischen Erhebungen / Erfahrungen aus der Praxis festgelegt wurden. Die Berechnung mit diesen Kennwerten zeigt also nur an, dass die Flanschverbindung bezüglich ihrer Festigkeit in Ordnung ist; eine Aussage zur Dichtigkeit der Flanschverbindung lies sich aber damit nicht / nur bedingt ableiten. In der Konsequenz war es also durchaus möglich, dass die Flanschverbindung im realen Betrieb undicht war. Gleichwohl muß festgehalten werden, dass die meisten Dichtungskennwerte im AD-Merkblatt B7 eher konservativ ausgelegt waren; so dass in der Realität die Anlagen sicher betrieben werden konnten.

Seit 1990 wurden Dichtungskennwerte nach der DIN 28090 prüftechnisch ermittelt. Die hier gemessenen Kennwerte für die Mindestflächenpressung $\sigma_{VU,L}$ hatten bereits einen Bezug zur Leckage und wurden für die Berechnung von Flanschverbindungen umgerechnet. Der benötigte Betriebsfaktor k1 wurde jedoch fast immer aus dem AD-Merkblatt B7 übernommen; es fand also eine Vermischung der Kennwerte statt.

Aufgrund der kommenden Leckageforderung der VDI 2290 werden in Zukunft die Flanschverbindungen voraussichtlich nach EN 1591-1 ausgelegt werden. Die Dichtungskennwerte, welche in der EN 1591–2 hinterlegt sind, können nur bedingt bis gar nicht verwendet werden, da der Benutzer keinen konkreten Bezug zum eigentlichen Dichtsystem hat; wie wichtig jedoch dieser Bezug zum jeweiligen Dichtsystem ist, soll an einem Beispiel gezeigt werden.

In **Bild 1** sind die Leckagewerte (Qmin) für verschiedene Graphitdichtungen dargestellt. Auf dem Markt werden diese Dichtungen teilweise als „gleichwertig“ deklariert.

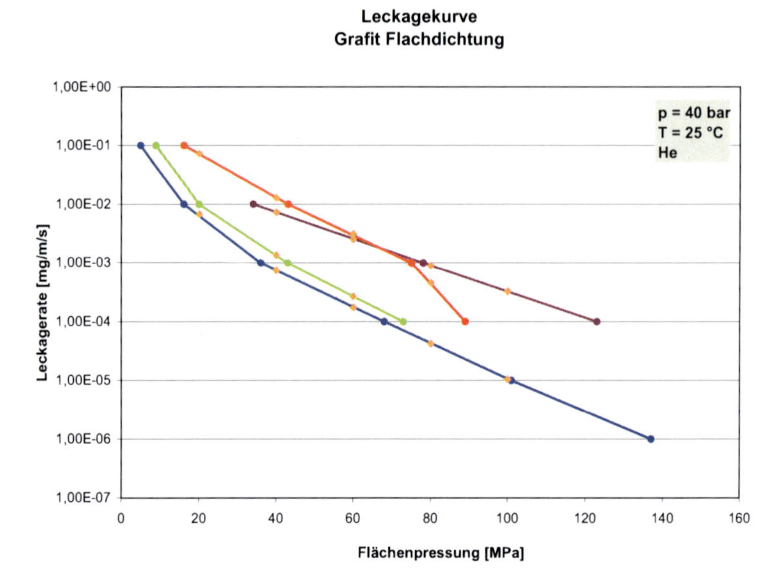

Bild 1: Vergleich verschiedener Graphitdichtungen bezogen auf Qmin

Wie man dem Diagramm entnehmen kann, differieren die Leckagewerte doch deutlich und sind demgemäß nicht als „technisch gleichwertig" zu interpretieren. Zeigen die Dichtungen „blau" und „grün" noch fast identische Werte, so liegen die Kurven für die Produkte „rot" und „violett" doch eine gute Leckageklasse schlechter. Dies kann dazu führen, dass in einem Fall die Berechnung nach EN 1591 -1 möglich ist („blau" und „grün") und im anderen Falle nicht („rot" und „violett").

Anerkennend, dass diese Aussage aus einer singulären Betrachtungsweise und Reduzierung auf einen reinen „Qmin"-Vergleich resultiert, so ist doch offensichtlich, dass eine allgemeine, herstellerunabhängige Festschreibung von Kennwerten für Dichtungsklassen gemäß EN 1591-2 zwar wünschenswert ist, aber aus dichtungstechnischer Sicht nicht als geeignet und realitätsnah eingestuft werden muss.

Schlussfolgernd ist daraus abzuleiten, dass seitens der Betreiber / Anlagenplaner bei der Rohrklassen -/ Dichtungsspezifikation nicht nur das geeignete Dichtungssystem / -material festzulegen ist, sondern auch die dichtungskennwertspezifischen Hersteller zu benennen sind.

Lassen sich die Unterschiede bei den Graphitdichtungen noch auf qualitative Unterschiede in Bezug auf u.a. Herstellungsverfahren / Graphitqualität zurückführen, so zeigen auch andere Dichtsysteme ähnliche Unterschiede; als weiteres Beispiel der Vergleich von Kammprofildichtungen (**Bild 2**).

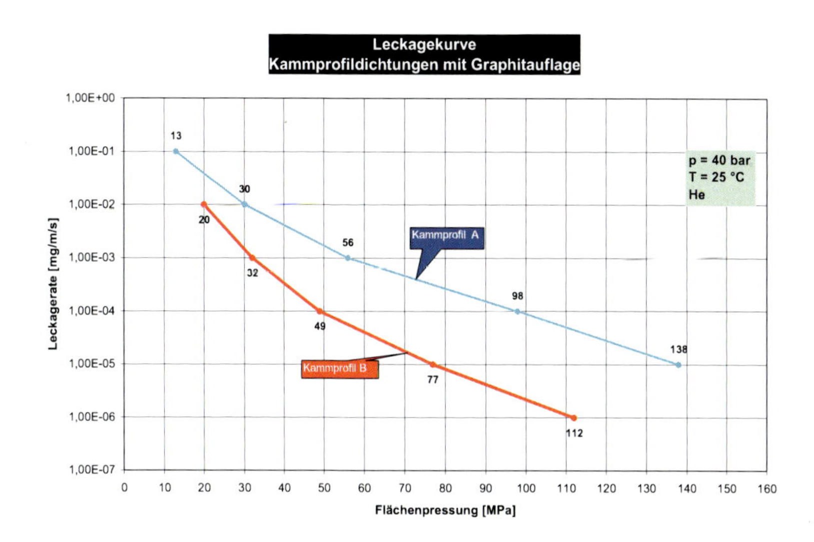

Bild 2: Vergleich von 2 Kammprofildichtungen bezogen auf Qmin

Die Flächenpressung im realen Flansch liegt bei Kammprofildichtungen im Bereich von 90 bis 100 N/mm^2. Eigentlich sollte eine annähernd deckungsgleicher Leckageverlauf zu erwarten sein; vergleicht man jedoch die „Qmin"-Werte der beiden Kammprofildichtungen, so sind hier deutliche Unterschiede außerhalb tolerierbarer Messtoleranzen festzustellen, obwohl beide Prüfkörper / Dichtungen nach EN 1514 - 6 baugleich gefertigt wurden; dies ist zunächst erstaunlich und bedarf weitergehender Interpretation.

Um das Problem bei der Berechnung von Flanschverbindungen weiter zu verdeutlichen, wurde im Folgenden die Dichtungskennwerte von zwei verschiedene, teilweise am Markt als gleichwertig definierten Graphitdichtungen aus der gasketdata.org ausgewählt und für diese eine Berechnung erstellt.

Folgenden Eckdaten wurden verwendet:

- Flansche nach EN 1092 – 1; Form IBC; Nennweite DN50; Druckstufe PN40
  Flanschwerkstoff: 1.4571 nach DIN EN 10222-5
- Schraubenwerkstoff: A4 70 nach DIN EN ISO 3506-1

Ausführung nach EN ISO 4014, Produktklasse A; Größe M16

- Belastungen
  - 20°C und 57,2 bar (Druckprobe)
  - 100°C mit 34,9 bar (Betrieb 1)
  - 150°C mit 31,7 bar (Betrieb 2)
  - Zusatzlasten nach EN 1092 -1
  - Sicherheitsbeiwerte nach EN 13480
  - Leckageklasse: L = 0,01
- Verwendete Software: Temes fl.cal
  - Berechnung nach EN 1591-1:2001 + A1:2009
  - Berechnungsalgorithmus Version: 6.13
- Reibwerte
  - Gewindereibungskoeffizient und Kopfauflagerreibungskoeffizient: 0,12
  - Anziehverfahren: Drehmomentschlüssel

Nach der Berechnung erhält man folgende Ergebnisse:

Berechnungsvergleich von 2 verschiedenen Graphitdichtungen		
	Dichtung A	Dichtung B
Max. Auslastungsgrad Schrauben:	1	**1,73**
Max. Auslastungsgrad Flansch 1:	0,37	0,8
Max. Auslastungsgrad Flansch 2:	0,37	0,8
Max. Auslastungsgrad Dichtung:	0,23	0,24

Ersichtlich ist, dass Dichtung „A" bei der Berechnung keine Probleme aufweist. Bei Dichtung „B" wird die Schraube deutlich überlastet; die Verbindung lässt sich rechnerisch mit den gegebenen Parametern **nicht** nachweisen. Dies verdeutlich noch einmal anschaulich, dass in den Spezifikationen bei Betreibern und Planern zwingend eine ergänzenden Definition des Herstellers des Dichtsystems erforderlich ist, dessen Dichtungskennwerte Grundlage bei der Auslegung der Flanschverbindung war; ein allgemeiner Verweis auf die EN 1591-2 ist als nicht ausreichend einzustufen.

Ein weiterer, elementarer Aspekt und Kritikpunkt bei der Berechnung von Flanschverbindungen stellt die Vielzahl und Bandbreite der verwendeten Berechnungsprogramme dar; diese liefern nach dem heutigen Stand leider durchaus noch unterschiedliche Ergebnisse. Hier bedarf es zwingend einer Validierung der am Markt verfügbaren Programme, um belastbare und reproduzierbare Berechnungsergebnisse zu generieren.

Auch die aktuelle Praxis bei der Ermittlung und Hinterlegung der „E-Module" führt stellenweise zu Irritationen. Die Kennwerte, welche in der Datenbank der FH Münster hinterlegt werden, bestehen aus zwei Messreihen. Dies bedeutet, dass für das jeweilige

Dichtsystem eine Doppelprüfung vorgenommen wurde und anschließend der Mittelwert der beiden, messtechnisch ermittelten Kennwerte gebildet wird.

Exemplarisch dargestellt ist hier ein Auszug eines IDT- Datenblattes.

Sekant unloading modulus of the gasket E_G [MPa]			
Gasket stress [MPa]	ambient temperature	temperature 1 [150 °C]	temperature 2 [300 °C]
20	486	560	549
30	700	834	764
40	934	858	1066
50	1129	1306	1358
60	1486	1515	1534
80	1815	1948	1908
100	1980	1796	2422
120	1710	2185	2820
140	1920	2153	
160	2124	2332	
180	2071	2328	
200	2015		
220			
240			

Betrachtet man die Datenreihe für Raumtemperatur, so kann man erkennen, dass bei einer Belastung von 100 MPa der Wert des E-Moduls bei 1980 liegt; bei 120 MPa fällt der Wert jedoch ab. Dies ist so zunächst nicht nachzuvollziehen, sollte doch mit steigender Belastung auch der E-Modul steigen. Ursächlich hierfür ist der aus zwei Messreihen gebildete Mittelwert. Damit einhergehend lässt sich aber auch kritisch ableiten, dass die Messergebnisse einer deutlichen Streubreite unterliegen und die Datenreihen / Kennwerte eher – abweichend vom festgestellten Messwert - tendenziell richtig korrigiert / interpoliert werden sollten.

Zusammenfassend lässt sich feststellen, dass aus Sicht der Dichtungshersteller die EN 13555 Fluch und Segen zugleich ist.

Einerseits kann durch die Kennwerte klar aufgezeigt werden, wo dichtungstechnisch relevante - und somit auch qualitative - Unterschiede im Bereich gleicher Dichtungsklassen zu finden sind; eine entsprechende Sensibilisierung auf der Seite der Anlagenbetreiber ist erkennbar und sollte zeitnah eine Würdigung in den Normen / Spezifikationen finden.

Andererseits stellt die Ermittlung der Kennwerte für die Vielzahl der Dichtsysteme einen sowohl zeitlich als auch kostenintensiven Aspekt auf der Seite der Dichtungshersteller dar. Für Hersteller wie der IDT GmbH mit einem breiten Produktspektrum bedeutet dies, dass noch ca. 2-3 Jahre Prüfarbeit zu leisten ist, um das gesamte Produktportfolio mit Kennwerten nach EN 13555 zu hinterlegen ;die Prüfzyklen nehmen je nach Dichtsystem und Werkstoff zwischen 4-12 Wochen in Anspruch.

Trotz des hier skizzierten, fehlenden „Feinschliffs" bei der Kennwertermittlung ist der mit der EN 13555 und dem rechnerischen Nachweis nach EN 1591 - 1 eingeschlagene Weg sowohl im Sinne der Betreiber als auch der Dichtungshersteller als wichtig und richtig einzustufen; im Ergebnis liegen nun für eine Vielzahl von Dichtungen / Dichtsystemen verlässliche, prüftechnisch ermittelte Werte vor; welche durch die FH Münster stichprobenartig gegengeprüft und verifiziert werden. Die Feinabstimmung der EN 13555 muss weiter vorangetrieben werden, aber die ersten Schritte in die richtige Richtung wurde bereits getan.

In diesem Sinne unterstützend scheint es angebracht, dass die Anlagenbetreiber von den Dichtungsherstellern / -anbietern die Veröffentlichung der Dichtungskennwerte der von ihnen hergestellten / angebotenen Dichtungen in der Dichtungsdatenbank der FH Münster zwingend fordern und somit gemeinsam zu einer hohen Anlagensicherheit und Umsetzung geltender Umweltschutzbestimmungen beitragen.

Literatur

[1] Tietze, W. (Hrsg): Handbuch Dichtungspraxis. 3. Auflage 2003, Vulkan-Verlag Essen

[2] VDI-Richtlinie 2200-06: Dichte Flanschverbindungen.
VDI-Gesellschaft Entwicklung Konstruktion Vertrieb, VDI e.V., Düsseldorf 2007

[3] AD-Merkblätter B 7: 1986-06 Schrauben, B 8: 1998-02 Flansche, Berlin: Beuth-Verlag

[4] DIN EN 1591-1: 2005-12: Flansche und ihre Verbindungen – Regeln für die Auslegung von Flanschverbindungen mit runden Flanschen und Dichtung. Berlin: Beuth-Verlag

[5] DIN EN 1591-2: Flansche und ihre Verbindungen - Regeln für die Auslegung von Flanschverbindungen mit runden Flanschen und Dichtung - Teil 2: Dichtungskennwerte; Deutsche Fassung EN 1591-2:2008

[6] VDI-Richtlinie 2030-02: Systematische Berechnung hochbeanspruchter Schraubenverbindungen – Zylindrische Einschraubverbindungen.
Berlin: Beuth-Verlag

[7] DIN EN 13555: 2005-2: Flansche und ihre Verbindungen – Dichtungskennwerte und Prüfverfahren für die Anwendung der Regeln für die Auslegung von Flanschverbindungen
mit runden Flanschen und Dichtungen

[8] DIN 28090, September 1995: Statische Dichtungen für Flanschverbindungen
Teil 1: Dichtungskennwerte und Prüfverfahren
Teil 2: Dichtungen aus Dichtungsplatten, Spezielle Prüfverfahren zur Qualitätssicherung
Teil 3: Dichtungen aus Dichtungsplatten, Prüfverfahren zur Ermittlung der chemischen Beständigkeit

[9] DIN 28091, September 1995
Technische Lieferbedingungen für Dichtungsplatten

[10] EN 1514 Teil 6: Flansche und ihre Verbindungen - Maße für Dichtungen für Flansche mit PN-Bezeichnung - Teil 6: Kammprofildichtungen für Stahlflansche;
Deutsche Fassung EN 151 4-6:2003

[11] EN 1092 – 1: Flansche und ihre Verbindungen –Runde Flansche für Rohre, Armaturen, Formstücke und Zubehörteile, nach PN bezeichnet – Teil 1: Stahlflansche; Deutsche Fassung EN 1092-1:2007

Leckageoptimierte Flachdichtungsgeometrie

Dipl.-Ing. Marco Schildknecht, Frenzelit Werke GmbH
Britta Wittmann, Frenzelit Werke GmbH

1 Einleitung

Der erfahrene Dichtungsanwender weiß, dass eine hohe Dichtheit nur über eine hohe Flächenpressung zu erreichen ist. Will man die Dichtheit im Flansch bzw. in der Anwendung einer Dichtverbindung noch erhöhen, so geht das nur durch noch mehr Flächenpressung. Ebenso wirkt sich eine hohe Flächenpressung positiv auf weitere Eigenschaften eines Dichtungssystems, wie die chemische Beständigkeit und auch die Langzeitstabilität aus. Allerdings begrenzen konstruktive Merkmale oftmals die Realisierung eines gewünschten Flächenpressungsniveaus. In vielen Fällen ist eine Optimierung der Dichtungsgeometrie die einzig verbleibende Lösung, um eine Verbesserung der Situation zu erreichen.

Dieser Beitrag wendet sich ebenso an den Konstrukteur bzw. Auslegungsverantwortlichen von Flachdichtungsverbindungen wie auch an den Anwender. Die Kernfrage lautet: Wie erhält man die optimale geometrische Auslegung einer Dichtung? Dabei werden drei unterschiedliche Materialtypen, aus denen Weichstoffflachdichtungen hergestellt werden, untersucht. Es handelt sich um PTFE-, Graphit- und Faserstoff-Material. Aus einer Gegenüberstellung umfangreicher Leckageuntersuchungen mit verschiedenen Dichtungsstegbreiten und Flächenpressungen resultieren Ergebnisse, die für eine optimale Auslegung der Dichtungsgeometrie wichtig sind.

2 Die Materialien

Um einen möglichst umfassen Einblick in aktuelle Flachdichtungswerkstoffe zu erhalten, wurden drei Dichtungsmaterialien als Vertreter der Gattungen

- Kautschukgebundene Faserstoffdichtungen
- PTFE-Dichtungen und
- Graphit-Dichtungen

ausgewählt.

novapress® UNIVERSAL ist ein bewährter Faserdichtungswerkstoff, der sich durch eine gelungene Kombination aus Dichtigkeit, Anpassungsfähigkeit und mechanischer Stabilität auch unter Temperatur auszeichnet. Hervorzuheben ist in diesem Zusammenhang eine herausragende Druckstandfestigkeit nach DIN 52913 /1/ bei 300°C von 25 MPa.

novaflon® 300 ist ein mit Silikat gefüllter PTFE-Werkstoff, der sich nicht nur durch die für PTFE typische erstklassige Medienbeständigkeit, sondern ebenfalls durch eine hohe mechanische Stabilität auch unter Temperatur auszeichnet. Die Verwendung eines geeigneten Füllstoffes zur deutlichen Verbesserung der mechanischen Eigenschaften des PTFE hat sich über viele Jahre im Markt durchgesetzt und in den Anwendungen bewährt.

novaphit® MST ist die jüngste Generation einer durch mehrere Edelstahleinlagen verstärkten Graphitdichtung. Hochwertiger Graphit in Kombination mit einer intelligenten Innenimprägnierung sorgen nicht nur für ein TA Luft /2/ taugliches Dichtungsmaterial, sondern beschert novaphit® MST Dichtungskennwerte nach DIN EN 13555 /3/, die Dichtungsauslegungen nach der brandneuen VDI-Richtlinie 2290 /4/ zulassen.

Alle genannten Materialien erfüllen die Anforderungen der TA Luft und es stehen Berechnungskennwerte nach DIN EN 13555 für verschiedene Druckstufen zur Verfügung. Die Berechnungskennwerte sind auf www.gasketdata.org oder www.frenzelit.de veröffentlicht.

3 Durchgeführte Untersuchungen

Ein Ziel der durchgeführten Messungen war das Erarbeiten einer Empfehlung für eine optimale Dichtungsgeometrie. Aufgrund der Vielfalt der vorstellbaren Dichtungsausführungen beschränken sich die Untersuchungen auf kreisrunde Geometrien, jedoch mit verschiedenen Dichtungsstegbreiten. Die Abmessungen wurden so gewählt, dass der resultierende mittlere Dichtungsumfang stets identisch ist.

Stegbreite	Abmessung	Verpresste Fläche	Mittlerer Dichtungsumfang
5 mm	60 x 70 x 2 mm	1021 mm²	204,2 mm
10 mm	55 x 75 x 2 mm	2042 mm²	204,2 mm
15 mm	50 x 80 x 2 mm	3063 mm²	204,2 mm
20 mm	45 x 85 x 2 mm	4084 mm²	204,2 mm

Für jede der untersuchten Dichtungstypen wurden pro Stregbreite Leckagemessungen in Anlehnung an die DIN EN 13555 mit 10 und 40 bar Innendruck durchgeführt. Das Prüfequipment bestand aus einem Multifunktionsprüfstand $TEMES_{fl.ai1}$ der Firma amtec (Softwarestand 5.4d). Da es nicht um die Ermittlung von Dichtungskennwerten ging, wurde auf die Durchführung von Entlastungsmessungen hinsichtlich der aufgebrachten Flächenpressung verzichtet. Bei den Messwerten handelt es sich jeweils um Mittelwerte einer Doppelbestimmung.

Die Ergebnisse sind jeweils auf zwei verschiedene Arten angegeben:

- Leckage – Flächenpressung
- Leckage – Dichtungskraft

Das Leckage-Flächenpressung-Diagramm erlaubt den direkten Vergleich zwischen den verschiedenen Stegbreiten eines Materials in einer Druckstufe. Diese Art des Vergleichs ist aber nicht praxisrelevant, da verschiedene Dichtungsstegbreiten in der Regel zu unterschiedlichen Einbauflächenpressungen führen. Siehe Bilder X a. Das Leckage-Dichtungskraft-Diagramm hingegen zeigt exakt den Einfluss der Dichtungsstegbreite auf die Leckage. Siehe Bilder X b.

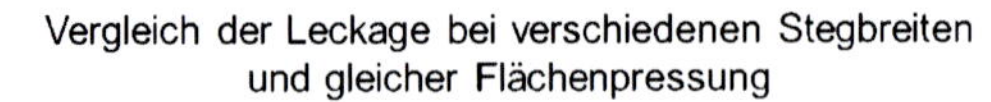

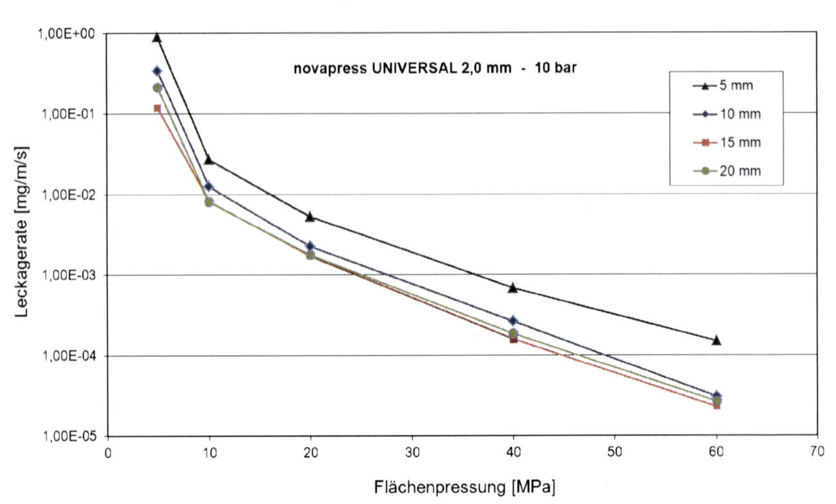

Bild 1 a

Vergleich der Leckage bei verschiedenen Stegbreiten
und gleicher Dichtungskraft

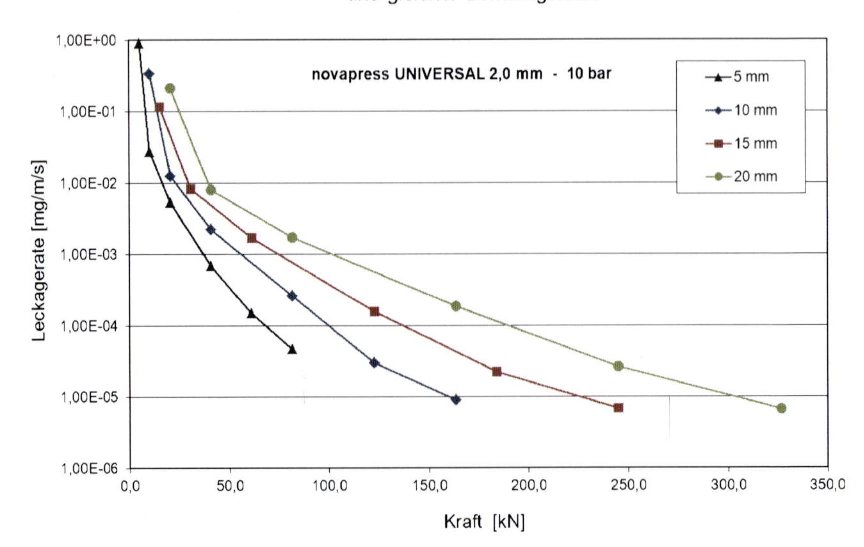

Bild 1 b

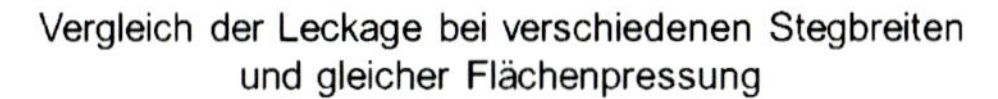

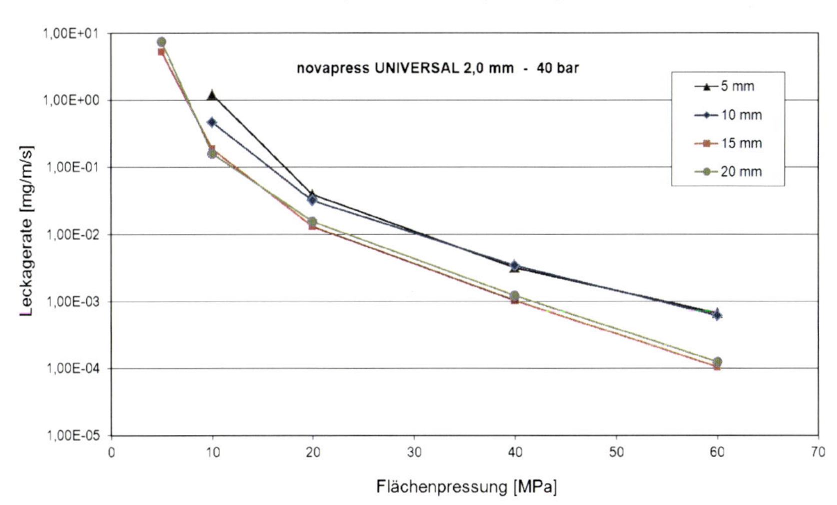

Bild 2 a

Vergleich der Leckage bei verschiedenen Stegbreiten
und gleicher Dichtungskraft

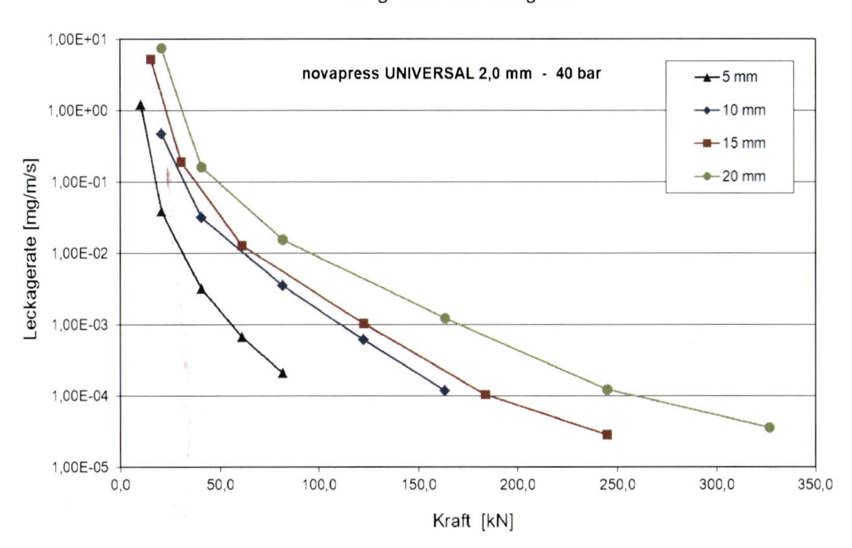

Bild 2 b

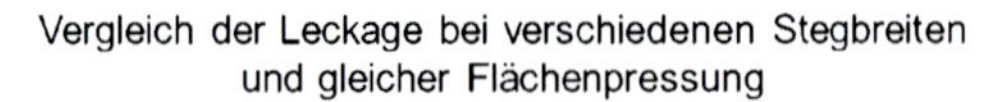

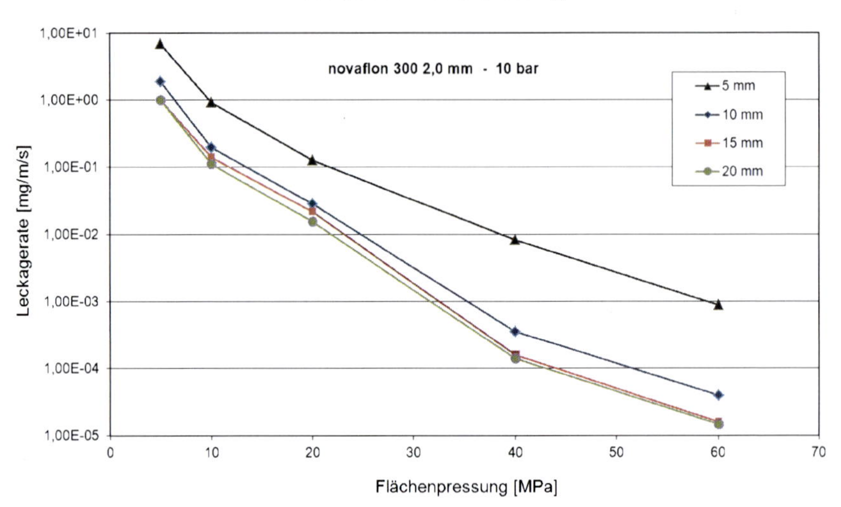

Bild 3 a

Vergleich der Leckage bei verschiedenen Stegbreiten
und gleicher Dichtungskraft

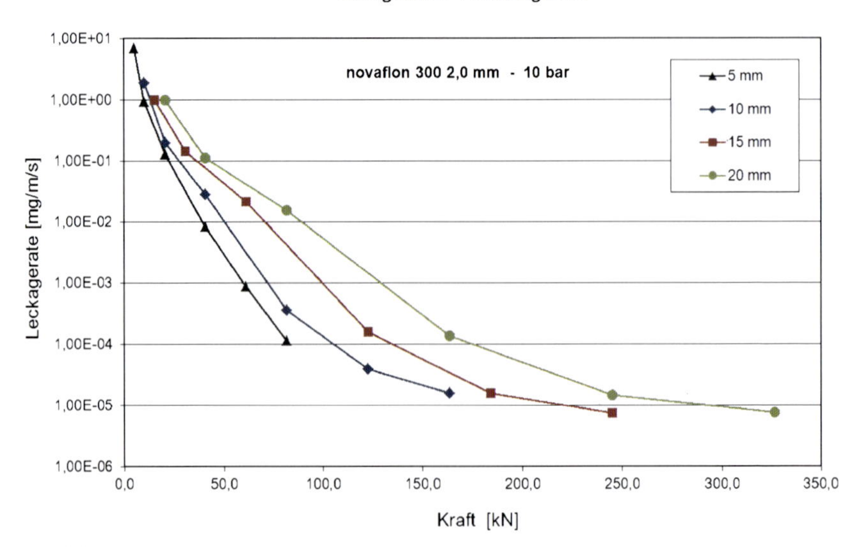

Bild 3 b

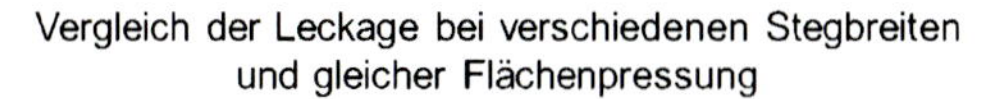

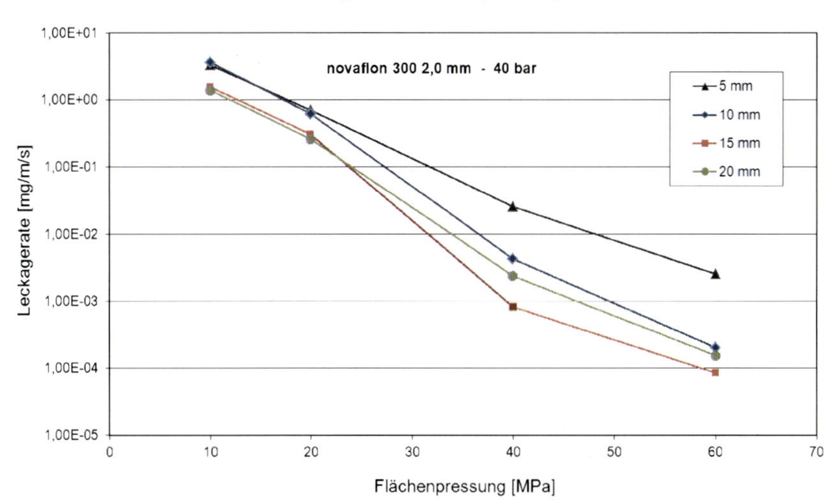

Bild 4 a

Vergleich der Leckage bei verschiedenen Stegbreiten
und gleicher Dichtungskraft

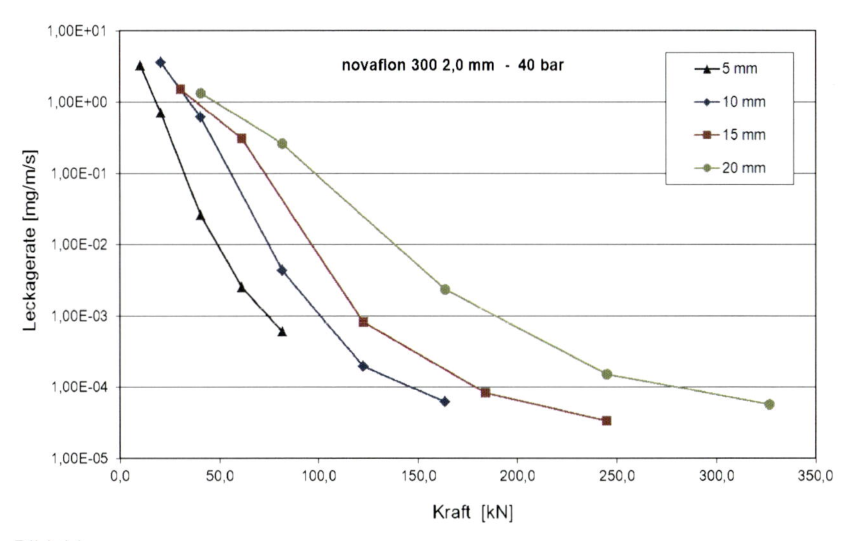

Bild 4 b

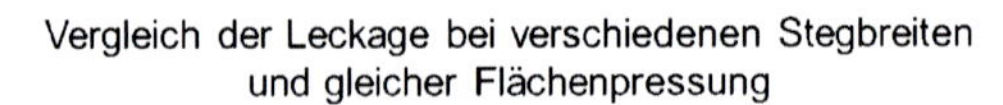

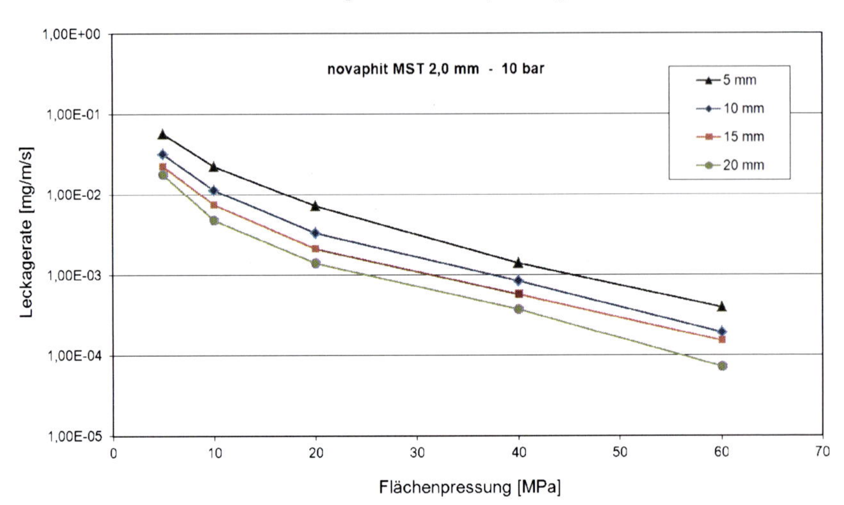

Bild 5 a

Vergleich der Leckage bei verschiedenen Stegbreiten
und gleicher Dichtungskraft

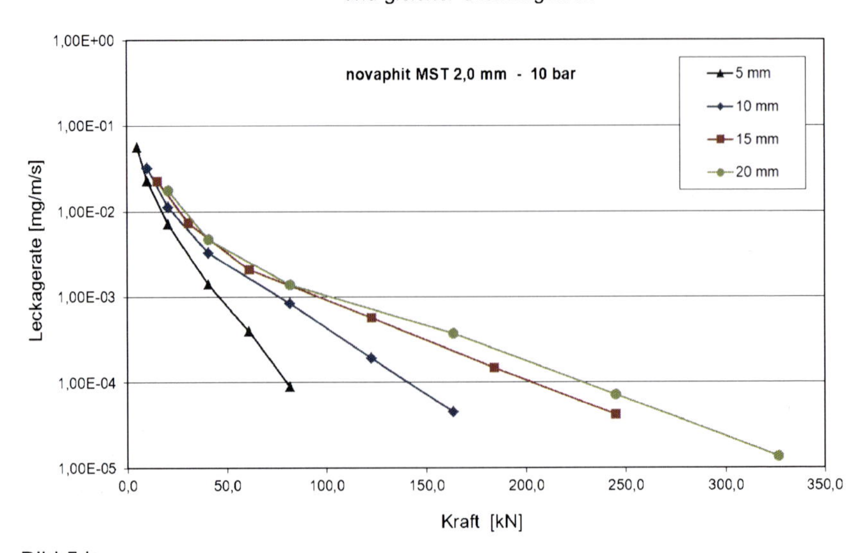

Bild 5 b

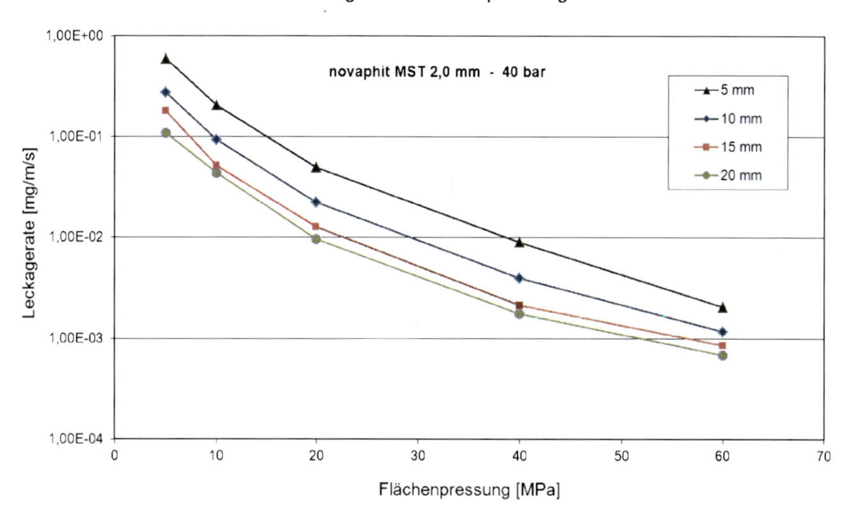

Bild 6 a

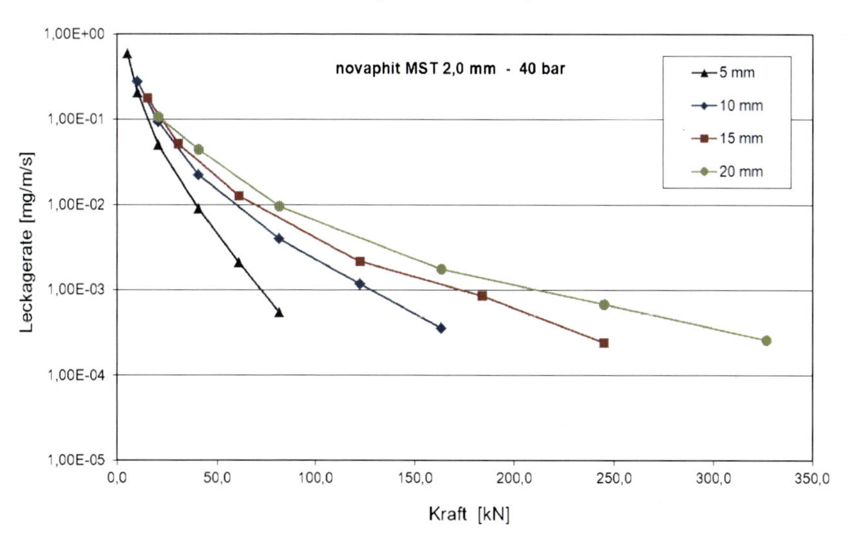

Bild 6 b

4 Auswertung

Die „a“-Diagramme zeigen über alle Werkstoffgattungen und Druckstufen hinweg ein übereinstimmendes Bild: Eine breiterer Dichtungssteg wirkt sich bei gleicher Flächenpressung positiv auf die Leckage aus. Dies ist jedoch eine rein akademische Betrachtung, die sich in der Praxis nicht wiederfindet.

Wie bereits erwähnt, spiegeln die Diagramme mit der Bezeichnung „b“ die Realität im Flansch wider. Natürlich ändert sich die Schraubenkraft durch eine geänderte Dichtungsgeometrie nicht. Dafür erhöht sich die Einbauflächenpressung, wenn die Dichtungsstegbreite reduziert wird.

Die weitverbreitete Annahme, eine „zu schmale“ Dichtung sei ebenso ungünstig wie eine zu große verpresste Dichtungsfläche, kann durch die Labormessungen nicht bestätigt werden. Allerdings ist bei der Interpretation der Messergebnisse unbedingt zu berücksichtigen, dass es sich um Labormessungen unter „idealen“ Bedingungen handelt.

Ein oft unterschätzter Einflussfaktor ist die Beschaffenheit der Dichtfläche. Bei entsprechenden Oberflächenbeschädigungen in radialer Richtung kann eine schmale Dichtung zu extrem erhöhter Leckage führen. Der Anwender ist gut beraten, wenn die Reduzierung der Dichtungsstegbreite demzufolge nicht übertrieben wird.

Ebenso empfiehlt es sich, den für Flachdichtungen üblichen Bereich des Dichtungsdicken-Dichtungsstegbreiten-Verhältnisses von 1:5 bis 1:10 nicht aus den Augen zu verlieren. Selbstverständlich kann eine entsprechende Anpassung der Dichtungsdicke hier hilfreich sein. Es ist jedoch zu berücksichtigen, dass je nach Dichtungswerkstoff eine dickere Dichtung eine tendenziell höhere Leckage aufweist. Dieser Effekt tritt am wenigsten bei hochwertigen Faserstoffdichtungen, vermehrt bei PTFE-Dichtungen und am stärksten bei Graphitdichtungen in Erscheinung.

5. Praxisbeispiel

Wie können die gewonnenen Erkenntnisse in der Praxis angewendet werden? Vor allem bei Apparatedichtungen in größeren Dimensionen werden vielfach „Fullface“-Dichtungen eingesetzt. Sie sind durch eine oft unnötig große Dichtungsfläche und das Vorhandensein von Schraubenlöchern in der Dichtung gekennzeichnet. Sehr oft stammen derartige Lösungen noch aus alten Asbestzeiten. Das folgende Bild 7 zeigt zwei Varianten der empfohlenen und bewährten Dichtungsgeometrieoptimierung auf.

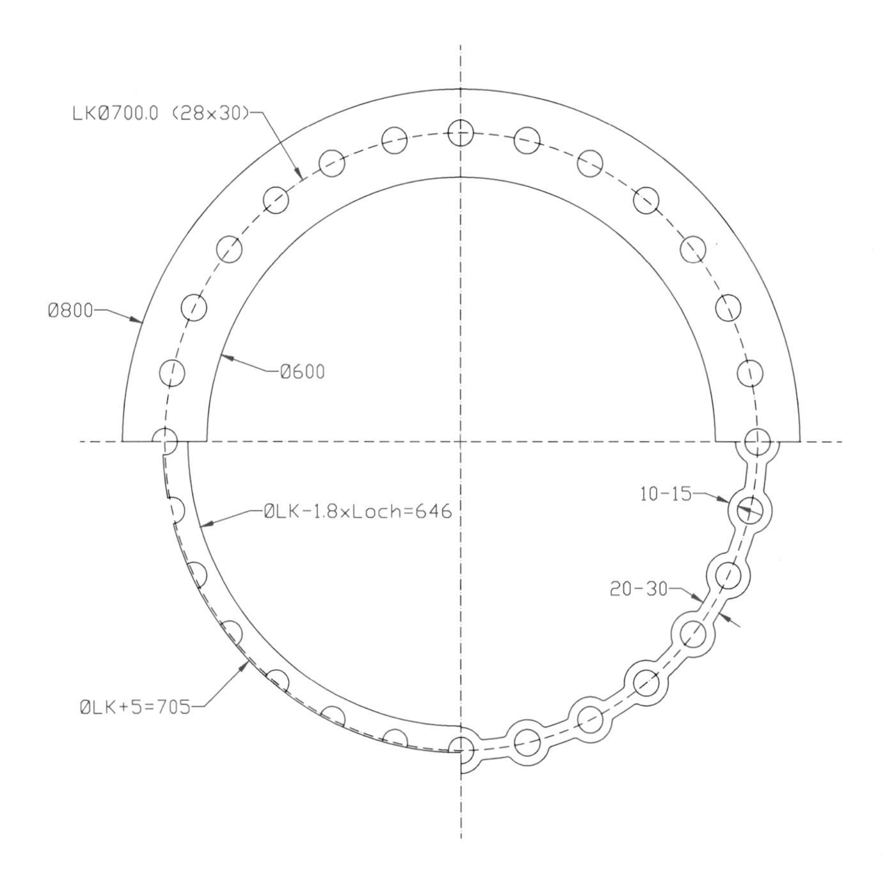

Variante A Variante B

Bild 7 – Beispiel für die Optimierung einer Dichtungsgeometrie

Die angegebenen Zahlenwerte stellen lediglich Richtwerte dar. Aus den aktuellen Erkenntnissen der umfangreichen Leckagemessungen könnten Empfehlungen für noch schmalere Dichtungsstege resultieren. Selbstverständlich sollten Argumente wie die Herstellbarkeit und das Handling der fertigen Dichtungen ebenfalls eine Rolle spielen. Wichtig ist, dass dem Anwender die Notwendigkeit einer entsprechenden Geometrieoptimierungsmaßnahme bewusst wird.

Die Vorteile liegen auf der Hand: Die Leckage kann ohne Änderungen an der Konstruktion durch eine Geometrieänderung der Dichtung signifikant verbessert werden. Somit wird ein Beitrag zur Minderung von Emissionen geleistet.

6 Einwände

Wie bereits erwähnt, gibt es gute Gründe, die gegen eine zu starke Verringerung der wirksamen Dichtungsstegbreite sprechen. Dies sind:

- Handling und der
- Herstellbarkeit
- Fehlerverzeihlichkeit einer Dichtungsverbindung bei beschädigten Dichtflächen

Vor allem der letzte Punkt sollte bei der Betrachtung eines Dichtsystems berücksichtigt werden.

7 Zusammenfassung und Fazit

Die Einstellung „Viel hilft viel“ trifft nicht auf die Dimensionierung von Dichtungsstegen zu. Hier lautet das Motto „weniger ist mehr“. Bei einer als gegeben anzunehmenden Schrauben- bzw. Dichtungskraft profitiert die Dichtverbindung hinsichtlich der Leckage von einer Erhöhung der wirksamen Flächenpressung durch eine Reduzierung der verpressten Fläche. Dies ist bei der Auslegung von Dichtverbindungen zu berücksichtigen, damit diffuse Emissionen reduziert werden. Bei der Festlegung der Dichtungsdimensionen sind insbesondere die unter 6. benannten Argumente zu berücksichtigen.

8 Literatur

/1/ DIN 52913 Druckstandversuch an Dichtungsplatten, April 2002
/2/ Technische Anleitung zu Reinerhaltung der Luft (TA Luft), Oktober 2002
/3/ DIN EN 13555 Flansche u. ihre Verbindungen: Dichtungskennwerte und Prüfverfahren für die Anwendung der Regeln für die Auslegung von Flanschverbindungen mit runden Flanschen und Dichtungen, Februar 2005
/4/ VDI 2290 Emissionsminderung – Kennwerte für dichte Flanschverbindungen, 2. Weißdruckvorlage Juni 2011

Ausblassicherheit von Spindelabdichtungen in Armaturen

Werner Ottens
Materialprüfungsanstalt Universität Stuttgart (MPA)

Untersuchungen zur Ausblassicherheit von Graphitpackungen in Armaturen

Nach gravierendem Abrieb von Graphit infolge Spindelbewegung kann es bei anstehendem Druck – so die praktische Erfahrung – zum „Ausblasen" ganzer Teile der Packung und demzufolge großer Leckage kommen. Eine klare Definition des Begriffs „Ausblassicherheit von Stopfbuchsabdichtungen" gibt es bisher nicht. Es empfiehlt sich eine Anlehnung an die „Ausblassicherheit von Flanschdichtungen", die im Rahmen des AiF-Forschungsvorhabens Nr.14264 „Ausblassichere Dichtungen für Flanschverbindungen mit emaillierten und glasfaserverstärkten Kunststoffflanschen in der chemischen Industrie" am IMWF der Universität Stuttgart untersucht und abgeklärt wurde. Aus der Definition zur Ausblassicherheit von Flanschverbindungen geht hervor, dass eine Flanschverbindung als ausblassicher angesehen wird, wenn keine grobe Leckage eintritt, die um mehr als zwei Größenordnungen größer ist, als es der geforderten Dichtheitsklasse L, beispielsweise $L_{0,1}$ entspricht. Die Dichtheitsklasse $L_{0,1}$ lässt maximal eine spezifische Leckagerate λ_{max} = 0,1 mg/(s·m) zu. In Anlehnung an diese Betrachtungsweise wird im Rahmen dieser Arbeit eine Grenzleckagerate λ_{ab} = 10 mg/(s·m) als Ausblasgrenze festgelegt.

Um den Nachweis der Ausblassicherheit von Packungen in Stopfbuchsabdichtungen zu untersuchen, ist zunächst eine Prüfeinrichtung zu konzipieren, zu erstellen und in Betrieb zu nehmen. Für die Untersuchungen werden Standardpackungen auf der Basis von Graphit verwendet. Als Druckmedium wird überkritischer Wasserdampf mit einer Temperatur von 400°C (673,16 K) und einem Dampfdruck von 300 bar gewählt. Die Dampfdruckkurve für die Auslegung der Versuchsbedingungen ist in Bild 1 wiedergegeben.

Oberhalb des kritischen Punktes (374,12 °C / 221,2 bar) sind Wasserdampf und flüssiges Wasser in ihrer Dichte nicht mehr voneinander zu unterscheiden, weshalb dieser Zustand als „überkritisch" bezeichnet wird. Unterhalb des kritischen Punktes ist der Wasserdampf folglich „unterkritisch", wobei er sich in einem Gleichgewicht mit dem flüssigen Wasser befindet. Wird er in diesem Bereich nach dem vollständigen Verdampfen der Flüssigkeit über die zugehörige Verdampfungstemperatur hinaus erwärmt, so entsteht „überhitzter Dampf". Diese Form des Dampfes enthält keine Wassertröpfchen mehr, entspricht in ihrem physikalischen Verhalten einem Gas und ist nicht sichtbar.

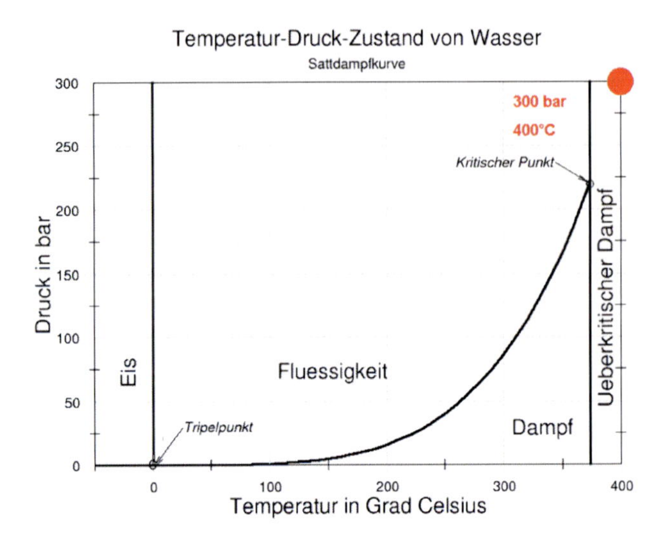

Bild 1: *Dampfdruckkurve von Wasser*

Erweiterung des Prüfstands für Ausblasversuche

Der Umbau eines Reibversuchsprüfstandes zur Durchführung von Ausblasversuchen ist in Bild 2 dargestellt. Mit dieser Prüfeinrichtung sind Untersuchungen durchzuführen, die den Problemfall „geschädigte Packung bei anstehendem Druck“ nachbilden. In einem geeigneten Druckspeicher mit einem Füllvolumen von 2000 ccm wird eine zuvor berechnete Wassermenge auf 400 °C aufgeheizt. Gemäß der Wasser-Dampf-Tafel beträgt das spezifische Volumen von überkritischem H_2O bei 300 bar und 400°C 0,002831 m³/kg. Das Gesamtvolumen ergibt sich aus den Volumina des Stopfbuchsgehäuses (150 ccm), der zuführenden Rohrleitungen (170 ccm) und des Druckspeichers (2000 ccm). Hieraus ergibt sich ein Gesamtfüllvolumen von 2320 ccm (0,00232 m^3). Somit errechnet sich ein Wasservolumen von ca. 0,82 kg für eine Befüllung.
Ein weiterer, nicht beheizbarer Druckspeicher mit einem Füllvolumen von 4000 ccm wird mit 300 bar Stickstoff gefüllt. Dieser Speicher dient bei einer möglichen Leckage an der Stopfbuchsabdichtung als Energiespeicher. Beide Druckspeicher wurden gemäß der Druckgeräterichtlinie ausgelegt und gefertigt. Der Druckspeicher für Wasserdampf besteht aus dem geschmiedeten Werkstoff 1.4903 und der Druckspeicher für Stickstoff aus dem Werkstoff 1.4303. Die Abtrennung zum wasserdampfführenden Speicher wird durch ein Rückschlagventil zwischen den beiden Speichern realisiert. Das Befüllen der Anlage mit der zu verdampfenden Wassermenge geschieht über eine spezielle Füllapparatur. Diese besteht aus einer Woulffschen Flasche mit Manometer und einer ange-

schlossenen Vakuumpumpe, Bild 3. Die angeschlossene Füllapparatur wird mit dem zuvor berechneten Wasservolumen (820 ccm) befüllt, anschließend wird die Vakuumpumpe eingeschaltet. Diese evakuiert nun den Energiespeicher, das Stopfbuchsgehäuse und die zuführenden Rohrleitungen bis zu einem Absolutdruck von ca. 30 mbar. Anschließend wird die Woulffsche Flasche geöffnet und der atmosphärische Umgebungsdruck drückt die zuvor abgemessene Wassermenge in den evakuierten Prüfraum. Anschließend wird das mittels Hochtemperaturventilen abgesperrte System elektrisch beheizt. Die Temperaturmessung/-regelung erfolgt mittels eines Mantelthermoelementes direkt im Wasserdampf. Nach dem Erreichen der Prüftemperatur von 400°C im Wasserdampf stellt sich im Prüfsystem ein Innendruck von 300 bar ein.

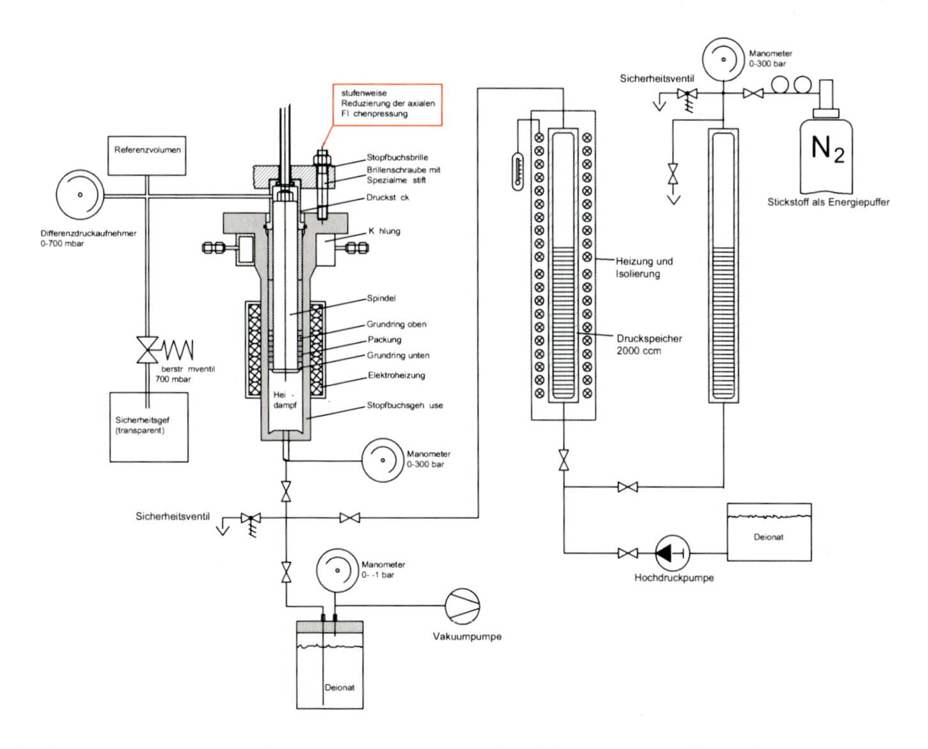

Bild 2: *Prüfkonzept für Ausblasversuche im Reibversuchsprüfstand*

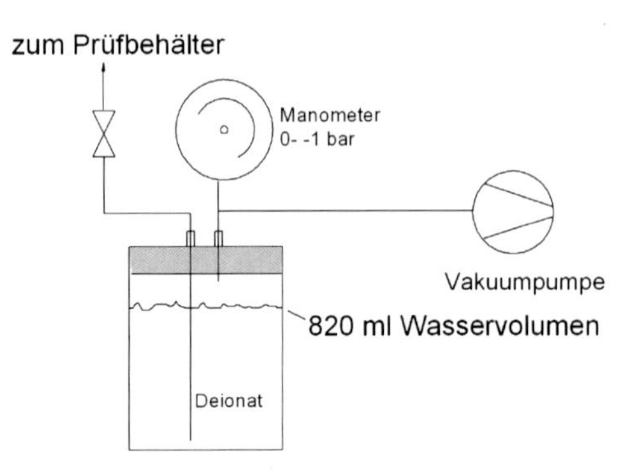

Bild 3: *Befülleinrichtung*

Um die während der Ausblasversuche auftretenden Dampfleckagen qualitativ nachweisen zu können, wurde der Prüfaufbau am Stopfbuchsgehäuse entsprechend Bild 4 modifiziert. Ein unterhalb der Stopfbuchsbrille angebrachtes Druckstück überträgt die mittels Brillenschrauben aufgebrachte Flächenpressung auf die Packungsringe. In dieses Druckstück wurde seitlich ein Edelstahlrohr mit einem Innendurchmesser von 4 mm eingeschweißt und durch Dichtungen soweit abgedichtet, dass ein möglicher Druckanstieg aufgrund einer Leckage mit einem Differenzdruckaufnehmer gemessen werden kann. Der Messbereich des Differenzdruckaufnehmers beträgt 0 bis 700 mbar. Des Weiteren ist an diesem Rohrsystem ein Überströmventil mit einem Öffnungsdruck von ebenfalls 700 mbar angebracht. Eine mögliche Leckage am Packungssystem erzeugt so im Inneren des Druckstückes einen Druckanstieg, welcher durch den Differenzdruckaufnehmer gemessen werden kann. Oberhalb von 700 mbar Überdruck öffnet sich dieses Überströmventil und leitet den Dampf nach Außen in ein Sicherheitsgefäß. Auf diese Weise lässt sich der Zeitpunkt des Leckagebeginns exakt bestimmen. Der bei einer hohen Leckage austretende Wasserdampf lässt sich zudem kontrolliert auffangen. Um das Prüfpersonal bei einem Versagen der Packung vor der schlagartig freiwerdenden Energie zu schützen, wurden die Ausblasversuche in einer Sprengkammer der MPA Stuttgart durchgeführt. Bild 5 zeigt den Aufbau des gesamten Prüfstandes.

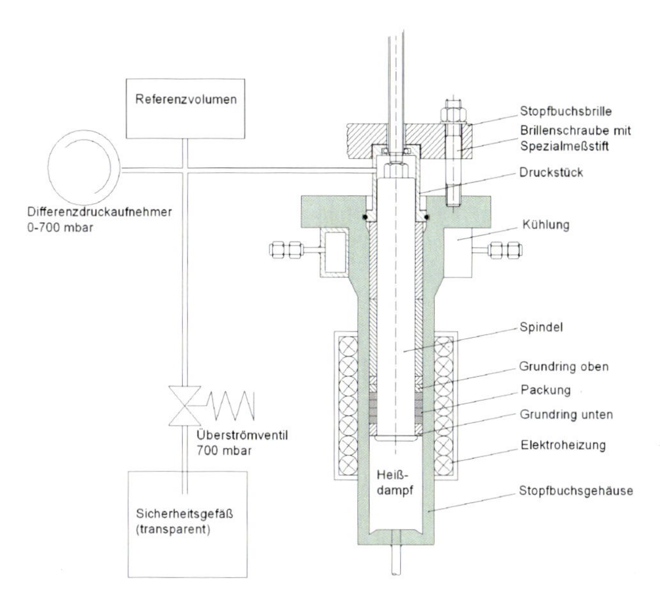

Bild 4: *Prüfkonzept zum Nachweis von Dampfleckagen*

Bild 5: *Gesamtprüfstand für Ausblasversuche*

Prüfablauf der Ausblasversuche

Die Montage der Packungssätze für die Ausblasversuche erfolgte unter Verwendung von 6 Packungsringen aus Graphit. Bei dieser Versuchsreihe wurden die Packungsringe dreimal mit 60 MPa vorverformt und anschließend mit 40 MPa dauerhaft verspannt. Nach dem trockenen Aufheizen des Stopfbuchsgehäuses auf 400°C wurden mit der Spindel 10 Hubzyklen bei offenem Stopfbuchsgehäuse durchgeführt, anschließend das Gehäuse wieder auf Raumtemperatur abgekühlt und die Flächenpressung auf 60 MPa eingestellt. Wie bereits beschrieben, wurden das Stopfbuchsgehäuse und der Druckspeicher mit 820 ml Deionat befüllt und auf 400°C aufgeheizt. Der Verlauf der Flächenpressung, die Temperaturen und der Innendruck wurden dabei gemessen und aufgezeichnet. Nach Erreichen der Prüftemperatur von 400°C beginnt der wesentliche Teil des Ausblasversuches. Unter Verwendung zweier miteinander verbundener Hydraulikzylinder, welche an einer steuerbaren Hochdruckpumpe angeschlossen sind, erfolgte über die Brillenschrauben eine gleichmäßige Entlastung des Packungssatzes. Während der kontinuierlichen Reduzierung der Flächenpressung wird der Ausblasdifferenzdruck am Druckstück unterhalb der Brille kontinuierlich überwacht und aufgezeichnet.

Ergebnisse der Ausblasversuche

In Bild 6 sind die Messergebnisse des Ausblasversuches mit der Spindel A1 wiedergegeben. Die Flächenpressung beträgt zu Beginn der Entlastung ca. 57 MPa, die Dampftemperatur im Innern des Gehäuses 400 °C. Der Innendruck erhöht sich durch das Heizen auf 292 bar. Das Diagramm zeigt über der Zeitachse bis 1060 Sekunden neben der gleichmäßigen Abnahme der Flächenpressung einen leichten Anstieg des Ausblasdifferenzdruckes infolge der spezifischen Grundleckage dieser Dichtverbindung. Nach einer Prüfdauer von 1070 Sekunden ist ein sprunghafter Anstieg des Ausblasdifferenzdruckes festzustellen. Gleichzeitig findet ein Anstieg der axialen Flächenpressung von 22,3 MPa auf 27 MPa statt. In dieser Phase löst sich die Packung von der Spindel und rutscht um einige Millimeter nach oben. Gleichzeitig tritt dabei eine hohe Oberflächenleckage auf. Oberhalb eines Differenzdruckes von 700 mbar öffnet sich nun das Überströmventil im Rohrleitungssystem zur Druckanstiegsmessung und eine Dampfleckage wird am Rohraustritt sichtbar, Bild 7.

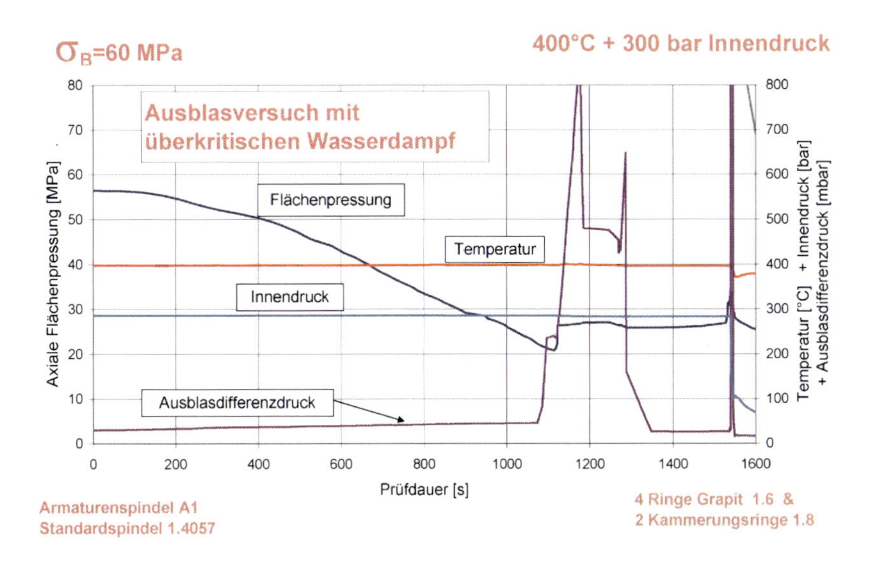

Bild 6: *Ausblasversuch mit der Armaturenspindel A1 und einem Packungssatz mit 6 Graphitringen*

Bild 7: *Beginn der hohen Leckage beim Ausblasversuch*

Die hohe Dampfleckage bleibt über einen Zeitraum von ca. 8 Minuten nahezu stabil. Anschließend wird nach einer Prüfdauer von insgesamt 1540 Sekunden die Flächen-

pressung höher eingestellt. Mit diesem Nachverspannen der Packung werden ein nachträgliches Abdichten der Dichtverbindung und eine Reduzierung der Dampfleckage angestrebt. Nach kurzer Betätigung der Hochdruckpumpe zur Erhöhung der Flächenpressung kommt es zum spontanen Ausblasen der Packung, wobei die Packung hierbei vollständig zerstört wird, Bild 9. Das aus der Packung gelöste Graphit verteilt sich gleichmäßig im näheren Umfeld des Prüfstandes, Bild 10.
Dieser Versuch zeigt, dass es bei Stopfbuchabdichtungen durchaus zum gänzlichen Versagen kommen kann, aber auch, dass bei einer ordnungsgemäß verspannten Packung eine Schädigung der Packung erst bei Erreichen einer sehr niedrigen Flächenpressung eintritt. Diese kann sogar kleiner sein, als die aus dem Innendruck resultierende Pressung. Bei einem Innendruck von 290 bar wirken axial auf den Packungssatz 29 MPa Flächenpressung. Bei der Spindel A1 setzte die hohe Leckage aber erst bei 22,3 MPa ein. Die durch den Umlenkfaktor bewirkten radialen Kräfte halten die Packungen in dieser Versuchsphase weiterhin in ihrem Sitz fest.

Bild 8: *Ausblasen einer Graphitpackung (Screenshot)*

Bild 9: Geschädigte Packung nach dem Ausblasen

Bild 10: Ausgeblasene Graphitpartikel

Neben der Spindel A1 wurden weitere Ausblasversuche an beschichteten Spindeln durchgeführt. In allen Fällen wird der gleiche Packungstyp, eine Graphitpackung aus insgesamt sechs Ringen, verwendet. Die Versuchsergebnisse dieser Ausblasversuche sind in Tabelle 1 zusammengestellt.

Auswertung der Ausblasversuche

Armaturenspindel	Reibwert µ (1. Hub)	Ausblasquotient	Flächenpressung bei Leckagebeginn	Beschreibung des Ausblasens
G2 Wolframcarbid (finished)	0,057	0,79	24,1 MPa	1. hohe Leckage 2. Ausblasen bereits während Reduzierung der Flächenpressung
B2 Induktive Coat	0,077	0,76	23,6 MPa	1. hohe Leckage 2. Ausblasen beim Nachspannen
A1 Standardspindel	0,077	0,74	22,3 MPa	1. hohe Leckage 2. Ausblasen beim Nachspannen
H1 Borierte Spindel	0,087	0,68	21,5 MPa	1. hohe Leckage (reversibel) 2. Ausblasen erst beim 2. schnellen Entlasten der Flächenpressung
F1 Nitrierte Spindel	0,096	0,65	19,9 MPa	1. Leckage (reversibel) 2. Ausblasen nicht erreicht

Tabelle .1: Ausblasversuche mit beschichteten Spindeln und Packungssätze aus Graphit

Bild 11 zeigt die Messergebnisse des Ausblasversuchs mit einer HVOF-beschichteten Spindel. Das Ausblasen erfolgte bereits während der Reduzierung der Flächenpressung. Der Beginn der Dampfleckage trat bei 24,1 MPa Flächenpressung ein. Besonders auffällig ist die hohe Grundleckage bei dieser Spindel. Ähnlich hohe Leckageraten wurden aber auch schon bei einem zuvor durchgeführten Reibversuch festgestellt. Die Ursache für diese hohe Leckagerate ist in der porösen Oberfläche dieser HVOF-Beschichtung begründet.
Der in Tabelle 1 aufgeführte Ausblasquotient stellt das Verhältnis der über die Brillenschrauben aufgebrachten Flächenpressung im Moment des Ausblasens und der aus dem Innendruck resultierenden Flächenpressung dar. Aus den Versuchsergebnissen kann abgeleitet werden, dass ein großer Ausblasquotient eine höhere Ausblasgefahr bedeutet.
Beim Ausblasversuch mit der nitrierten Spindel F1 trat ebenfalls eine hohe Leckage auf, die aber nach einer Haltezeit von 12 Minuten durch Erhöhung der Flächenpressung wieder reduziert werden konnte. Beim Ausblasversuch mit der borierten Spindel H1 konnte die Dampfleckage ebenfalls durch Erhöhung der Flächenpressung wieder reduziert werden, d.h. die hohe Dampfleckage war in diesem Fall reversibel. Erst bei der zweiten schnellen Verringerung der Flächenpressung kam es auch bei diesem Versuch zum Ausblasen der Packung, Bild 12.

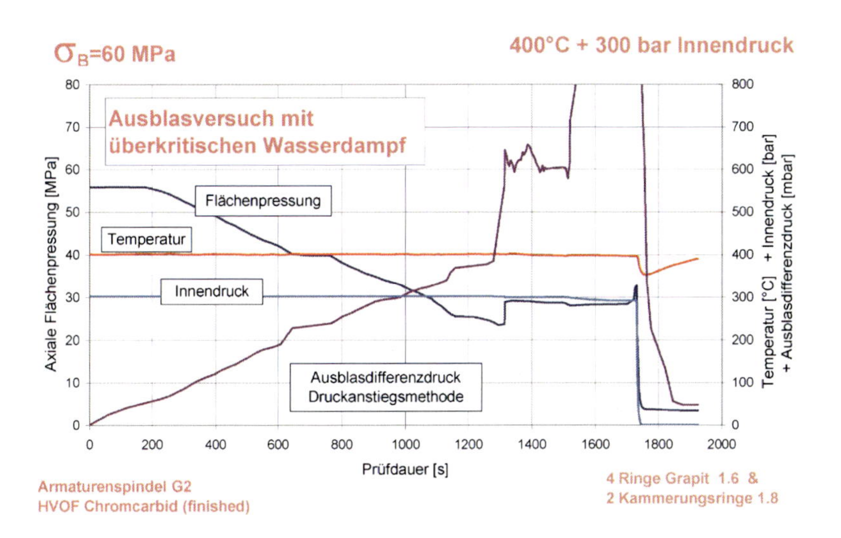

<u>Bild 11:</u> *Ausblasversuch mit der Armaturenspindel G2 und einem Packungssatz mit 6 Graphitringen*

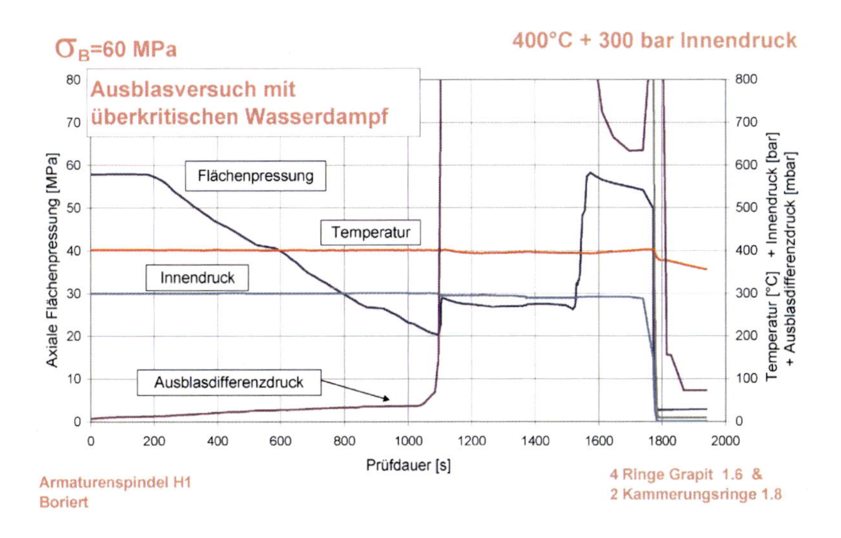

<u>Bild 12:</u> *Ausblasversuch mit der Armaturenspindel H1 und einem Packungssatz mit 6 Graphitringen*

Bild 13 zeigt die zerstörten Graphitpackungen. In der Reihenfolge von links nach rechts nimmt der Ausblasquotient ab.

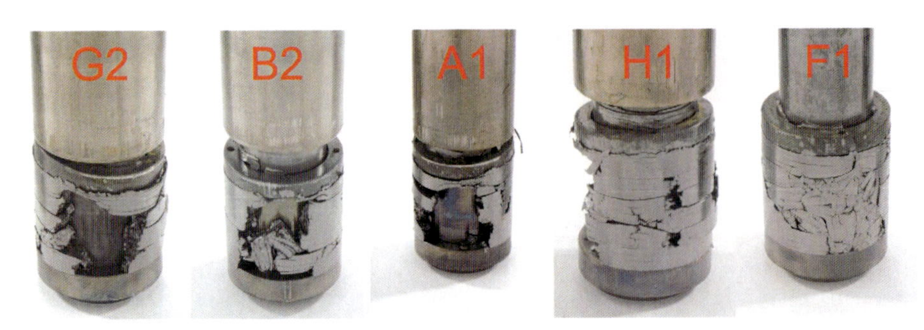

Bild 13: *Graphitpackungen nach den Ausblasversuchen*

Ausblassichere Packung

Zur Erhöhung der Ausblassicherheit wurde ein Packungssatz entwickelt, der neben den üblichen Dichtringen aus Graphit (4 Graphitringe mit der Dichte 1,6 kg/m^3) auch Graphitringe mit eingelegten Edelstahlfolien enthält, die als Kammerungsringe dienen. Für den Ausblasversuch wurde diese Packung mit 60 MPa verspannt. Nach der Beaufschlagung des Stopfbuchsraums mit 400 °C heißem Wasserdampf bei einem Innendruck von 300 bar wurde die axiale Flächenpressung der Packung kontinuierlich reduziert. Dabei ließ sich die Pressung bis auf 25 MPa absenken, bevor der Innendruck (induzierte Pressung 30 MPa) die Packung vom Stopfbuchsgrund abhebt. Eine erhöhte Leckage ist auch bei einer Flächenpressung unterhalb von 30 MPa nicht festzustellen. Danach wurde die Flächenpressung erneut auf 60 MPa erhöht. Nach einer Haltezeit von 4 Minuten wurde die Packung dann soweit entlastet, dass sie nur noch durch den Innendruck beansprucht war. Nach dieser zweiten Entlastung wurde die Packung erneut auf 60 MPa verspannt. Anschließend wurde die Flächenpressung schlagartig reduziert, indem das Absperrventil der beiden Hydraulikzylinder schnell geöffnet wurde. Dieser Vorgang wurde anschließend noch ein weiteres Mal wiederholt, so dass insgesamt 4 Entlastungen stattgefunden haben, Bild 14. Ein Ausblasen bzw. eine erhöhte Leckage wurde nicht festgestellt.

Anschließend wurde mit diesem Packungstyp ein Reibversuch durchgeführt, Bild 15. Während des Reibvorgangs steigt die Reibkraft kontinuierlich bis auf ± 22 kN an. Es ist zu vermuten, dass der Graphitabrieb aufgrund der stabilen Edelstahlfolien nicht nach außen exportiert werden kann. Durch Keilwirkung entstehen im Übergang von Spindel und Packung unerwünschte Gleitblockaden. Während dieser Reibbeanspruchung kam es zu einer automatischen Abschaltung des Spindelantriebs. Der Motorschutzschalter hatte aufgrund einer thermischen Überlastung ausgelöst und den Reibversuch beendet. Der durchgeführte Ausblasversuch mit einer verstärkten Edelstahlfolie zeigt, dass es grundsätzlich möglich ist, durch eine geeignete Packungskonstruktion ausblassichere

Dichtsysteme für Armaturen herzustellen. Es sind aber noch weitere Optimierungen hinsichtlich der Maßhaltigkeit und des Lagenaufbaus erforderlich, um die auftretenden Reibkräfte in einem vertretbaren Rahmen zu halten. Bild 16 zeigt eine ausblassichere Packung nach dem Reibversuch.

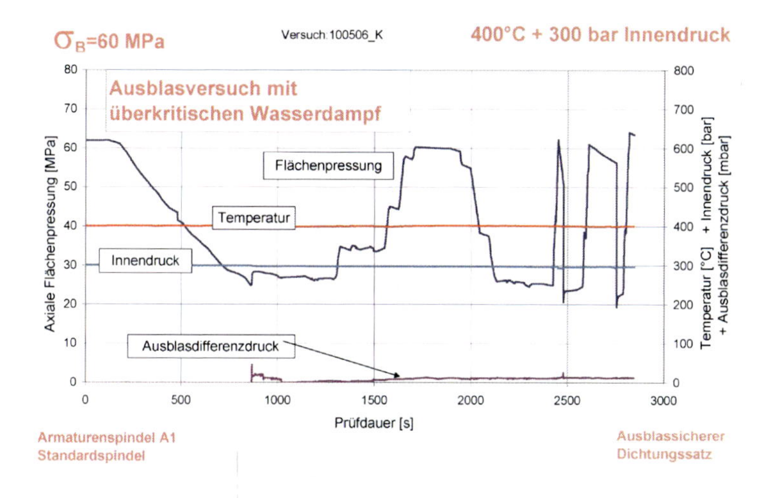

Bild 14: *Ausblasversuch mit einer ausblassicheren Packung mit Edelstahlfolien*

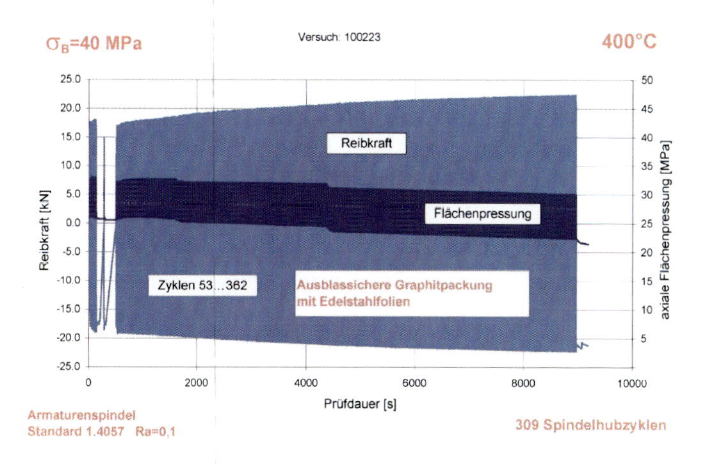

Bild 15: *Reibversuch mit ausblassicherer Packung*

Bild 16: *Ausblassichere Packung mit Edelstahlfolien und Kammerungsringen nach dem Reibversuch*

Funktionsverhalten innovativer Wellenwerkstoffe und Beschichtungen im Dichtsystem Radial-Wellendichtung

Autor: Dipl.-Ing. Cornelius Fehrenbacher
Institut für Maschinenelemente, Universität Stuttgart

Co-Autoren: Prof. Dr.-Ing. habil. Werner Haas
Institut für Maschinenelemente, Universität Stuttgart

Dipl.-Ing. Pat.-Ing. Stefan Schmuker
Rybak + Höschele RHV-Technik GmbH + Co. KG, Waiblingen

1 Einleitung

Das Abdichten mit Radial-Wellendichtringen (RWDR) aus Elastomer-Werkstoffen auf gehärteten, im Einstich geschliffenen Wellen aus Stahl ist Stand der Technik. Heutzutage werden aus funktionalen Gründen, wie Verschleißschutz-, Gewichts- oder aus optischen Gründen anstelle von Stahlwellen innovative Werkstoffe und Beschichtungen eingesetzt. Weitere Gründe alternative Gegenlaufflächen im Dichtsystem Radial-Wellendichtung einzusetzen, können die erzielbare Steigerung der Festigkeit und die Erhöhung der Korrosionsbeständigkeit sein. Daher gilt es nun direkt auf diesem innovativen Werkstoff beziehungsweise auf der Beschichtung abzudichten. Es ist allerdings nur in Ansätzen bekannt, welche Eigenschaften die Wellenwerkstoffe/ -beschichtungen aufweisen müssen, damit auf diesen zuverlässig über die gesamte Lebensdauer mit Radial-Wellendichtringen abgedichtet werden kann. Bisher versagen derartige Dichtsysteme häufig und es sind vor dem Einsatz solcher Wellen teure Versuchsläufe notwendig.
Um dieser Problematik auf den Grund zu gehen, wurde am Institut für Maschinenelemente der Universität Stuttgart, das vom BMWi über die AiF geförderte Projekt „Innovative Werkstoffe“ durchgeführt. [1]

2 Werkstoffe

Es wurden 14 im Maschinenbau gängige Werkstoffe, die sich in ihren Werkstoffeigenschaften teilweise deutlich unterscheiden, ausgewählt. Tab.1 zeigt die ausgewählten Werkstoffe.

Tab. 1: Werkstoffauswahl

Werkstoffe	
100Cr6 (Referenzsystem)	**Titan Grade 2 und Grade 5**
Edelstahl V2A und V4A	**Kunststoff PA6GF und CFK**
Aluminium EN AW 2007 / 6082 / 7075	**Keramik SiSiC und SSiC**
Messing	Nickelbronze

Darüber hinaus wurden 27 verschiedene Beschichtungen untersucht, die sich in ihrer Zusammensetzung und Schichtdicke teilweise deutlich unterscheiden. Grob können die Beschichtungen in zwei Kategorien eingeteilt werden. Zum einen in die Dünnschichten, welche durch eine Oberflächenbehandlung auf die Wellenoberfläche aufgebracht wird. Dabei bleibt die Grundstruktur der Wellenoberfläche erhalten, da die Schichten nur max. 50 µm dick sind. Die andere Gruppe bilden die thermischen Spritzschichten. Sie haben eine Schichtdicke von bis zu 0,3 mm. Nach dem Beschichten ist die Oberfläche sehr rau und muss auf Maß geschliffen werden. Sie bilden eine eigene Oberfläche aus. Als Grundwerkstoff für die Beschichtungen diente immer der Werkstoff der Referenzwelle 100Cr6. Tab. 2 zeigt die Auswahl an Beschichtungen.

Tab. 2: Beschichtungsauswahl

Beschichtungen	
100Cr6 (unbearbeitet)	100Cr6 (Nachbearbeitung)
DLC (diamond like carbon)	**Chromoxid (2x)**
Plasmanitrieren	Aluminiumoxid
Nitrocarburieren	**Aluminiumoxid-Titandioxid**
Zinkphosphatieren	Zirkon-Yttriumoxid
Brünieren	**Chromcarbid-Nickel-Chrom**
Hartchrom	**Wolframcarbid (3x)**
Chemisch Nickel-Beschichtung (4x)	
Zink (+Chromatiert)	

Alle Versuchswellen sind im Einstich geschliffen, um Einflüsse unterschiedlicher Oberflächenbearbeitungsverfahren auszuschließen. Sie sind als Hohlwellen ausgeführt und haben einen Außendurchmesser von 80 mm und einen Innendurchmesser von 70 mm. Die Ergebnisse der Werkstoff-Dichtring-Kombinationen werden im Folgenden vorgestellt.

3 Versuchsdurchführung

Zur Beschreibung von technischen Oberflächen werden unterschiedliche, genormte Parameter herangezogen. Die Gestaltabweichung einer technischen Oberfläche von einer ideal glatten Oberfläche ist in DIN 4760 [5] beschrieben. Die Oberflächen werden sowohl berührungsfrei mit einem chromatischen Sensor als auch taktil vermessen. Mit dem taktilen Messverfahren kann die Forderung der Drallfreiheit der Dichtungslaufflächen von Radial-Wellendichtringen zusätzlich überprüft werden. Mit der CARMEN-Methode [6] können Drallstrukturen erkannt und quantitativ beschrieben werden. Drallstrukturen auf Wellenoberflächen bewirken im Dichtkontakt eine gerichtete Fluidförderung. Der Drall kann neben der CARMEN-Methode auch mit der Fadenmethode detektiert werden. [7]
Nach der Vermessung der Wellenoberflächen werden alle Wellen in 72-stündigen Funktionsuntersuchungen [2] dreimal auf dem am Institut vorhandenen Dauerlaufprüfstand

(Abb. 1) auf ihre Dichtheit im Dichtsystem Radial-Wellendichtung untersucht. Parallel dazu werden alle Dichtsysteme in 48-stündigen Untersuchungen auf ihre statische Dichtheit getestet und Reibmomentmessungen durchgeführt. Alle Werkstoffe, die sich in den Funktionsuntersuchungen als geeignet erwiesen haben, werden in Dauerlaufuntersuchungen über 240 Stunden [3] getestet.

Abb. 1: Dauerlaufprüfstand am Institut für Maschinenelemente

Die Dichtsysteme werden jeweils mit einem handelsüblichen Radial-Wellendichtring aus Fluor-Polymer-Werkstoff (FPM) und einem niedrig additiviertem Mineralöl untersucht. In stichprobenartigen Versuchen kommen zudem noch Radial-Wellendichtringe aus Nitril-Kauktschuk (NBR) und Silikon-Kautschuk (ACM) sowie drei weitere Fluide auf synthetischer Basis zum Einsatz.
Bei den dynamischen Untersuchungen werden die Prüfkammern bis zur Wellenmitte mit dem Versuchsfluid gefüllt. Das gewählte Lastkollektiv wird so ausgelegt, dass während einer Versuchslaufzeit von 20 Stunden bei einer Drehzahl von 5000 1/min (u = 20,9 m/s) und einer Ölsumpftemperatur von 100 °C eine hohe Temperaturbelastung auf das Dichtsystem wirkt. Über eine Zeit von drei Stunden wird die Drehzahl auf 500 1/min (u = 2,1 m/s) reduziert, sodass im Dichtspalt Mischreibung vorherrscht. Die Ölsumpftemperatur beträgt unverändert 100 °C. Eine einstündige Stillstandsphase mit Abkühlung des Versuchsfluids auf Raumtemperatur rundet das 24-Stunden Lastkollektiv ab. Diese Bedingungen werden im Folgenden als Standardbedingungen beschrieben. Die auftretende Temperatur in den einzelnen Phasen des Lastkollektivs wird mit einem Thermografiesystem direkt hinter der Dichtkante gemessen.
Die Bewertung der Dichtsysteme erfolgt in erster Linie über die auftretende Leckagemenge und die Laufzeit, bis zum ersten Mal Leckage festgestellt wurde. Darüber hinaus wird der Verschleiß der Wellenoberfläche und der Dichtkante für die Beurteilung herangezogen.

4 Ergebnisdarstellung

4.1 Stahl

Das Abdichten auf gehärteten, drallfrei im Einstich geschliffenen Wellen aus Stahl ist Stand der Technik. Daher gab es erwartungsgemäß bei dem Referenzsystem mit der 100Cr6-Welle bei den 72-Stunden Funktionsuntersuchungen und den 240-Stunden Dauerlaufuntersuchungen keine Ausfälle zu verzeichnen. Auf den Versuchswellen sind die entstandenen Laufspuren sichtbar, im taktilen Rauheitsschrieb allerdings nur eine geringe Einglättung der Rauheitsspitzen erkennbar. Die Radial-Wellendichtringe weisen unauffälligen abrasiven Verschleiß auf und liegen für diese Laufleistung im üblichen Rahmen (Abb. 2).

Abb. 2: Dichtkantenbild eines FPM-RWDR bei der Referenzwelle aus 100Cr6 nach 240 Stunden (K401)

Die Ergebnisse der weiteren Werkstoffe werden im Folgenden jeweils mit diesem System verglichen.

4.2 Edelstahl

Bei den Edelstahlwellen aus V2A- und V4A-Material waren alle untersuchten Dichtsysteme mit den FPM-RWDR in den 72-Stunden Funktionsuntersuchungen vollständig dicht. Auffällig waren bei diesen Untersuchungen die hohen Temperaturen an der Dichtkante. Da die gemessenen Reibmomente auf demselben Niveau wie beim Referenzsystem liegen, kann davon ausgegangen werden, dass die erzeugte Reibwärme im Dichtsystem vergleichbar groß ist. Ausschlaggebend für die hohen Temperaturen an der Dichtkante im Vergleich zum Referenzsystem ist die, um den Faktor 2,5 geringere Wärmeleitfähigkeit. Dadurch wird die Reibwärme schlechter über die Welle aus dem Dichtkontakt geleitet. Durch die hohen Temperaturen an der Dichtkante wurde das Versuchsfluid im Dichtspalt thermisch geschädigt und an den Dichtkanten hat sich Ölkohle gebildet.

Die Dichtsysteme mit den Wellen aus V2A-Material wurden zusätzlich zu den 72-Stunden Funktionsuntersuchungen in 240-Stunden Dauerlaufuntersuchungen getestet. Eine Versuchswelle war dicht, bei der anderen trat bereits nach wenigen Tagen starke Leckage auf. Die bei den Funktionsuntersuchungen bereits im geringen Maße beobachtete Ölkohlebildung hat sich bei den Dauerlaufuntersuchungen verstärkt, wie in Abb. 3 zu erkennen ist. Diese an der Dichtkante abgelagerte Ölkohle hat zum Ausfall des Dichtsystems geführt.

Abb. 3: Dichtkantenbild eines FPM-RWDR bei der V2A-Edelstahlwelle nach 240 Stunden (K403)

Die entstandenen Laufspuren auf der Wellenoberfläche bei den 240-Stunden Dauerlaufuntersuchungen haben eine Tiefe von 1-2 µm.
Fazit: Das Abdichten auf den Edelstahlwellen ist möglich ist. Die maximal zulässigen Betriebsparameter müssen aufgrund der geringeren Wärmeleitfähigkeit von Edelstahl im Vergleich zu der Referenzwelle aus 100Cr6 reduziert werden.

4.3 Aluminium

Das Abdichten auf den Aluminium-Wellen funktioniert bei den gewählten Betriebsparametern mit Radial-Wellendichtungen nicht. Die Dichtsysteme waren zwar bei den 72-Stunden Funktionsuntersuchungen bis auf einen Ausfall bei der Aluminium-Knetlegierung AW 7075 alle dicht. Allerdings weisen alle Wellenoberflächen tiefe Laufspuren auf, welche durch abrasiven Verschleiß der Oberfläche durch den Radial-Wellendichtring her rühren. In Abb. 4 ist eine Laufspur im Profilschrieb zu sehen.

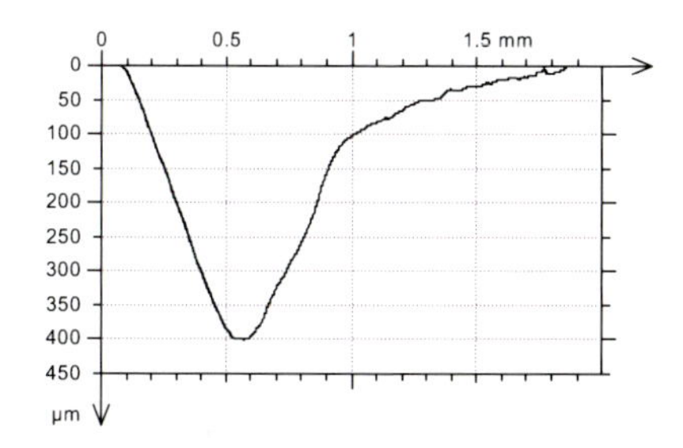

Abb. 4: Laufspur bei einer Aluminiumwelle AW 2007 nach 72 Stunden

Auch bei einer verminderten Maximaldrehzahl kam es zu großem Verschleiß der Wellenoberfläche. Grund für die tiefen Laufspuren ist der zu geringe Verschleißwiderstand der Aluminium-Knetlegierungen. Die Radial-Wellendichtringe weisen allesamt geringen abrasiven Verschleiß auf. Die gemessenen Temperaturen an der Dichtkante sind aufgrund der, um den Faktor 5 höheren Wärmeleitfähigkeit im Vergleich zu Stahlwellen, deutlich geringer.

4.4 Messing und Nickelbronze

Wellen aus Messing und Nickelbronze eignen sich für das Abdichten mit den Standard Radial-Wellendichtringen ebenfalls nicht. Grund hierfür ist, wie bei den Wellen aus Aluminium, die geringe Verschleißfestigkeit des Werkstoffes.

4.5 Titan

Als weiterer Werkstoff wurden Wellen aus Titan untersucht. Titan hat sich als Werkstoff aufgrund der geringen Dichte und hohen Festigkeit in vielen Industriezweigen etabliert. Bei den 72-Stunden Funktionsuntersuchungen kam es mit den Titanwellen des Typs Grade 2 bereits nach 48 Stunden gehäuft zu leichter Leckage. Die gemessenen Temperaturen an der Dichtkante lagen deutlich über denen des Referenzsystems. Dies liegt zum einen an den höheren Reibmomenten im Dichtsystem und zum anderen an der geringeren Wärmeleitfähigkeit. Die Laufspuren auf den Wellen sind nach den Prüfstandsuntersuchungen sichtbar, im Rauheitsschrieb ist allerdings nur eine geringe Einglättung der Rauheitsspitzen erkennbar. Die Dichtkanten der einzelnen Radial-Wellendichtringe sind aufgrund der hohen Dichtspalttemperatur stark thermisch geschädigt. Dies führte zu den frühen Ausfällen durch Leckage. Bei den Titanwellen des Typs Grade 5 traten in den 72-Stunden Funktionsuntersuchungen bereits innerhalb der ersten 24 Stunden starke Leckage auf. Die gemessenen Temperaturen an der Dichtkante lagen aufgrund der noch geringeren Wärmeleitfähigkeit des Werkstoffes über den Werten bei den Titanwellen des Typs Grade 2. Die Laufspuren auf den Wellen sind mit dem Auge sichtbar, konnte aber mit dem taktilen Rauheitsschrieb nicht erfasst werden. Die Dichtkanten der Radial-Wellendichtringe sind bereits nach dieser kurzen Laufzeit stark thermisch geschädigt. Bei einem Radial-Wellendichtring ist zudem eine Rissbildung in der Ölkohleschicht zu erkennen (Abb. 5).

Abb. 5: Dichtkantenbild eines FPM-RWDR bei der Titanwelle Grade 5 nach 24 Stunden mit Rissbildung in der Ölkohleschicht (K036)

Die starke thermische Belastung und die Rissbildung in der Ölkohleschicht führten zu der starken Leckage und zum Ausfall des Systems.
Fazit: Das Abdichten mit Standard Radial-Wellendichtringen auf den Titanwellen aufgrund der geringen Wärmeleitfähigkeit und der damit verbundenen hohen thermischen Belastung der Radial-Wellendichtringe bei den gewählten Betriebsparametern nicht funktioniert. Die Betriebsparameter müssen stark reduziert werden, um ein Abdichten auf Titanwerkstoffen mit Radial-Wellendichtringen zu ermöglichen.

4.6 Kunststoff

Aufgrund der Gewichtseinsparung werden in Zukunft noch häufiger Konstruktionsbauteile aus Kunststoffen eingesetzt. Dabei werden diese verstärkt mechanisch belastet. Innerhalb des Projekts wurden daher zwei gängige Kunststoffwerkstoffe getestet. Bei den glasfaserverstärkten Polyamidwellen (PA6 GF) kam es bei den 72-Stunden Funktionsuntersuchungen nach kurzen Laufzeiten zu Ausfällen der Systeme. Bei der Standard-Maximaldrehzahl musste der Versuch nach wenigen Sekunden abgebrochen werden, da sich die Dichtkante tief in die Welle „gegraben" hat und es zu starker Rauchentwicklung kam. Die entstandene Laufspur ist in Abb. 6 rechts zu sehen. Auch bei einer stark verminderten Drehzahl (1/10 der Maximaldrehzahl) waren die Dichtsysteme nur die ersten 24 Stunden dicht. In den zweiten 24 Stunden trat geringe Leckage auf. Die Laufspur auf der Welle ist in Abb. 6 auf der linken Seite zu sehen. Die Unterschiede zwischen den beiden Laufspuren sind im eingezeichneten Profilschrieb im Bild deutlich zu erkennen. Die Oberfläche der Welle ist schwarz verfärbt und wurde durch den Radial-Wellendichtring thermisch zerstört. Die thermische Zerstörung der Welle lässt sich mit der sehr geringen Wärmeleitfähigkeit von unter 1 W/(m·K) und der daraus resultierenden schlechten Wärmeableitung aus dem Dichtkontakt erklären. Die Radial-Wellendichtringe hingegen weisen nur einen geringen Verschleiß auf.

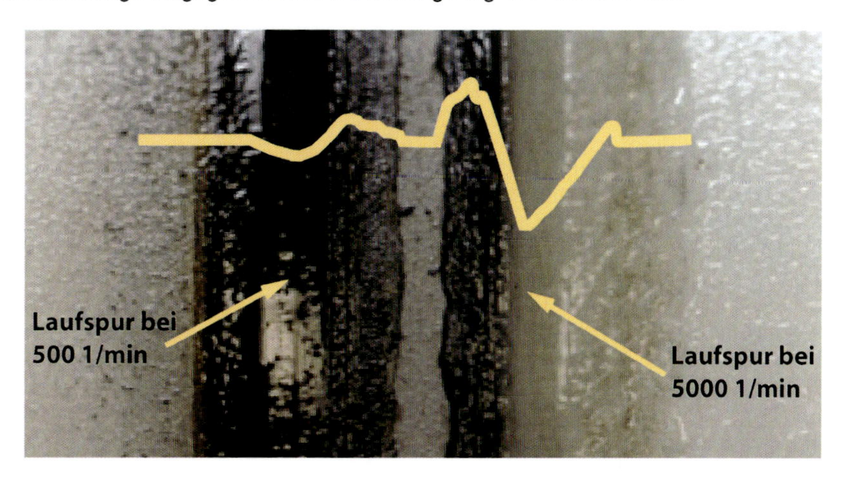

Abb. 6: Polyamidwelle mit Laufspuren bei unterschiedlichen Wellendrehzahlen

Bei den 72-Stunden Versuchsuntersuchungen der Wellen aus Kohlenstofffaserwerkstoff (CFK) trat ebenfalls nach kurzer Zeit Leckage auf. Eine Reduzierung der Versuchsdrehzahl auf 1/5 der Maximaldrehzahl brachte nur eine geringe Verlängerung der Versuchslaufzeit bis zum Ausfall des Systems. Die Wellenoberflächen weisen im Vergleich zu den Polyamidwellen nur geringe Einlaufspuren durch den Radial-Wellendichtring auf. Dagegen sind die Radial-Wellendichtringe bereits nach der kurzen Versuchslaufzeit (< 24 Stunden) thermisch geschädigt und es hat sich zudem Ölkohle auf den Dichtkanten abgelagert, welche auf eine hohe Temperatur im Dichtkontakt, mangels Wärmeableitung schließen lässt (Abb. 7).

Abb. 7: Dichtkantenbild eines FPM-RWDR mit Ölkohle bei der CFK-Welle und verminderter Drehzahl (K150)

Fazit: Die untersuchten Kunststoffwellen lassen sich bei den gewählten Randbedingungen nicht mit Standard Radial-Wellendichtringen abdichten. Bei den Polyamidwellen kommt es zu einer Zerstörung der Welle durch den Radial-Wellendichtring, bei den Wellen aus Kohlefaser zur Zerstörung der Dichtkante auf der Wellenoberfläche.

4.7 Keramik

Siliciumcarbid wird häufig bei Gleitringdichtungen eingesetzt. Deren Eignung als Gegenlaufflächen im Dichtsystem Radial-Wellendichtung wurde ebenfalls untersucht. Siliciumcarbid ist eine Nichtoxidkeramik und zeichnet sich durch ihre hohe Festigkeit, Korrosions- und Verschleißbeständigkeit sowie durch eine hohe Wärmeleitfähigkeit aus. Für die Untersuchungen wurden Wellen aus Siliciumcarbid (SSiC) und reaktionsgebundenem siliciuminfiltrierten Siliciumcarbid (SiSiC) untersucht. Bei den 72-Stunden Funktionsuntersuchungen waren alle untersuchten Dichtsysteme über die gesamte Laufzeit dicht. Die Dichtkanten der Radial-Wellendichtringe zeigen nach den Versuchsläufen lediglich geringen abrasiven Verschleiß. An den Wellen konnte nach den Prüfstandsuntersuchungen kein Verschleiß der Wellenoberfläche gemessen werden. Die Laufspuren sind lediglich mit dem Auge erkennbar. Die gemessenen Temperaturen an der Dichtkante lagen unter denen des Referenzsystems. Die gemessenen Reibmomente sind jedoch im Vergleich zu den anderen Werkstoffvarianten die höchsten.

Fazit: Die Untersuchungen haben gezeigt, dass das Abdichten mit Radial-Wellendichtungen auf Siliciumcarbid funktioniert.

4.8 DLC-Beschichtung

Die mit DLC (diamantähnliche amorphe Kohlenstoffschichten) beschichteten Wellen weisen eine besonders harte Oberfläche und eine geringe Trockenreibung auf. Untersucht wurden zwei verschiedene DLC Beschichtungen, zum einen eine wasserstoffhaltige amorphe Kohlenstoffschicht, die mit einem Nichtmetall (meist Si, O, N, F oder B) modifiziert ist und zum anderen eine wasserstofffreie amorphe Kohlenstoffschicht, die ebenfalls mit weiteren Elementen modifiziert wurde. Die genaue Zusammensetzung der beiden DLC-Schichten wird von den Herstellern nicht bekannt gegeben. Die Schichtdicke der untersuchten Wellen liegt zwischen 2,5 und 5 µm. DLC-Beschichtungen weisen laut VDI-Richtline 2840 [4] aufgrund ihrer diamantähnlichen Struktur eine hohe Wärmeleitfähigkeit auf. Alle untersuchten Dichtsysteme waren mit den FPM-RWDR in den 72-Stunden Funktionsuntersuchungen vollständig dicht. Bei den 240-Stunden Dauerlaufuntersuchungen trat bei den Systemen zwischen dem 8. und 9. Tag leichte Leckage auf. Durch ein leicht höheres Reibmoment im Vergleich zu der unbeschichteten Referenzwelle und die um ca. 15 K höhere Dichtspalttemperatur kam es an den Radial-Wellendichtringen zu Ölkohleablagerungen, welche sich durch die Schädigung des Schmierstoffes im Dichtspalt gebildet hat (Abb. 8 links). Diese Ölkohlebildung hat zum Ausfall des Systems geführt. Ein Dichtsystem war vollständig dicht. Dieser RWDR ist nur geringfügig verfärbt und es kam zu keiner Bildung von Ölkohle (Abb. 8 rechts).

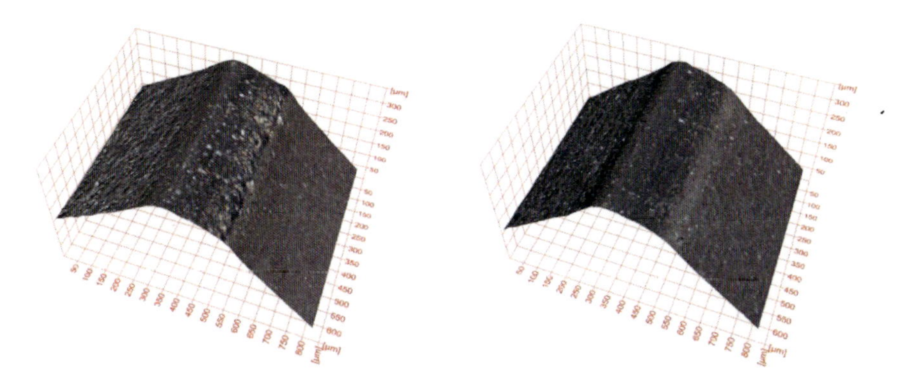

Abb. 8: Dichtkantenbild eines FPM-RWDR mit abrasiven Verschleiß und Ölkohlebildung an der Dichtkante (K450) (links) und geringfügiger Verfärbung der Dichtkante (K451) (rechts) nach 240 Stunden

Die Laufspur auf Wellenoberflächen der DLC beschichteten Wellen ist im Profilschrieb (Abb. 9) als geringe Einglättung der Rauheitsspitzen sichtbar.

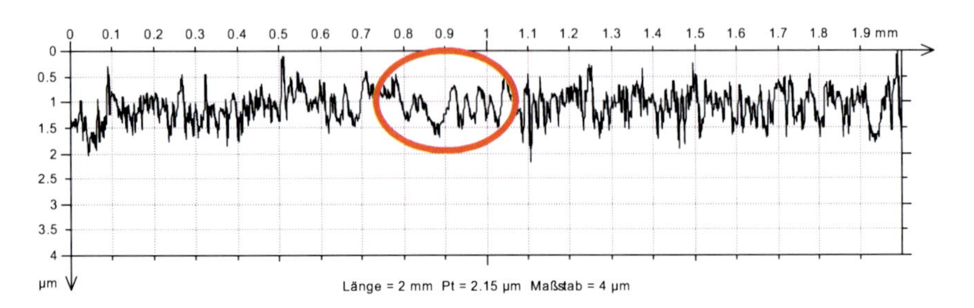

Abb. 9: Taktiler Rauheitsschrieb einer DLC-beschichteten Welle Laufspur von 0,8 bis 1 mm.

Fazit: Bei reduzierten Betriebsparametern lassen sich DLC beschichtete Wellen mit Radial-Wellendichtringen abdichten, jedoch konnten im Vergleich zum Referenzsystem keine Vorteile festgestellt werden.

4.9 Nitrocarburieren

Die nitrocarburierte Wellen, bei denen die Randschicht durch ein thermochemisches Verfahren mit Stickstoff und Kohlenstoff angereichert und somit gehärtet wurden, waren bei allen 72-Stunden Funktions- und 240-Stunden Dauerlaufuntersuchungen vollständig dicht. Nach den 240-Stunden Dauerlaufuntersuchungen waren die Laufspuren auf der Wellenoberfläche lediglich als geringe Einglättung der Rauheitsspitzen sichtbar. Der geringe Verschleiß der Oberfläche lässt sich durch die verbesserte Verschleißeigenschaft der Oberfläche erklären. Die gemessenen Temperaturen an der Dichtkante liegen unter den Werten der Referenzsysteme, die Reibmomente hingegen sind deutlich höher. Dies lässt auf eine sehr gute Wärmeableitung durch die Schicht schließen. Die Dichtkanten der RWDR sind allesamt nur leicht abrasiv verschlissen.
Fazit: In den durchgeführten Untersuchungen hat das Abdichten mit Standard-RWDR sehr gut funktioniert. Bei korrosiven Umgebungsbedingungen sind nitrocarburierte Wellen aufgrund ihrer besseren Korrosionsbeständigkeit Stahlwellen vorzuziehen.

4.10 Hartchrom

Hartverchromte Wellen werden vorzugsweise dort eingesetzt, wo geringer Verschleiß der Oberfläche, eine gute Korrosionsbeständigkeit und eine hohe Härte (68-72 HRC) ohne Materialverzug gefordert wird. Beim Hartverchromen wird in einem galvanischen Bad Chrom elektrolytisch auf dem Grundmaterial (hier: 100Cr6) abgeschieden. Bei allen untersuchten Dichtsystemen kam es nach den 72-Stunden Funktionsuntersuchungen und 240-Stunden Dauerlaufuntersuchungen zu keiner Leckage. Die gemessenen Temperaturen an der Dichtkante lagen über denen des Referenzsystems. Dies kann durch die höheren Reibmomente und geringere Oberflächenrauheit im Vergleich zu den Referenzwellen erklärt werden. Durch die hohen Temperaturen an der Dichtkante kam es zur thermischen Schädigung des Schmierstoffes im Dichtspalt. Die, an der Dichtkante abgelagerte Ölkohle hat allerdings noch nicht zu Leckage geführt. Desweiteren sind die Radial-Wellendichtringe lediglich moderat abrasiv verschlissen.

Fazit: Aufgrund der Ölkohlebildung an der Dichtkante sollten für einen zuverlässigen Einsatz von hartverchromten Wellen geringere Betriebsparameter angewandt werden.

4.11 Zink und Zink chromatiert

Verzinkte Wellen werden häufig zum Schutz vor Korrosion eingesetzt. Durch ein elektrochemisches Verfahren wird die Schicht in einem Elektrolyt galvanisch auf der Oberfläche abgeschieden. Die reine Zinkschicht bietet jedoch oft nur einen unzureichenden Korrosionsschutz. Daher wird die Welle zusätzlich chromatiert. Dies geschieht durch Eintauchen der Welle in eine Lösung aus Chromsäure und weiteren Bestandteilen. Dabei bildet sich, ohne Anlegen einer elektrischen Spannung, eine sehr dünne Passivierungsschicht (Schichtdicke zwischen 0,1 und 1 µm). Die Schichtdicken der verzinkten und chromatierten Versuchswellen beträgt 15 µm. Sowohl bei den 72-Stunden Funktionsuntersuchungen, als auch bei den 240-Stunden Dauerlaufuntersuchungen waren alle untersuchten Dichtsysteme vollständig dicht. Bereits nach kurzer Zeit ist die Beschichtung bei allen Versuchswellen im Bereich der Laufspur durch abrasiven Verschleiß abgerieben, sodass die Dichtkante des Radial-Wellendichtrings direkt auf der Stahlwelle abdichtet. Im taktilen Rauheitsschrieb ist dies deutlich zu sehen (Abb. 10).

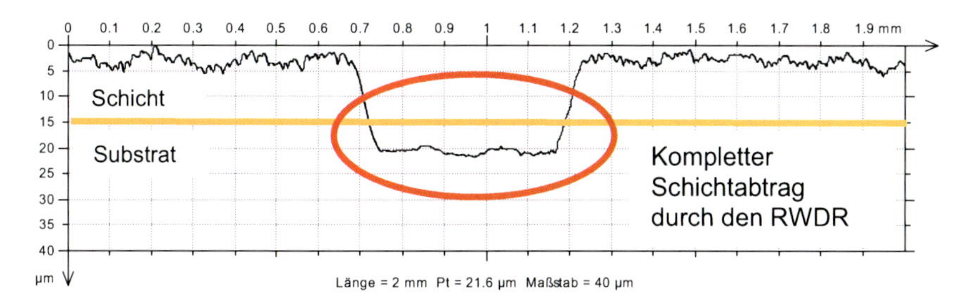

Abb. 10: Taktiler Rauheitsschrieb einer verzinkten und chromatierten Welle.
Laufspur von 0,7 bis 1,22 mm.

Der Verschleiß der Dichtkanten, die gemessenen Reibmomente und die gemessenen Temperaturen an der Dichtkante sind direkt mit dem Referenzsystem vergleichbar.
Fazit: Das Abdichten mit Radial-Wellendichtringen auf den Wellen mit verzinkter oder mit verzinkter und chromatierter Oberfläche funktioniert nicht, da die Schicht innerhalb kürzester Zeit abgerieben wird. Durch den Abrieb der Beschichtung ist der Korrosionsschutz der Welle im Bereich der Laufspur nicht mehr gegeben.

Bei den thermischen Spritzschichten werden die Beschichtungswerkstoffe durch kinetische und thermische Energie auf der Wellenoberfläche aufgebracht. Durch die thermische Energie werden die Beschichtungspartikel angeschmolzen und durch die kinetische Energie auf die Oberfläche aufgebracht. Der Anteil von kinetischer Energie im Vergleich zu thermischer Energie und das Beschichtungsverfahren bestimmt die Porigkeit der Schicht. Die Schichtdicke thermisch gespritzter Schichten für Gegenlaufflächen in der Dichtungstechnik liegt üblicherweise im Bereich von 0,1 bis 0,15 mm.

4.12 Chromoxid

Im Bereich der Dichtungstechnik werden oft Beschichtungen aus dem keramischen Werkstoff Chromoxid eingesetzt. Die Chromoxid-Schicht weist gute Gleiteigenschaften auf, ist sehr verschleißfest und erreicht Oberflächenhärten von bis zu 1500 HV 0,3. Die Schicht wird vorzugsweise im Plasmaspritzverfahren aufgebracht und anschließend mit Diamantschleifscheiben auf Maß geschliffen. Bei den 72-Stunden Funktionsuntersuchungen kam es aufgrund von teilweise hoher Leckage zu Ausfällen der Dichtsysteme. Ausfallursache war in allen Fällen eine starke Ölkohlebildung an den Dichtkanten, sodass der Dichtmechanismus nicht mehr wirkt (Abb. 11)

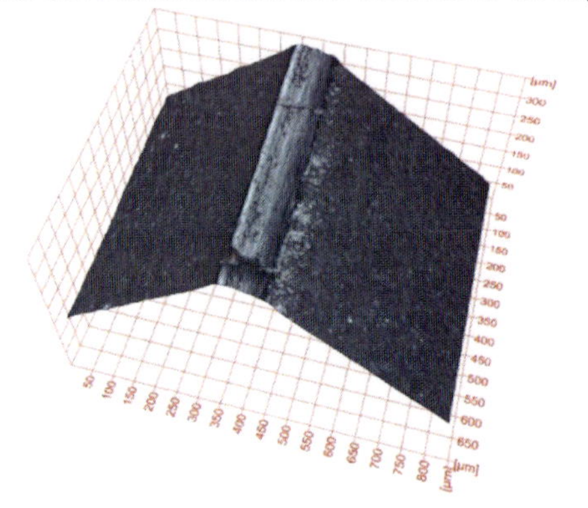

Abb. 11: Dichtkantenbild eines FPM-RWDR mit Ölkohle bei Chromoxid-Welle nach den 72-Stunden Funktionsuntersuchungen (K142)

Die gemessenen Temperaturen an der Dichtkante und die Reibmomente der keramischen Beschichtung lagen deutlich über denen des Referenzsystems. Die hohe Temperatur an der Dichtkante hat den Schmierstoff im Dichtspalt thermisch geschädigt, die Ölkohlebildung gefördert und zum Ausfall der Systeme geführt.

Darüber hinaus wurden zudem noch hochgeschwindigkeitsflammgespritzte (HVOF) Chromoxid-Schichten untersucht. Diese Beschichtung weist im Vergleich zu den Plasmagespritzten Chromoxid-Schichten eine geringe Porigkeit, wie in Abb. 12 zu sehen ist, auf.

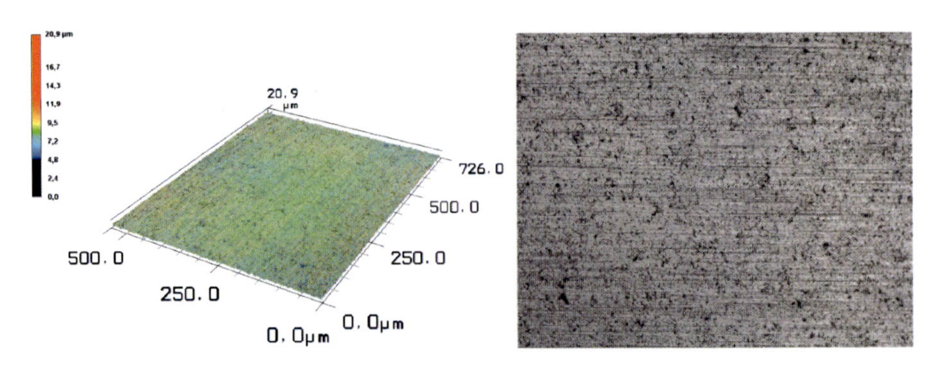

Abb. 12: Oberflächenstruktur der Chromoxid HVOF Schicht

Die Oberfläche ist mit bis zu 2000 HV 0,3 noch härter. Bei den untersuchten Dichtsystemen trat bis auf eine Ausnahme keine Leckage während der 72-Stunden Funktionsuntersuchungen auf. Auch bei den HVOF-Chromoxid-Wellen war die gemessene Dichtspalttemperatur aufgrund der schlechten Wärmeableitung der Schicht sehr hoch. Bei der Betrachtung der Dichtkanten konnte festgestellt werden, dass der Schmierstoff im Dichtspalt ebenfalls geschädigt wurde und sich Ölkohle an der Dichtkante abgelagert hat. In den 240-Stunden Dauerlaufuntersuchungen fielen alle Dichtsysteme innerhalb der ersten Tage aus. Bei einer Halbierung der Maximaldrehzahl auf 2500 1/min kam es zu keiner Leckage. Die Dichtkanten zeigen üblichen abrasiven Verschleiß auf mit lokalen Verfärbungen. Auf den Dichtkanten bildete sich keine Ölkohle.
Fazit: Auf Chromoxid-Schichten kann bei den Standard-Versuchsparametern mit Radial-Wellendichtringen nicht abgedichtet werden. Gründe dafür sind die schlechte Wärmeleitfähigkeit und die Schädigung des Schmierstoffes und der daraus resultierenden Ablagerung von Ölkohle an der Dichtkante. Eine Reduzierung der Drehzahl wirkt sich positiv auf die Dichtwirkung aus. Mit der keramischen Schicht kann ein bei manchen Anwendungsfällen unerwünschter Wärmeeintrag vom Dichtspalt in das Bauteil reduziert werden.

4.13 Aluminiumoxid-Titandioxid

Die Aluminiumoxid-Titandioxid-Beschichtungen werden meist zur thermischen und elektrischen Isolation eingesetzt. Im Vergleich zu reinen Aluminiumoxidschichten sind diese Schichten aufgrund des Titandioxid-Anteils zäher und bruchfester. Die Oberfläche weist bei den Aluminiumoxid-Titandioxid-Schichten einen höheren Porenanteil im Vergleich zu den Chromoxidschichten auf, wie in Abb. 13 gut zu erkennen ist.

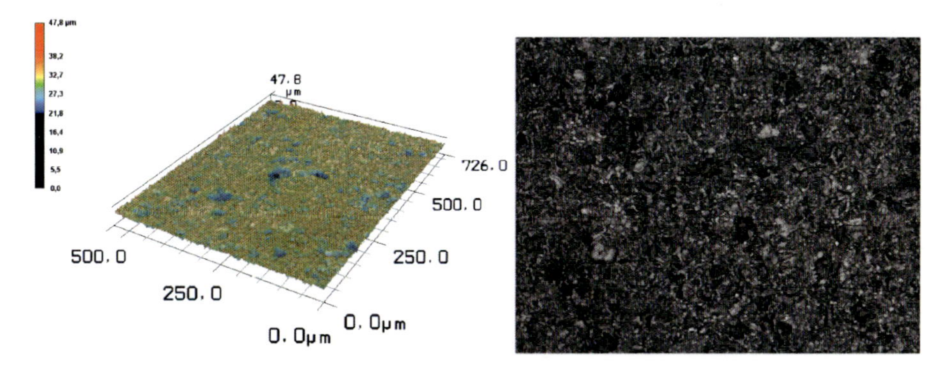

Abb. 13: Oberflächenstruktur der Aluminiumoxid-Titandioxid-Schicht

Während den 72-Stunden Funktionsuntersuchungen sind bereits mehrere der untersuchten Dichtsysteme ausgefallen. Die gemessene Temperaturüberhöhung an der Dichtkante ist doppelt so hoch wie beim Referenzsystem. Dies bedeutet eine sehr hohe Temperaturbelastung für die Dichtkante und das gesamte Dichtsystem. Die gemessenen Reibmomente hingegen liegen nur leicht über den Werten des Referenzsystems. Die hohe Dichtspalttemperatur resultiert daher aus der schlechten Wärmelableitung aus dem Dichtspalt. Die Dichtkanten der RWDR sind allesamt thermisch geschädigt mit starker Ablagerung von Ölkohle, wie in Abb. 14 links zu erkennen ist. In den 240-Stunden Dauerlaufuntersuchungen wurde daher die Maximaldrehzahl ebenfalls reduziert. Mit reduzierter Maximaldrehzahl waren alle untersuchten Dichtsysteme über die gesamte Versuchslaufzeit dicht. Die Dichtkanten weisen abrasiven Verschleiß mit leichter Dunkelfärbung auf (Abb.14 rechts). Auf der Wellenoberfläche lässt sich die Laufspur nur erahnen. Messtechnisch konnte sie ebenfalls nicht erfasst werden.

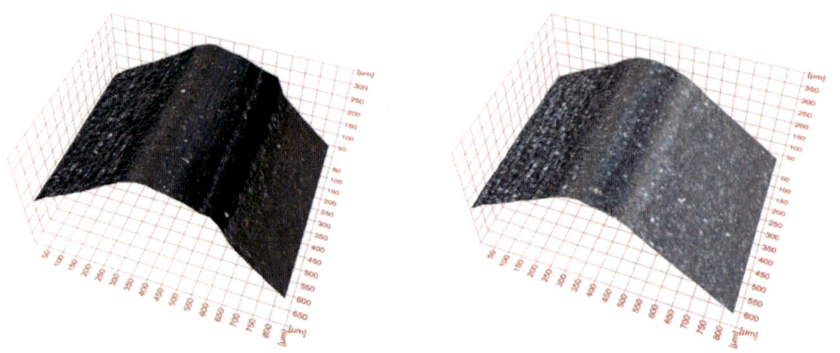

Abb. 14: Dichtkantenbild eines FPM-RWDR mit Ölkohlebildung bei Maximaldrehzahl (K437) (links) und bei reduzierter Drehzahl (K457) (rechts) bei einer Aluminiumoxid-Titandioxid-Welle

4.14 Chromcarbid-Nickel Chrom und Wolframcarbid

Hartmetallschichten aus Chromcarbid-Nickel-Chrom und Wolframcarbid mit Cobalt-Chrom werden beide im Hochgeschwindigkeits-Flammspritzen beschichtet. Sie werden vorwiegend dort eingesetzt, wo harte Verschleißschutzschichten, die beständig gegen Abrasion und Erosion sind, gefordert werden. Bei den Prüfstandsuntersuchungen zeigte sich dasselbe Bild. Bei den 72-Stunden Funktionsuntersuchungen fielen die Dichtsysteme aufgrund der zu hohen Temperaturbelastung und der thermischen Schädigung des Schmierstoffes aus. An den Dichtkanten hat sich Ölkohle abgelagert, sodass der dynamische Dichtmechanismus nicht mehr wirken konnte. Bei reduzierter Drehzahl waren alle untersuchten Dichtsysteme leckagefrei, an den Dichtkanten hat sich nur im geringen Maße Ölkohle gebildet.

Fazit: Die untersuchten Hartmetallschichten aus Chromcarbid und Wolframcarbid eignen sich als Verschleiß- und Korrosionsschutzschicht für Wellenlaufflächen, die mit FPM-RWDR abgedichtet werden. Gegenüber dem Referenzsystem mit der Stahlwelle sollten allerdings die Maximaldrehzahlen reduziert werden. Bei Dichtsystemen mit Schmutzbeaufschlagung und ungünstigen Umgebungsbedingungen bieten die hartmetallbeschichteten Wellen einen guten Verschleißschutz und deutlich längere Standzeiten.

5 Zusammenfassung

Bei den Untersuchungen der verschiedenen Wellenwerkstoffe sind im Wesentlichen zwei Hauptschädigungsmechanismen aufgetreten. Es kam es zu einem verstärkten Verschleiß der Wellenoberfläche und zu thermischer Schädigung des Schmierstoffes und dadurch zur Schädigung der Dichtkanten. Die Dichtsysteme mit den Wellen aus Edelstahl oder Titan sind aufgrund zu hoher thermischer Belastung im Dichtkontakt ausgefallen. Durch die hohe thermische Belastung, aufgrund schlechter Wärmeableitung wurde das Öl im Dichtkontakt geschädigt und es hat sich Ölkohle gebildet, die sich an der Dichtkante abgelagert hat. Der dynamische Dichtmechanismus wurde durch die Ablagerung gestört und Leckage hat zum Ausfall des Dichtsystems geführt. Die Wellen der Aluminiumlegierungen, Messing und Nickelbronze weisen eine zu geringe Verschleißbeständigkeit auf, sodass bei den Untersuchungen das Dichtsystem aufgrund zu starkem Welleneinlauf ausgefallen ist. Bei den Kunststoffwellen haben sich die gewählten Prüfbedingungen, verbunden mit der extrem geringen Wärmeleitfähigkeit, als nicht abdichtbar erwiesen. Die Keramikwellen stellen dagegen eine gute Alternative zu den gehärteten im Einstich geschliffenen Wellen dar, wenn eine Korrosions- und Verschleißbeständigkeit gefordert wird.

Bei den untersuchten Beschichtungen kamen zwei unterschiedliche Arten zum Einsatz. Die Schichten mit einer Schichtdicke im µm-Bereich bilden die Grundstruktur der Grundwelle ab. Die thermischen Spritzschichten hingegen haben eine Dicke bis zu 0,3 mm. Diese bilden eine neue Oberflächenstruktur aus, die durch das Schleifen der gespritzten Oberfläche bestimmt wird. Die Hauptausfallursache bei den Dichtsystemen mit beschichteter Welle und FKM-Radial-Wellendichtringen war die thermische Schädigung des Schmierstoffes im Dichtspalt, die daraus resultierende Ablagerung von Ölkohle an der Dichtkante, welche den dynamischen Dichtmechanismus des RWDR zerstört hat. Ein Grund für die thermische Schädigung ist in den Wärmeleitfähigkeiten der beschichteten Wellenoberflächen zu suchen. Im Vergleich zu den Untersuchungen der verschiedenen Wellenwerkstoffe sind die Wärmeleitfähigkeiten der Beschichtungen meist nicht bekannt. Manche Beschichtungen leiten die entstehende Reibungswärme schlechter aus der Dichtzone ab. Dies führt zu den hohen Temperaturen an der Dichtkante. Zudem ist auch der Einfluss der Schichtdicken auf die Wärmeableitung aus dem Dichtspalt eine unbekannte Größe. Die höheren Reibmomente der beschichteten Wellen im Vergleich zum Referenzsystem, bewirken zudem Temperaturüberhöhungen im Dichtspalt.

Eine weitere Schädigung, die allerdings nur an den Oberflächen der Wellen mit Zinkbeschichtung auftrat, ist starker Verschleiß der Beschichtung. Hier wurde die Beschichtung innerhalb kürzester Zeit bis zum Substratmaterial abgerieben. Dadurch erfüllt die Beschichtung nicht mehr ihre Funktion.

6 Fazit

Das Abdichten mit Radial-Wellendichtringen aus Elastomer ist auf gehärten Wellen aus Stahl sehr gut beherrschbar. Sobald jedoch ein anderer Werkstoff oder eine Beschichtung als Gegenlauffläche verwendet werden soll, gestaltet sich die Abdichtung aus den unterschiedlichsten Gründen schwierig. Bei der Verwendung dieser Werkstoffe und Be-

schichtungen müssen die Betriebsbedingungen genau analysiert und die Einsatzgrenzen gegebenenfalls reduziert werden.
Die verschiedenen Beschichtungen haben im Korrosionsschutz große Vorteile im Vergleich zu den Stahlwellen. Speziell die thermischen Spritzschichten eigen sich zusätzlich besonders für die Anwendung bei Dichtsystemen mit Schmutzbeaufschlagung und ungünstigen Umgebungsbedingungen aufgrund ihrer harten Schicht, die zudem oft eine gute Gleiteigenschaften aufweisen.
Für den Einsatz verschiedener Werkstoffe und Beschichtungen als Gegenlauffläche im Dichtsystem Radial-Wellendichtung gibt es wenig frei zugängliche Informationen. Daher muss in Testläufen untersucht werden, ob ein bestimmter Werkstoff für die vorhandenen Betriebsbedingungen einsetzbar ist.

Die Arbeiten wurden aus Mitteln des Bundesministeriums für Wirtschaft und Technologie (BMWi) über die Arbeitsgemeinschaft industrieller Forschungsvereinigungen „Otto von Guericke" e.V. (AiF) unter der IGF-Nr. 15367 N gefördert. [1]

7 Literaturhinweise

[1] Schmuker, S.; Haas, W.: Abschlussbericht Innovative Werkstoffe. FKM-Forschungsheft Nr.283 (IGF-Nr. 15367 N). 2010.

[2] Fehrenbacher, C.: Funktionsverhalten innovativer Wellenwerkstoffe im Dichtsystem Radial-Wellendichtung. Studienarbeit. Institut für Maschinenelemente Universität Stuttgart. 2009.

[3] Gindele, C.: Funktionsverhalten innovativer Wellenwerkstoffe und Beschichtungen bei Dauerbeanspruchung im Dichtsystem Radial-Wellendichtung. Studienarbeit. Institut für Maschinenelemente Universität Stuttgart. 2010.

[4] VDI 2840: Kohlenstoffschichten – Grundlagen, Schichttypen und Eigenschaften; 11/2005

[5] DIN 4760: Gestaltabweichungen: Begriffe, Ordnungssystem; 6/1982

[6] MBN 31007-7: Oberflächenbeschaffenheit – Mess- und Auswerteverfahren zur Bewertung von drallreduzierten dynamischen Dichtflächen, Werksnorm Mercedes-Benz, 2008

[7] Baitinger, G.; Haas, W.: Drallmessung mittels Mikrostrukturanalyse. 16th ISC, Stuttgart, 12.-13. Oktober 2010; VDMA Fluidtechnik. Ebelsbach: Leithner Media Production, 2010, S. 341-350, ISBN 978-3-00-032523-6.

Compression gland packings used as the gaskets in the bolted flanges

Marek Gawliński, Grzegorz Romanik
Wroclaw University of Technology, Wroclaw, Poland

Abstract

The paper presents results of comparative tests of compression gland packings and ordinary gaskets made of Pyro-Tex material. It has been found that compression gland packings made of special fibres basing on the steel ribbons give the same leakage rate as gaskets subjected to higher gas pressure.

1. Introduction

The compression gland packings are regarded to be the most universal seals; they can be used as the rotary seals, reciprocating and stationary ones. A behaviour of compression gland packings in the stuffing boxes of both pumps and valves is quite well known, the same can be said about the operation of the gland packings at the reciprocating motion of the piston or the rod. However, there is very little known about the application of compression gland packings as the static seals. An European regulations claim for the tightness level of the order $0{,}01 \leq q \leq 0{,}1$ mg/m· s for the bolted flanges. This small leakage is a challenge for the compression gland packings especially when seal the gases.

2. Compression gland packings as the gaskets

There were two types of compression gland packings tested as the gaskets:

- ☐ Pyro-Tex carbon fibre reinforced graphite foil JS, and
- ☐ Pyro-Tex metal ribbon reinforced graphite foil HP JS

This latter is braided from the special fibres (**fig.1**) which are steel ribbons covered with the exfoliated graphite. This is the rectangular gland with dimensions 5x10 mm.

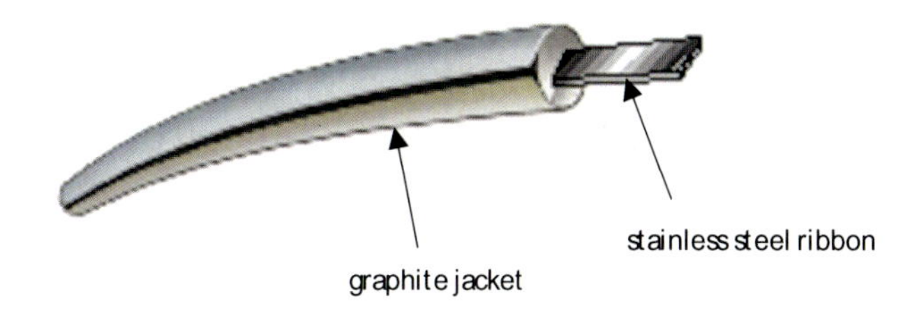

Fig.1. Structure of the Pyro-Tex fibre.

The unbraided end of the gland has been shown in **fig.2**, one can notice particular fibres which are nothing else as the steel foil ribbon covered with the expanded graphite.

Fig.2. Unbraided fibres of the cord Pyro-Tex metal ribbon reinforfed

It is of prime importance to join the ends of the gland in such a manner that the leakage will be minimal. Seal maker recommends the following method of the ends chamfering (**fig.3**).

The authors of the paper chose a little bit simpler method of the ends joining (fig.3 b); it is a butt face joint.

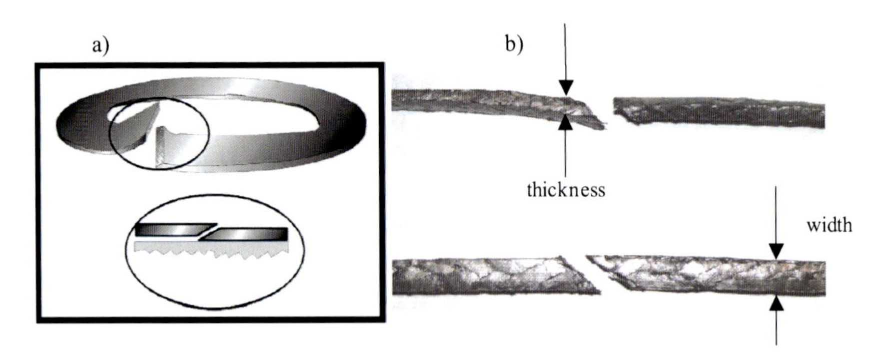

Fig.3. The joint of the gland ends, a) producer recommendation, b) cut ends to be applied in tests

The gland was formed into circle on the flange surface and the ends were connected (**fig.4**).
The ring was centered and the flange was assembled with the aid of the 8 bolts. One can find that due to compression there is significant change of the gasket dimensions. The gasket thickness decreased from 5 mm into 2 mm while the width increased (internal diameter decreased and external diameter increased - fig.4b).

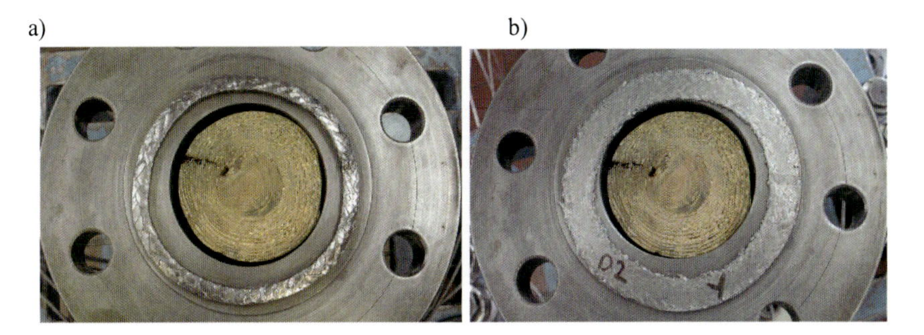

Fig.4. Pyro-Tex carbon fibre reinforced graphite foil, a) before, b) after the tests

Big compressibility of that type of the gasket seems to be positive feature since it witness susceptibility of the material, moreover, increase of the gasket width may enhance the tightness level.

3. Tightness evaluation

The leakage tests were performed according with the ASTM F586-79 standard. **Fig.5** presents the diagrams showing the relation between the leakage and "m" and "y" coefficients for Pyro-Tex carbon fibre reinforced rectangle #5 material.

a)

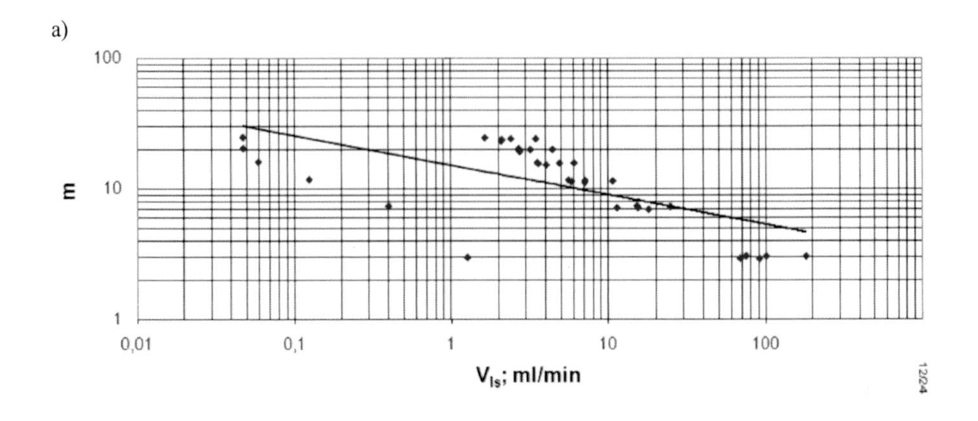

b)

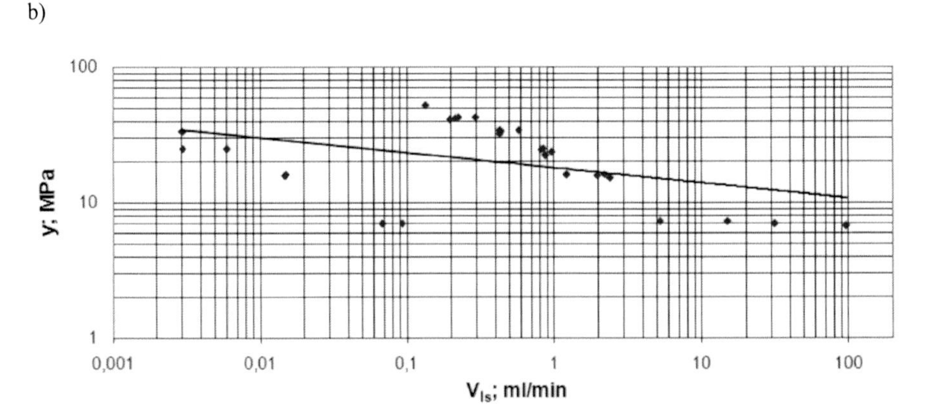

Fig.5. Dependence leakage versus ASTM coefficients a) depending on "m" coefficient, b) depending on "y" coefficient

To get the leakage on the level of 0,1 ml/min one should exert the load on the gasket leading to m≈ 26 and y≈ 23 MPa. These are relatively high values.
Examination of Pyro-Tex metal ribbon reinforced (304 SS #5) revealed that "m" and "y" values considerably decreased at the same leakage of 0,1 ml/min: m≈ 10 and y≈ 19 MPa (**fig.6**).

The latter material appears to be more tough than the former material. There is also smaller scatter of results, especially, during determination of "m" coefficient. Metal ribbon decreases permeability of that gland. To get the same leakage Pyro-Tex carbon fibre reinforced must be three times more loaded.

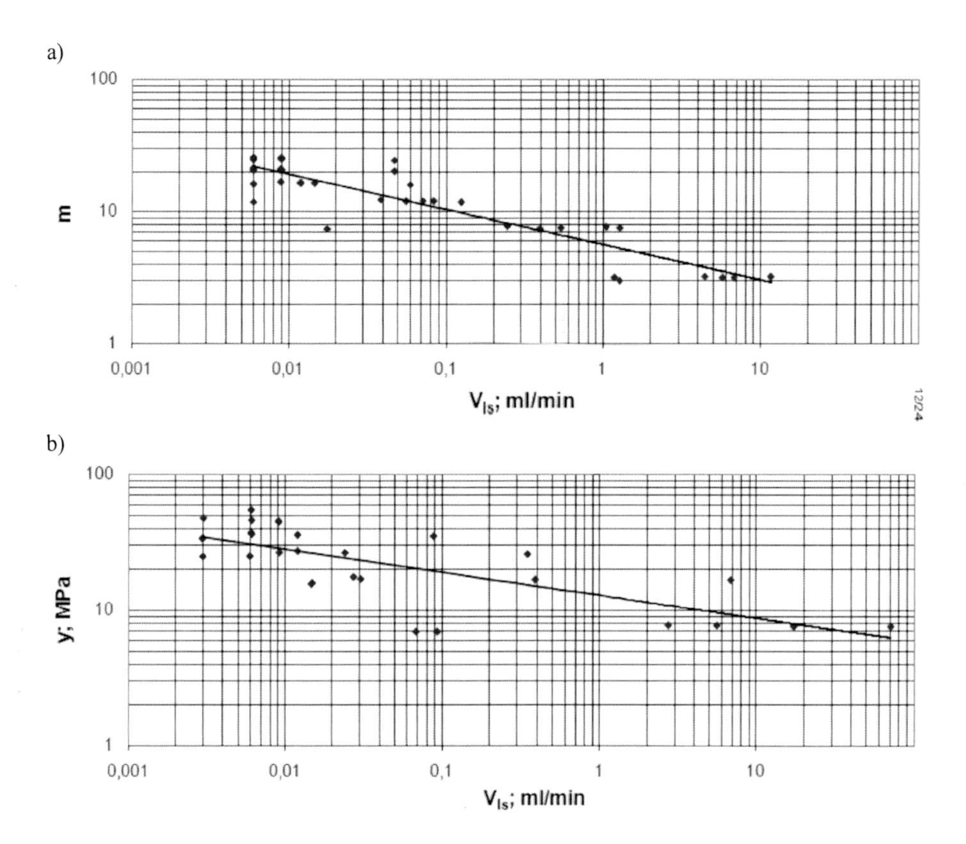

Fig.6. Dependence leakage versus ASTM coefficients a) depending on "m" coefficient, b) depending on "y" coefficient

4. Compression of typical gasket made of Pyro-tex material

The Pyro-Tex material resembles a fabric; it is woven alternately like material for dresses. However, fibres are made of steel foil ribbon covered with expanded graphite. The same tests revealed the following results (**fig.7**); they were found for the gaskets with the following dimensions: 153x113x2 mm.
The gasket dimensions were similar except for thickness and, to some extent, except for width. The leakage versus "y" coefficient is very similar with that for compression gland packing metal reinforced. It means that these two materials generate the same flow resistance at low gas pressure (~2 bars). There is essential difference if one compares the "m" value; for the Pyro-Tex seal cut of sheet of thickness 1,85 mm the "m" value eaquals m = 4 at the leakage of q = 0,1 ml/min. This difference is a consequence of different gaskets thicknesses and the structure of materials.

a)

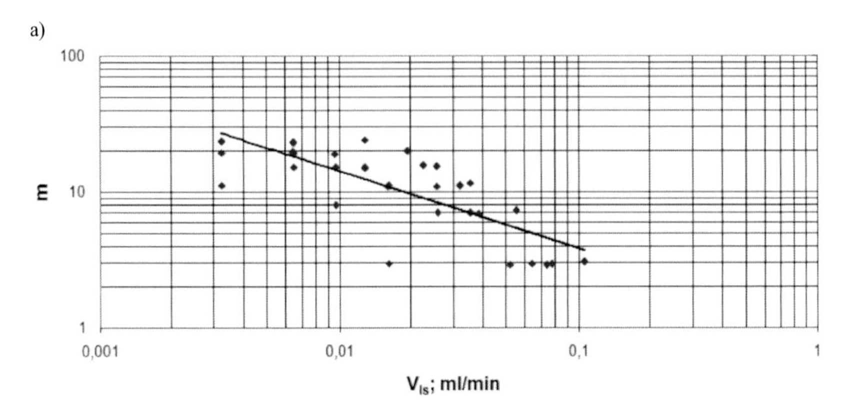

b)

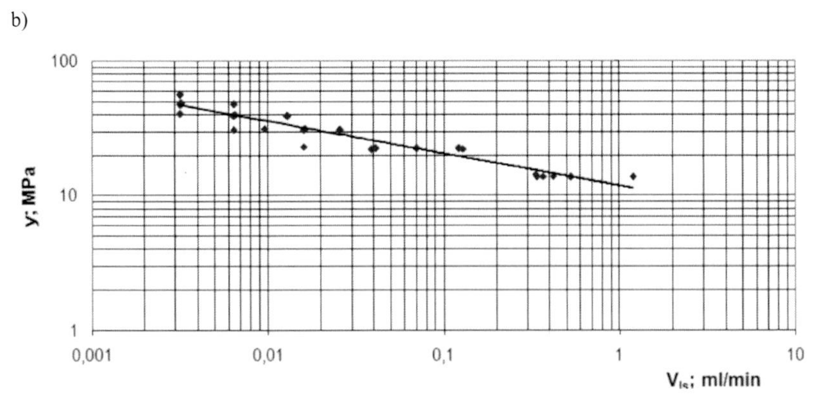

Fig.7. Dependence leakage versus ASTM coefficients a) depending on "m" coefficient, b) depending on "y" coefficient

5. Conclusions

Compression gland packings made of braided carbon fibers or metal reinforced graphite foil can be used as the gaskets in the conditions of higher contact pressure, when compared to the original gaskets made of Pyro-Tex material. The structure of the compression gland packing seems to be responsible for higher leakage at the same loading.

Acknowledgement

Authors would like to express thanks to Slade Company for permission to publish this paper.

VDI 2290 und die Flanschmontage in der chemischen Industrie

Dipl.-Ing (TH) Anne Christine Bern, IGR e.V.
Dr. Manuel Scholz, TÜV Süd Chemie Service GmbH

1 Forderungen der VDI 2290 zur Flanschmontage

Der Entwurf der VDI-Richtlinie 2290 " Emissionsminderung; Kennwerte für dichte Flanschverbindungen" fordert von metallischen Flanschverbindungen für flüssige und gasförmige TA Luft Medien mindestens die Dichtheitsklasse L0,01 (entspricht einer spezifischen Leckagerate ≤ 0,01 mg·s–1·m–1 für das Prüfmedium Helium).
Um die Dichtheit im bestimmungsgemäßen Betrieb gewährleisten zu können, fordert die Richtlinie eine qualifizierte Montage durch sachkundiges Personal mit vorgegebenen Anzugsmomenten sowie ein Qualitätssicherungsverfahren des Betreibers und/oder Dienstleisters, das eine unabhängige Stichprobenprüfung der montierten Flanschverbindungen gewährleistet.

2 Inhalte des Leitfadens

Einführung

Um diese Vorgaben einzuhalten, haben sich bereits während der Bearbeitung der VDI-Richtlinie interessierte Betreiber von chemischen Prozessanlagen verständigt, diese Herausforderung gemeinsam anzunehmen. So wurde innerhalb eines Zeitraums von 2 Jahren ein Leitfaden zur Montage von Flanschverbindung und deren Qualitätssicherung erarbeiten.

Erstmalig werden Flanschverbindungen in sogenannte Montageklassen gruppiert. Von der Montageklasse hängen die Maßnahmen zur Qualitätssicherung, also der Aufwand für die Prüfung ab.

Weiterhin wird ein alternatives Anzugsverfahren beschrieben und für in der chemischen Industrie gängige Dichtungen wurden unter Anderem abhängig von der Gewindegröße Anzugsmomente nach EN 1591-1 und Prüfmomente ermittelt.

Zur Absicherung der Erreichbarkeit der erforderlichen Anzugsmomente hat der TÜV Süd Chemie Service Versuche durchgeführt. Dabei wurde festgestellt, dass die aufzubringenden Anzugsmomente bei M 16 und M 20 mit normgerechten und handelsüblichen Montagewerkzeugen nicht ohne weiteres sicher erreicht werden. Daher wird zum Aufbringen der erforderlichen Anzugsmomente von Hand die Verwendung von Werkzeugen mit definierten Hebelarmlängen empfohlen.

Das Projekt wurde vom VCI begleitet.

Im Anhang ist der Leitfaden mit den Anhängen A und B (Stand 30. Juni 2011) wiedergegeben.

3 Zusammenfassung und Ausblick

Mit der neuen VDI 2290 kommen erhöhte Anforderungen auf Betreiber von chemischen Prozessanlagen zu. Wird bei der Montage von Flanschverbindungen vorgegangen, wie es in dem Dokument beschrieben ist, werden diese Anforderungen in Bezug auf das Managementsystem und die einzuhaltende Dichtheitsklasse als erfüllt betrachtet.

Es ist vorgesehen, die in diesem Dokument ermittelten Anzugsmomente von einer unabhängigen Stelle validieren zu lassen.

Bei Ausbildungsberufen, bei denen die Montage von Flanschverbindungen Bestandteil der Ausbildung ist, z. B. Industriemechaniker/-in Einsatzgebiet Instandhaltung oder Maschinen- und Anlagenbau, Produktionsfachkraft Chemie ist angestrebt, die Ausbildungsinhalte so anzupassen, dass die Anforderungen aus der VDI 2290 an das Personal erfüllt sind und es keiner weiteren Qualifikation bedarf.

Anhang

Leitfaden zur Montage von Flanschverbindungen in verfahrenstechnischen Anlagen

Anhang A Kurzanweisung für das Montagepersonal

Anhang B Dokumentation zur Prüfung der Flanschverbindung

Leitfaden zur Montage von Flanschverbindungen in verfahrenstechnischen Anlagen

Dieses Dokument wurde von den Firmen

BASF SE
Bayer Technology Services GmbH
Dow Olefinverbund GmbH
Evonik Degussa GmbH
FH Münster
IBM Deutschland GmbH
IGR e.V. Mitgliedsfirmen (BIS TSG Industrieservice, Clariant, Vinnolit, TÜV Süd Chemie Service)
Merck KGaA
TU Dortmund
Wacker-Chemie AG

unter Federführung der IGR e.V. KC MVT gemeinsam erarbeitet.
Das Dokument kann unverändert oder angepasst an das eigene Layout der beteiligen Firmen als interner Standard übernommen werden.

Inhalt

Zu diesem Dokument gehören die Anhänge A bis C.

1 Anwendungsbereich

Dieses Dokument ist anzuwenden bei der Montage und Demontage von metallischen Flanschverbindungen an Rohrleitungen z.B. nach DIN EN 13480 und Apparaten in verfahrenstechnischen Anlagen.

Für die Flanschmontage an Maschinen z.B. Pumpen, Verdichter und Apparate (z. B. ausgelegt nach DIN EN 13445) können weitere Anforderungen gelten.

Mit der Anwendung dieses Dokuments sind die Anforderungen der VDI 2290 (z. Z. Entwurf) in Bezug auf das Managementsystem und die einzuhaltende Dichtheitsklasse erfüllt.

Das Dokument gilt für die Flanschmontage bei Umgebungstemperatur und im drucklosen Zustand.

Dieses Dokument gilt nicht für Flanschverbindungen an emaillierten Rohrleitungen, Glasrohrleitungen und Rohrleitungen aus Kunststoff und kunststoffausgekleidete Rohrleitungen.

Arbeitskreis der Chemischen Industrie	Ausgabe	~~27.06.11~~	30.06.11	erstellt: Bern	Fortsetzung
			~~12.05.11~~	geprüft: Dr. Wilming	Seite 2 bis 12

2 Normative Verweisungen

Die folgenden zitierten Dokumente sind für die Anwendung dieses Dokuments erforderlich. Bei datierten Verweisungen gilt nur die in Bezug genommene Ausgabe. Bei undatierten Verweisungen gilt die letzte Ausgabe des in Bezug genommenen Dokuments (einschließlich aller Änderungen).

BImSchG	Bundesimmissionsschutzgesetz
BetrSichV	Betriebssicherheitsverordnung
GefStoffV	Gefahrstoffverordnung
TA Luft	Erste Allgemeine Verwaltungsvorschrift zum Bundes-Immissionsschutzgesetz (Technische Anleitung zur Reinhaltung der Luft vom 24. Juli 2002)
DIN 78	Schraubenüberstände
DIN EN 1591-1	Flansche und ihre Verbindungen - Regeln für die Auslegung von Flanschverbindungen mit runden Flanschen und Dichtung - Teil 1: Berechnungsmethode
DIN EN 1092-1 (prEN 1092-1:2005)	Flansche und ihre Verbindungen - Runde Flansche für Rohre, Armaturen, Formstücke und Zubehörteile, nach PN bezeichnet - Teil 1: Stahlflansche; (Achtung: zurückgezogenes Dokument)
DIN EN 1092-1	Flansche und ihre Verbindungen - Runde Flansche für Rohre, Armaturen, Formstücke und Zubehörteile, nach PN bezeichnet - Teil 1: Stahlflansche; (Deutsche Fassung 2008-09)
DIN EN 13480-Reihe	Metallische industrielle Rohrleitungen
DIN EN 13445-Reihe	Unbefeuerte Druckbehälter
DIN EN 13555	Flansche und ihre Verbindungen – Dichtungskennwerte und Prüfverfahren für die Anwendung der Regeln für die Auslegung von Flanschverbindungen mit runden Flanschen und Dichtungen;
DIN EN ISO 7089	Flache Scheiben - Normale Reihe, Produktklasse A
DIN CEN/TS 1591-4	Flansche und ihre Verbindungen - Regeln für die Auslegung von Flanschverbindungen mit runden Flanschen und Dichtung - Teil 4: Qualifizierung der Kompetenz von Personal zur Montage von Schraubverbindungen im Geltungsbereich der Druckgeräterichtlinie
AD 2000-Merkblatt HP 100 R	Bauvorschriften; Rohrleitungen aus metallischen Werkstoffen
TRBS 2141 Teil 3	Gefährdung durch Dampf und Druck bei Freisetzung von Medien
VDI 2290 *Entwurf von Aug 2010*	Emissionsminderung - Kennwerte für dichte Flanschverbindungen
Anhang A	Leitfaden zur Montage von Flanschverbindungen; Kurzanweisung für das Montagepersonal
Anhang B	Leitfaden zur Montage von Flanschverbindungen; Dokumentation zur Prüfung der Flanschverbindung
Anhang C	Leitfaden zur Montage von Flanschverbindungen; Berechnungsgrundlagen für die ermittelten Anzugsmomente

3 Begriffe

Für die Anwendung dieses Dokuments gelten folgende Begriffe.

Unabhängige Person: Eine Person, die durch ihre Berufsausbildung, ihre Berufserfahrung und ihre zeitnahe berufliche Tätigkeit über die erforderlichen Fachkenntnisse zur Prüfung von Flanschverbindungen verfügt. Sie muss die erforderliche Zuverlässigkeit besitzen über geeignete Prüfeinrichtungen verfügen und darf hinsichtlich der Prüfergebnisse keinen Weisungen unterliegen. Sie kann sowohl Mitarbeiter des Betreibers oder des Montageunternehmens oder eines sonstigen Dienstleisters sein.

Dichtheitsklasse (nach DIN EN 13555): die Dichtheitsklassen sind in Tabelle 1 in Form von spezifischen Leckageraten festgelegt. Höhere Dichtheitsklassen können, falls erforderlich, durch Fortsetzen der Reihe zusätzlich angegeben werden.

Tabelle 1 — Dichtheitsklassen

Dichtheitsklasse	L1,0	L0,1	L0,01
spezifische Leckagerate [mg s^{-1} m^{-1}]	≤ 1,0	≤ 0,1	≤ 0,01

Die spezifische Leckagerate wird ermittelt, indem die gemessene Leckagerate durch das arithmetische Mittel aus dem inneren (d_S) und äußeren (D_S) Dichtungsumfang der verpressten Dichtungsfläche geteilt wird, $\pi/2$ (D_S + d_S).

4 Allgemeines

4.1 Technische Anforderungen

Eine Flanschverbindung besteht in der Regel aus den Komponenten Flansch, Schrauben, Muttern, Unterlegscheiben und Dichtung. Sie stellt ein System dar und hat zwei Funktionen:

1. Sie ist eine lösbare Verbindung zwischen Apparate-, Maschinen- oder Rohrleitungselementen.

2. Sie erfüllt je nach Aufgabenstellung bestimmte Dichtheitsanforderungen.

Zur Sicherstellung der Dichtheit der Flanschverbindung sind Qualitätssicherungsmaßnahmen zu ergreifen. Die Qualitätssicherungsmaßnahmen sind abhängig von der zugeordneten Montageklasse (siehe Tabelle 2). Die Montageklasse ist in einer Gefährdungsbeurteilung zu ermitteln.

4.2 Organisatorische Anforderungen

Betreiber und/oder Dienstleister haben innerhalb ihres internen zertifizierten Qualitätssicherungssystems die festgelegten Vorgehensweisen und die Qualitätssicherung zur Montage von Flanschverbindungen zu beschreiben (z.B. in Verfahrensanweisungen, internen Standards und Gefährdungsbeurteilungen).

Grundlegende organisatorische Anforderungen sind u. a.:

- Flanschverbindungen müssen grundsätzlich bestimmungsgerecht ausgelegt und berechnet werden (bei Rohrleitungen zum Beispiel durch Verwendung von Rohrklassen).
- Es dürfen nur die bei der Auslegung zugrunde gelegten Komponenten (Flansche, Schrauben, Muttern, Dichtungen) verbaut werden z. B. gemäß Rohrleitungsspezifikation (Rohrklassen), Behälterdokumentation.
- Bei besonderen Anforderungen, z.B. bei Medien, die Abschnitt 5.2.6 der TA Luft unterliegen, sind die Berechnungen der Flanschverbindungen nach DIN EN 1591-1 durchzuführen.
- Dem Montagepersonal ist das Anzugsverfahren (Abschnitt 5.6) und das Anzugsmoment bzw. die Vorspannkraft der Schrauben vorzugeben (Abschnitt 0).

4.3 Gefährdungsbeurteilung

In der Gefährdungsbeurteilung nach BetrSichV sind die zu erfüllenden Anforderungen an die Flanschverbindung aus Anlagensicherheit und Arbeits- und Gesundheitsschutz festzulegen. Dabei sind

- Auslegung,
- Montage,
- und Dokumentation der Montage

festzuschreiben.

Weiterhin sind die Anforderungen an den Umweltschutz (z. B. BImSchG, TA Luft) zu erfüllen.

Aus der Gefährdungsbeurteilung oder aus einer sicherheitstechnischen Bewertung ergibt sich, wie die Montage der Flanschverbindung durchzuführen und zu prüfen ist. Zu berücksichtigen sind zum Beispiel:

- Eigenschaften des Durchflussstoffes z. B. hinsichtlich der Einstufung nach GefStoffV oder TA-Luft;
- Betriebsbedingungen der Rohrleitung;
- Ist die Verwendung von Drehmomentschlüsseln oder der Einsatz eines anderen definierten Anzugs-/ Verspannverfahrens notwendig?

- In welchem Umfang werden die Anzugsmomente bzw. die Vorspannungen der Flanschverbindungen einer Stichprobenprüfung unterzogen?
- Müssen die Schrauben nach der ersten Warmfahrt nachgezogen werden?
- Welche Wartungs- und Inspektionsintervalle werden festgelegt (sind in der Betriebsanleitung der Rohrleitung festzulegen)?
- Ist bei einer Revision aufgrund der Betriebsbedingungen (Hochdruck, Hochtemperatur, Druckstöße) die Wiederverwendung benutzter Schrauben zulässig?
- Was ist bei der Demontage zu beachten? (s. a. Abschnitt 5.8)

Die Flanschverbindungen werden in verschiedene Montageklassen gruppiert. Von der Montageklasse hängen die Maßnahmen zur Qualitätssicherung (siehe Tabelle 7) ab. Daraus ergibt sich der Mindestaufwand für Prüfung und Dokumentation.

Tabelle 2 — Einstufung der Rohrleitung in Montageklassen

	Montageklasse		
Einstufung der Rohrleitung	**1**	**2**	**3**
BetrSichV, Abschnitt 3, Prüfpflicht durch befähigte Person		X	
BetrSichV, Abschnitt 3, Prüfpflicht durch ZÜS			X
TA Luft		X	
Sonstige Rohrleitungen	X		

4.4 Montagepersonal

Die Montage der Flanschverbindungen darf nur von qualifiziertem Personal durchgeführt werden. Der Betreiber der Anlage ist bei eigenem Personal verantwortlich für die Schulung und Unterweisung. Wird ein Dienstleister mit der Flanschmontage beauftragt, ist dieser verantwortlich für die Qualifikation seines Personals.

Die Qualifizierung von Personal für die Montage von Flanschverbindungen kann zum Beispiel in Anlehnung an DIN CEN/TS 1591-4 erfolgen. Dort heißt es:

- Ein entsprechender Ausbildungsabschnitt zur Flanschmontage in der beruflichen Ausbildung des Arbeits-/Fachpersonals mit qualifiziertem Abschluss sowie eine erfolgreiche regelmäßige Anwendung ist ein hinreichender Nachweis.
- Personal ohne entsprechende fachspezifische Ausbildung, das Flanschverbindungen montieren soll, ist durch Schulungsmaßnahmen Sachkunde und praktische Übung zu vermitteln. Dies ist zu dokumentieren.
- Der Dienstleister hat dem Betreiber auf Verlangen die Qualifikation und Identifikation seines Montagepersonals vorzulegen.

5 Montagevorgang

5.1 Oberflächenbeschaffenheit Flanschdichtflächen

Sind bei Flanschen die Flanschdichtflächen mit einer temporären Beschichtung zum Beispiel als Schutz vor Korrosion versehen, so ist diese vor der Montage zu entfernen (z. B. mit Reinigungsmittel, geeignete Drahtbürste).

Beim Austausch von Dichtungen muss darauf geachtet werden, dass die alte Dichtung vollständig von der Flanschdichtfläche entfernt wird, ohne dass die Flanschdichtfläche beschädigt wird.

5.2 Sichtprüfung vor der Montage

Es ist darauf zu achten, dass die Flanschdichtflächen sauber, unbeschädigt und eben sind. Insbesondere dürfen keine radial verlaufenden Oberflächenbeschädigungen wie Riefen oder Schlagstellen vorhanden sein. Im Zweifelsfall muss die Beschädigung von einem Sachkundigen vor Ort begutachtet und der Flansch ggf. ausgetauscht oder nachgearbeitet werden.

Schrauben, Muttern und Unterlegscheiben müssen sauber und unbeschädigt sein. Besonderes Augenmerk gilt dabei dem Gewinde und den Auflageflächen.

Bei Montagearbeiten ausgebaute Schrauben, Muttern und Unterlegscheiben sind entsprechend der Gefährdungsbeurteilung oder nach Prüfung bei Beschädigung durch neue zu ersetzen. Gebrauchte Schrauben, Muttern und Unterlegscheiben dürfen nur im "wie neuwertigen" Zustand wieder verbaut werden.

Die Dichtung muss sauber, unbeschädigt und trocken sein. Verwendung von Haftmitteln und Montagepasten sind für Dichtungen nicht zulässig. Gebrauchte Dichtungen dürfen nicht wiederverwendet werden. Insbesondere dürfen nie Dichtungen mit Knickstellen verwendet werden, da sie ein Sicherheitsrisiko darstellen.

Es ist sicherzustellen, dass dem Montagepersonal Dichtungen zur Verfügung gestellt werden, die frei sind von Fehlern und Mängeln, wie z.B. in Tabelle 3 beschrieben. Faser- und Elastomerdichtungen dürfen nicht überlagert sein, insbesondere keiner UV-Strahlung (Sonne) oder Wärme länger ausgesetzt werden. Die Herstellervorgaben sind einzuhalten.

Tabelle 3 — Typische Fehler und Mängel für eine Auswahl von Dichtungen

Dichtung	**Fehler / Mangel**
Grafitdichtung	Dichtung im Randbereich durch stumpfes Stanzwerkzeug umlaufend eingerissen Radial verlaufende Knickstellen über der Dichtung
Dichtung mit Innenbördel	Innenbördel nicht ausreichend angelegt Äußere Kante durch stumpfes Schneid- oder Stanzwerkzeug aufgewulstet
PTFE-Hüllendichtung mit Wellringeinlage	Wellring: Innendurchmesser zu groß, nicht entgratet Wellenauslauf nicht mittig Wellring aufgerissen Wellring deformiert, nicht plan Risse im Bereich der Diffusionssperre PTFE-Hülle deformiert
Spiraldichtung	Ungleichmäßiger Weichstoffüberstand auf beiden Seiten Radiale Riefen
Kammprofildichtung	Radiale Riefen

Seite 6 Leitfaden zur Montage von Flanschverbindungen in verfahrenstechnischen Anlagen

5.3 Schmierung und Schmierstoffe

Zur Minimierung der Reibkräfte sind die Gleitflächen der Schrauben, Muttern und Unterlegscheiben vor dem Anziehen mit geeigneten Schmierstoffe zu behandeln[1]. Optimale Schmierung ist dann gegeben, wenn alle Gleitflächen wie das Gewinde, die Mutterauflagefläche und ggf. bei bewegtem Schraubenkopf auch die Kopfauflagefläche geschmiert werden (siehe Bild 1). Nur so kann bei vorgeschriebenem Anzugsmoment die erforderliche Schraubenvorspannkraft erreicht werden und ist nach Temperaturbelastung ein problemloses Lösen der Schraubenverbindungen möglich.

Alle Schmierstoffe sollen grundsätzlich nur als Dünnfilm aber flächendeckend aufgetragen werden. Überschmieren bringt keine Vorteile, auch nicht hinsichtlich der Reibwertreduzierung. Das Auftragen kann mit einem mittelharten, nichthaarenden Pinsel oder einem Schwamm erfolgen.

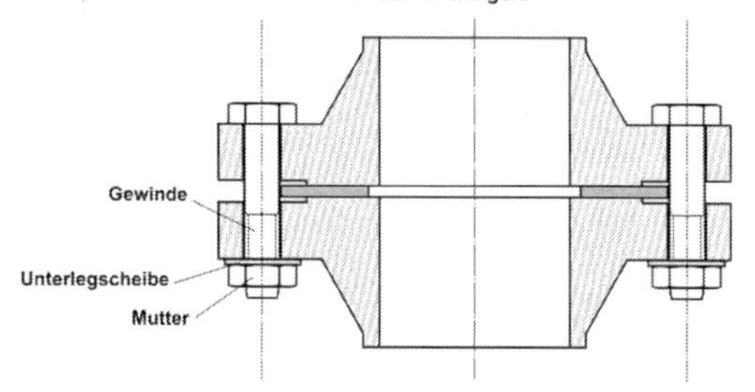

Bild 1 — Zu schmierende Elemente bei einer Flanschverbindung

Unterliegen die Schrauben Betriebstemperaturen von > 250°C, so sind hitzebeständige Schmierstoffe zu verwenden Tabelle 4 liefert eine beispielhafte Übersicht über gängige Schmierstoffe. Die Liste ist nicht als abschließend zu verstehen.

Tabelle 4 — Beispiele für Schmierstoffe verschiedener Hersteller

Schmierstoffe	Firma	Temp. [°C][a]
Klüberpaste HEL 46-450[d]	Klüber Lubrication München KG	-40 bis +1000
Molykote 1000[d]	Dow Corning GmbH	-30 bis +650
High-Tech-Paste ASW 040 P[d]	PH Industrie-Hydraulik GmbH & Co. KG	-40 bis +1400
Chesterton-Gleitpaste 78[d]	A. W. Chesterton Co	-23 bis +538
Wolfrakote Top-Paste	Klüber Lubrication München KG	-25 bis +1000
725 NICKEL ANTI-SEIZE COMPOUND[d]	A. W. Chesterton Co	bis 1425
Mi-Setral – 9C Schraubenpaste (Kupferpaste)[d]	Setral Chemie GmbH	bis 1180
Für Sauerstoffanwendungen		
Oxigenoex FF450	Klüber Lubrication München KG	-60 bis +60[b]
Klüberalfa YV 93-302, 60 g	Klüber Lubrication München KG	-60 bis + 60[c]

a Angaben über Temperatureinsatzbereich gemäß Hersteller
b O_2-Gehalt > 21 Vol.%, max. Sauerstoffdruck 450 bar
c O_2-Gehalt > 21 Vol.%, max. Sauerstoffdruck 310 bar (für andere Sauerstoffkonzentrationen und –drücke: siehe Datenblatt)
d auch für Austenite geeignet

[1] Es wurde durch Montageversuche ermittelt, dass sich die Schraubenkräfte bei gleichem Drehmoment bis zum Faktor 3 im Vergleich zum ungeschmierten Zustand erhöhen lassen, wenn die Schrauben und Muttern vor der Montage optimal geschmiert werden.

5.4 Einbau und Zentrierung der Dichtung

Die richtige Montage von Flanschverbindungen setzt parallel fluchtende Flanschblätter ohne Mittenversatz voraus, die ein positionsgerechtes Einbringen der Dichtung ohne Beschädigung erlauben. Insbesondere bei Dehnschaftschrauben sollten Zentrierbolzen als Montagehilfe verwendet werden.

Die Dichtflächen sind soweit auseinander zu drücken, dass die Dichtung ohne Kraftaufwand und unbeschädigt eingebracht werden kann.

Die Klaffung (Nichtparallelität der Dichtflächen) vor Anzug der Schrauben sind als unbedenklich anzusehen, wenn die zulässige Klaffung nach Bild 2 nicht überschritten wird. Die Klaffung ist von der geklafften Seite (a) aus zu beseitigen.

Besondere Bedeutung hat die Klaffung bei sehr starren Rohrleitungen (z. B. beheizte / gekühlte Mantelleitungen, dickwandigen Hochdruckrohrleitungen), da sich diese Klaffungen erfahrungsgemäß kaum oder gar nicht beiziehen lassen. Im Zweifelsfall sind die Flansche ohne Einlegen einer Dichtung versuchsweise durch Anziehen der Schrauben beizuziehen, dabei sollte eine Parallelität und der Dichtflächenabstand mit ca. 10% des Nenndrehmomentes erreicht werden. Die Klaffung ist unzulässig, wenn die Flanschposition nicht ohne Anwendung schwerer Mittel wie Kettenzüge, Greifzüge oder ähnliches erreicht werden kann. Sollte dies nicht möglich sein, muss die Klaffung vor Montage der Dichtung durch Richten oder bei Bedarf durch Abtrennung und Neuverschweißung der Flansche beseitigt werden.

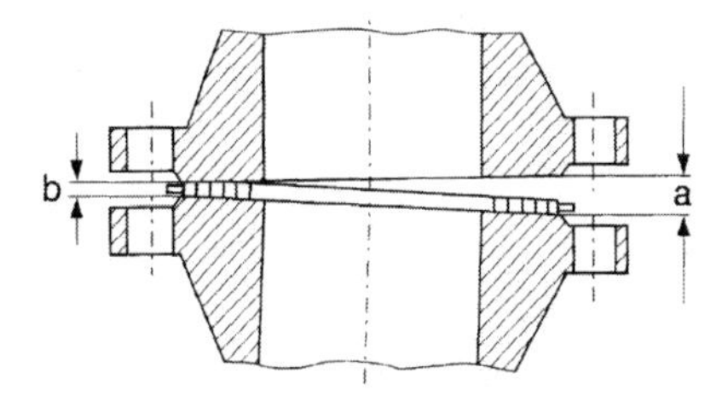

DN	a – b [mm]
10 – 25	0,4
32 – 150	0,6
200 – 300	0,8
350 – 500	1,0

Bild 2 — Klaffung von Flanschen und Richtwerte für zulässige Klaffung = a – b

5.5 Aufbringen der erforderlichen Anzugsmomente

Um die Dichtheitsklasse von L 0,01 zu erreichen, wurden nach DIN EN 1591-1 die Anzugsmomente gemäß Tabelle 5 ermittelt. Die wesentlichen Randbedingungen sind in Anhang C dieses Dokuments zusammengestellt. Einzelfallberechnungen können zu anderen Anzugsmomenten führen.

Zur Vereinfachung wurde für eine Gruppe von Dichtungen, Nennweiten und PN-Stufen die Berechnung der Anzugsmomente so optimiert, dass für eine Schraubengröße in Abhängigkeit der Dichtungsgruppe nur ein Anzugsmoment vorgegeben werden kann.

Dichtungsgruppe A

Flachdichtung: PN 10 – PN 25 (ohne Innenbördel)

PN 40 (mit Innenbördel)

Wellringdichtungen sind hiermit abgedeckt.

Dichtungsgruppe B

Nut und Feder: PN 10 – PN 40
(mit Faser- und Grafit-Spießblechdichtungen)

Kammprofildichtung: PN 10 – PN 100

Spiraldichtung mit Grafit: PN 10 – PN 100

Tabelle 5 — Erforderliche Anzugsmomente für Flansche nach DIN EN 1092-1 und Schrauben aus 25CrMo4 / A2-70 oder vergleichbarer Festigkeit

Gewinde	Anzugsmoment [Nm][a]		Anzugsverfahren
	Dichtungsgruppe A	Dichtungsgruppe B	
M12	50	50	Mit handbetätigtem Schraubenschlüssel ggf. mit geeigneter Verlängerung
M16	125[b]	80[b]	
M20	240[c]	150[c]	
M24	340	200	Mit Drehmomentschlüssel oder anderen drehmomentgesteuerten Verfahren
M27	500	250	
M30	700	300	
M33	900	500	
M36	1200	750	
M39	1400	850	
M45	2000	1000	
M52	3000	-	

a Diese Anzugsmomente wurden von der Fa. BASF SE berechnet und müssen von einer kompetenten Stelle validiert werden

b Empfohlene Hebellänge 300 mm

c Empfohlene Hebellänge 550 mm

Auch für DIN-Flansche, deren Abmessungen mit DIN EN 1092-1 identisch sind, gelten für die in Tabelle 6 angegebenen Nennweiten und PN-Stufen die Anzugsmomente nach Tabelle 5.

Tabelle 6 —Nennweiten und PN-Stufen der bisherigen DIN-Flansche

Druckstufe	Norm	Nennweite
PN 10	DIN 2632	DN 500
PN 16	DIN 2633	DN 400
PN 25	DIN 2634	DN 400
PN 40	DIN 2635	DN 400
PN 63	DIN 2636	DN 400
PN 100	DIN 2637	DN 300

5.6 Systematik für das Anziehen von Schrauben

5.6.1 Allgemeines

Die Reihenfolge, mit der die Schrauben und Muttern angezogen werden, hat einen wesentlichen Einfluss auf die Kraftverteilung, die auf die Dichtung wirkt (Flächenpressung). Unsachgemäßes Anziehen führt zu einer hohen Streuung der Vorspannkräfte und kann zu Unterschreitung der erforderlichen Mindestflächenpressung bis zur Undichtheit führen.

Nach dem Anziehen der Mutter sollten wenigstens zwei aber nicht mehr als fünf Gewindegänge am Schraubenende überstehen (siehe auch DIN 78). Sechskantschrauben und Gewindestangen sind so zu montieren, dass die Überstände auf beiden Seiten etwa gleich sind. Schraubenköpfe, Muttern und Unterlegscheiben müssen glatt aufliegen.

Die Schrauben sind von Hand vorzumontieren, dabei sind

- gehärtete Unterlegscheiben nach DIN EN ISO 7089 mindestens Härteklasse 200 HV unter die Muttern zu legen,
- die Schrauben so einzubauen, dass alle Schraubenköpfe auf einer Flanschseite angeordnet sind,
- bei Schraubverbindungen, bei denen der Schraubenkopf gedreht wird (Sackloch), die Unterlegscheibe unter den Schraubenkopf zu legen,
- bei horizontal angeordneten Flanschen die Schrauben von oben durchzustecken,
- schwergängige Schrauben durch leichtgängige zu ersetzen,

Der gleichzeitige Einsatz mehrerer Anzugswerkzeuge ist möglich, es ist dann sinngemäß zu verfahren.

Als Kurzanweisung für das Montagepersonal kann Anhang A zu diesem Dokument verwendet werden.

5.6.2 Anzugsverfahren 1

Die Schrauben sind

1. über Kreuz, wie in Bild 3 dargestellt, mit 30% des Sollanzugsmomentes anzuziehen,
2. analog zu 2. mit 60% des Sollanzugsmomentes anzuziehen,
3. mit vollem Anzugsmoment über Kreuz anzuziehen und
4. nochmals mit vollem Anzugsmoment rundum nachzuziehen. Dieser Vorgang ist so oft zu wiederholen, bis sich die Muttern bei Aufbringen des vollen Anzugsmomentes nicht mehr weiterdrehen lassen.

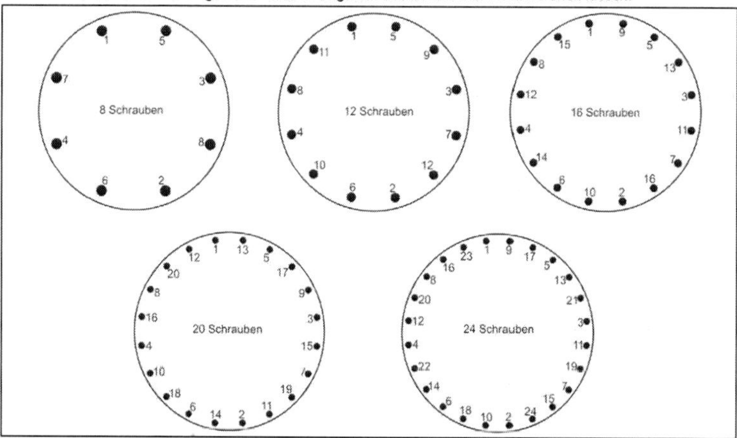

Bild 3 — Anzugsverfahren 1: Kreuzweises Anziehen der Schrauben

In Einzelfällen erfordert das "Setzen" der Dichtung (Anpassen an die Flanschdichtfläche) ein Nachziehen der Schrauben. Die Schrauben sind dann nach einigen Stunden bzw. nach der ersten thermischen Belastung bei Raumtemperatur und im drucklosen Zustand der Flanschverbindung nachzuziehen. Erfolgt das Nachziehen im Betrieb bei erhöhter Temperatur ist nach TRBS 2141 Teil 3 eine gesonderte Gefährdungsbeurteilung erforderlich.

5.6.3 Anzugsverfahren 2

Alternativ kann folgendes Anzugverfahren angewendet werden:

Die Schrauben sind

1. wie in Bild 4 dargestellt (4 oder 8) Schrauben) mit 20%, 60 % und 110% des Sollanzugsmomentes anzuziehen
2. umlaufendes Anziehen aller restlichen Schrauben mit 110%.
3. Wiederholen des umlaufenden Nachziehens mit 110%.

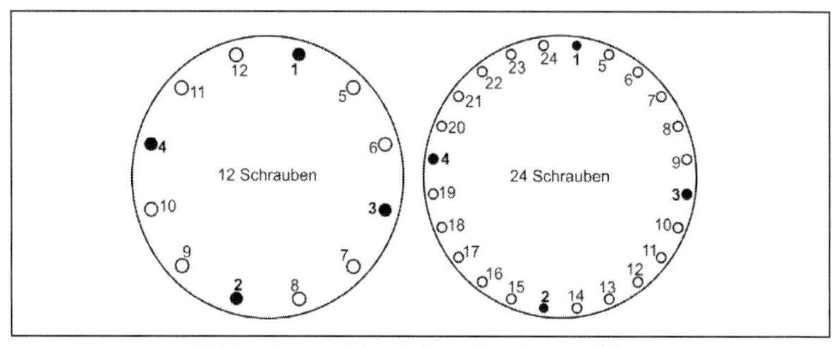

Bild 4 — Anzugsverfahren 2: Alternatives Anzugsverfahren

5.7 Qualitätssicherung und Dokumentation der Flanschmontage

5.7.1 Qualitätssicherung

Aus der Montageklasse ergibt sich, welche Maßnahmen zur Qualitätssicherung einschließlich der zugehörigen Dokumentation erforderlich sind, siehe Tabelle 7.

Das Los, auf dessen Basis die Stichprobenkontrolle zusammengestellt wird, ist sinnvoll festzulegen, z. B. Anlagenbezogen, je Auftragsumfang oder personenbezogen.

Der Mindest-Prüfumfang ist in Anhang B dieses Dokuments zusammengestellt, dieser kann auch zur Dokumentation der Prüfung der Flanschmontage bei Neuanlagen verwendet werden.

Die Prüfung muss vor der Dichtheitsprüfung erfolgen und vor der Druckprüfung, falls diese im fertig montierten Zustand erfolgt.

Tabelle 7 — Maßnahmen zur Qualitätssicherung

Montageklasse	Qualitätssicherungsmaßnahmen
1	Keine weitergehenden Prüfungen
2	Stichprobenkontrolle – Durch Montagepersonal (durch einen zweiten Monteur) – Umfang: 2 % der Flanschverbindungen – Bei Abweichungen vom vorgegebenen Drehmomentbereich ist der Prüfumfang zu erweitern – Dokumentation
3	Stichprobenkontrolle – Durch Montagepersonal (durch einen zweiten Monteur) – Umfang: 10 % der Flanschverbindungen – Bei Abweichungen vom vorgegebenen Drehmomentbereich ist der Prüfumfang zu erweitern – Dokumentation Gegenkontrolle – Durch unabhängige Person – Umfang: 2 % der Flanschverbindungen – Dokumentation – Bei Abweichungen vom vorgegebenen Drehmomentbereich ist der Prüfumfang zu erweitern.

Die Drehmomente für die Prüfung sind Anhang B dieses Dokuments zu entnehmen.

Versuche haben gezeigt, dass der Einfluss der Haftreibung auf das Schraubenanzugsmoment kurz nach der Montage (noch kein Anstrich, keine Korrosion) gering ist. Für die Prüfung wird der Drehmomentschlüssel auf das Prüfdrehmoment eingestellt und lässt sich die Mutter nicht weiter drehen ist das erforderliche Anzugsmoment aufgebracht.

5.7.2 Dokumentation

Die Art und der Umfang der Dokumentation müssen konsistent zum jeweiligen betrieblichen Managementsystem sein. Die folgende Aufzählung ist beispielhaft.

- Neuanlage:
  - Planungsdokumentation,
  - Isometrien,
  - Werkstattzeichnungen,
  - Spezifikationen,
  - schematische Skizzen.
- Revision oder kleinere Reparaturen:
  - Arbeitskarten,
  - Reparaturspezifikationen.
- Anlagenspezifisches Öffnen und Schließen von Flanschverbindungen:
  - Schichtbuch,
  - Reparaturbuch.

Bei außergewöhnlichen Montagesituationen sind diese gesondert festzulegen. Eine individuelle Kennzeichnung von Flanschverbindungen kann erforderlich sein.

5.8 Dichtheitsprüfung

Falls eine Dichtheitsprüfung vorgesehen ist, muss diese nach der Qualitätssicherung durchgeführt werden.

6 Demontage

Vor Beginn der Demontage einer Flanschverbindung ist die Freigabe von dem Betrieb einzuholen. Es muss sichergestellt sein, dass die Anlage drucklos und gespült ist. Die Sicherheitsrichtlinien des jeweiligen Standorts sind zu berücksichtigen.

- Ein- oder Anbauteile, die nicht separat gehalten werden, müssen vor dem Lösen der Flanschverbindung gesichert werden.
- Das Lösen der Schrauben bzw. Muttern beginnt an der körperabgewandten Seite.
- Schrauben bzw. Muttern kreuzweise lösen. Steht eine Leitung unter mechanischer Spannung, ist mit einem Ausschlagen der Leitung zu rechnen.

Beim Austausch von Dichtungen muss darauf geachtet werden, dass die alte Dichtung vollständig von der Flanschdichtfläche entfernt wird, ohne dass die Flanschdichtfläche beschädigt wird.

	Leitfaden zur Montage von Flanschverbindungen **Kurzanweisung für das Montagepersonal**	Anhang A

Diese Datei ist vorbereitet, um als Broschüre ausdruckt zu werden.

<u>Vorgehensweise:</u> Doppelseitig drucken, an der gepunkteten Linie ausschneiden und an der gestrichelten Linie falten.

Klaffung von Flanschen und Richtwerte für zulässige Klaffung = a - b

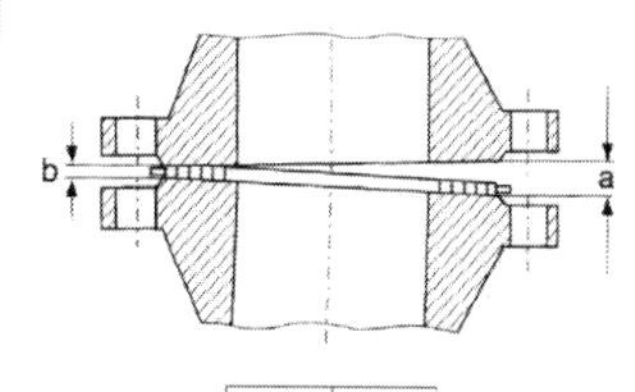

DN	a - b [mm]
10-25	0,4
32-150	0,6
200-300	0,8
350-500	1,0

Nach:
AK der chemischen Industrie; Leitfaden zur Montage von Flanschverbindungen in verfahrenstechnischen Anlagen

Aufzubringende Anzugsmomente

	Flach-dichtung*: PN10+PN25 (ohne Innenbördel) PN40 (innenbördel)	**Nut und Feder:** PN10-PN40 **Kammprofil-, Spiraldichtung:** PN10-PN100	
Gewinde	**Anzugs-moment [Nm]**	**Anzugs-moment [Nm]**	**Anzugsverfahren**
M12	50	50	Mit handbetätigten Schraubenschlüssel ggf. mit geeigneter Verlängerung
M16	125**	80**	
M20	240***	150***	
M24	340	200	Drehmomentschlüssel oder anderen dreh-momentgesteuerten Verfahren
M27	500	250	
M30	700	300	
M33	900	500	
M36	1200	750	
M39	1400	850	
M45	2000	1000	
M52	3000		

* Wellringdichtungen sind hiermit abgedeckt.
** Empfohlene Hebellänge 300 mm
*** Empfohlene Hebellänge 550 mm

Arbeitskreis der Chemischen Industrie	Ausgabe	~~18.01.11~~	~~21.02.11~~	erstellt: Rücker	Fortsetzung
		16.05.11		geprüft: Bern	Seite 2 bis 3

Seite 2 Leitfaden zur Montage von Flanschverbindungen in verfahrenstechnischen Anlagen - Anhang A

Montageanleitung für Anzugsverfahren 1

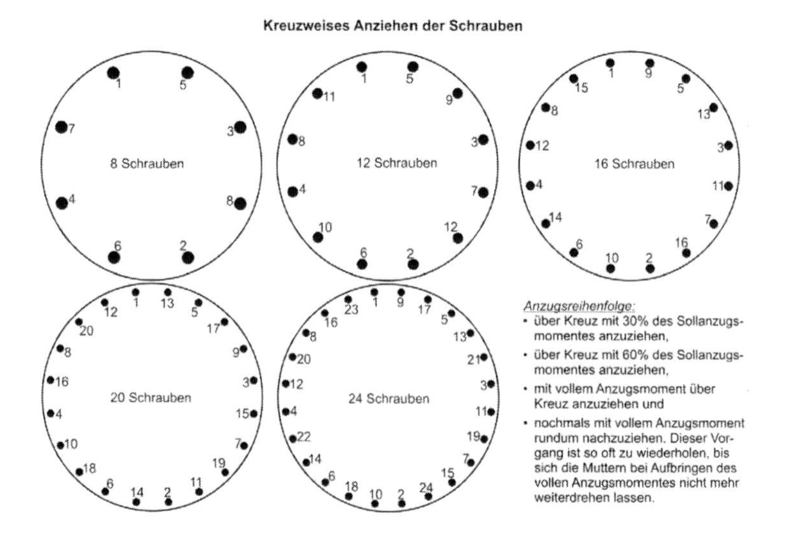

Leitfaden zur Montage von Flanschverbindungen in verfahrenstechnischen Anlagen - Anhang A Seite 3

Montageanleitung für Anzugsverfahren 2

Alternatives Anzugsverfahren

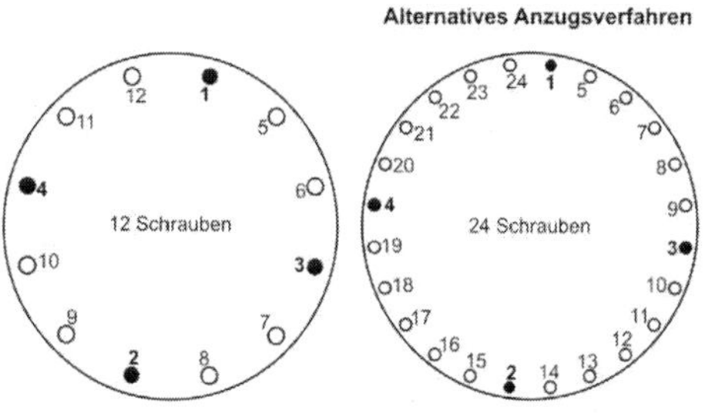

Anzugsreihenfolge:
- 4 Schrauben mit 20%, 60% und 110% anziehen
- umlaufendes Anziehen aller restlichen Schrauben mit 110%
- Wiederholung des umlaufenden Nachziehens mit 110%

	Leitfaden zur Montage von Flanschverbindungen in verfahrenstechnischen Anlagen **Dokumentation zur Prüfung der Flanschverbindung**	Anhang B

Betreiber/Firma: .... Standort: ....

Betriebs-Nr.: .... Betrieb / Gebäude: ....

RI-Fließbild-Nr. / Stand: .... Rohrleitungsnummer: ....

Einstufung in Montageklasse: 1☐ 2☐ 3☐

Monteur der Flanschverbindung und Montagefirma: ....

Nr.	**Mindestprüfumfang**	
1	Bauteile gemäß Spezifikation verwendet	
	Flansch (Werkstoff, PN-Stufe)	
	Schrauben und Muttern (Werkstoff)	
	Dichtung	
2	Unterlegscheibe vorhanden	
3	Schrauben und Muttern geschmiert	
4	Mindestgewindeüberstand vorhanden	
5	Mindest-Drehmomente von ... Nm erfüllt	

Geprüft durch: ....

Name Unterschrift Organisation Datum

Drehmomente für die Prüfung

Gewinde	**Mindestdrehmoment** [Nm]						
	Dichtungsgruppe A				**Dichtungsgruppe Typ B**		
Dichtung	PTFE-Dichtung mit 10% Microglaskugeln	PTFE-Dichtung mit 40% Quarzanteil	Aramidfaser mit Spezial NBR mit und ohne Bördel	Grafit mit Spießblech-einlage mit und ohne Bördel	Spiraldichtung mit Grafit	Kammprofil-dichtung	Faser- und Grafit-Spießblech-dichtung für Nut und Feder
M12	35	40	40	40	40	40	40
M16	90	100	100	100	65	65	65
M20	170	190	190	190	120	120	120
M24	270	290	300	300	180	180	180
M27	400	420	450	450	220	220	220
M30	560	590	630	630	270	270	270
M33	720	760	810	810	450	450	450
M36	960	1020	1080	1080	670	670	670
M39	1120	1190	1260	1260	760	760	760
M45	1600	1700	1800	1800	900	900	900
M52	2400	2550	2700	2700	-	-	-

Arbeitskreis der Chemischen Industrie	Ausgabe	~~27.06.11~~	30.06.11	erstellt: Bern	Fortsetzung
		~~30.03.11~~	~~12.05.11~~	geprüft: Limpert	-

Untersuchung verschiedener Anziehverfahren zur Flanschmontage

Michael Reppien, CST – Center of Sealing Technologies, FH Münster

1 Einführung

In der Industrie werden Flanschverbindungen nach vorgegebenen Montagerichtlinien verschraubt. Ziel einer qualitativ hochwertigen Verschraubung ist die Aufbringung einer möglichst gleichförmigen Flächenpressung auf die Dichtung. Die hierfür notwendige Schraubenkraft wird meist nach EN1591-1 [1] berechnet.

Verglichen werden sollten drei verschiedene Anzugsverfahren:

- ASME PCC-1:2010: „gebräuchliches Verfahren" [2]
  (im weiteren **ASME** genannt)

- ASME PCC-1:2010: „alternatives Verfahren" – auch BP2 genannt [2/3]
  (im weiteren **BP2** genannt)

- HPIS Z 103 TR (2005) [4] veröffentlicht in JIS B 2251:2008 [5]
  (im weiteren **HPIS** genannt)

Dies wurde mit Hilfe von Flanschaufbauten mit verschiedenen Geometrien untersucht. Die verwendeten DIN Flansche entsprachen der EN1092-1 [6]; die Class Flansche der EN1759-1 [7].

Zusammen mit dem Projektpartner CETIM wurde ein Versuchsaufbau entwickelt, der es erlauben sollte, die Anzugsverfahren zu vergleichen.

Das Projekt startete in 2007 und lief über drei Jahre. Alleine die aufgezeichneten Messdaten hatten einen Umfang von mehreren hundert Megabyte. Drei Mitarbeiter waren teilweise in Vollzeit mit dem Versuchsaufbau, der Durchführung und der Auswertung betraut.

2 Testprogramm und -aufbauten

	ASME		***BP2***		***HPIS***	
Runde 1	20-30%		a) 4 Schrauben auf 20-30% b) folgende 4 Schrauben auf 50-70% c) restliche Schrauben auf 100%		a) 4 Schrauben auf 20% b) diese Schrauben auf 60% c) diese Schrauben auf 110%	
Runde 2	50-70%		100%		110%	
Runde 3	100%		100%		110%	
Runde 4	100%		100%		110%	
Runde 5	Optional 100% nach 4 Stunden		100%		110%	
Runde 6					110% bei Flanschgröße >10 Zoll bzw. DN250	
Runde 7					110% bei Flanschgröße >10 Zoll bzw. DN250	

überkreuz umlaufend

Tab.1: Anzugsverfahren

Um die zwei experimentellen Anzugsverfahren BP2 und HPIS mit dem Standart Verfahren nach ASME zu vergleichen, wurden sechs unterschiedliche Dichtungstypen mit acht verschiedenen Flanschaufbauten montiert.
An die genutzten Flansche war jeweils ein Rohrstück mit einer Länge entsprechend dem 1,5fachen des Nenndurchmessers angeschweißt, das mit einem Klöpperboden zugeschweißt wurde.

Flanschart und -größe	***Benötigte Schrauben***	
	Anzahl	***Größe***
DN 100 / PN 40	8	M20
DN 200 / PN 40	12	M27
DN 200 ohne Rohr / PN 40 *	12	M27
DN 400 / PN 40	16	M36
4 Zoll Class 300	8	3/4 Zoll
8 Zoll Class 300	12	7/8 Zoll
8 Zoll Class 300 ohne Rohr *	12	7/8 Zoll
16 Zoll Class 300	20	1 ¼ Zoll

Tab.2: Flanschdimensionen

* Zu Vergleichszwecken wurden zwei zusätzliche Aufbauten der mittleren Flanschdimensionen mit direkt angeschweißten Klöpperböden verwendet.

Die angeschweißten Rohre sollen die Realität widerspiegeln, während die ohne Rohr ausgerüsteten Flansche den Einsatz im Laborbereich darstellen.

Die verwendeten Dehnschaftschrauben waren mit Dehnungsmessstreifen (**DMS**) ausgerüstet. Dies ermöglichte die permanente Überwachung der tatsächlich aufgebrachten Schraubenkraft.

Alle Anzugsverfahren wurden mit sechs Dichtungstypen durchgeführt, um eine bessere Übertragung der Ergebnisse auf die vielen verschiedenen eingesetzten Dichtungen in der Praxis zu ermöglichen:

- Faserflachdichtung
- Modifizierte PTFE Flachdichtung
- Grafit Flachdichtung
- Grafit Flachdichtung mit Metalleinlage
- Metallumschlossenes Grafit mit Grafitauflagen (**MPR Dichtung**)
- Grafit-Spiralringdichtung

Als Verschraubungswerkzeug wurde bis ca. 70kN aufzubringender Kraft ein kalibrierter Drehmomentschlüssel benutzt. Für größere Kräfte wurde ein hydraulischer Vierkant-Drehmomentschrauber AVANTI™ der Firma HYTORC genutzt.
Angesteuert wurde er durch die intelligente Hydraulikpumpe SmartPUMP™.

Abb.1: AVANTI™ Drehmomentschrauber

Abb.2: HYTORC SmartPUMP™

Die Werkzeuge wurden uns freundlicherweise nebst Verbrauchsmaterial von der Firma HYTORC aus Krailling zur Verfügung gestellt.

Der grundsätzliche Ablauf aller Tests war wie folgt:

1) Reinigung der Dichtflächen.
2) Einbau der Dichtung.
3) Beschichtung der LoaDISC™ mit Gleitlack.
4) Schrauben handfest anziehen.
5) Datenerfassung starten.
6) Anziehen der Schrauben entsprechend Anzugsverfahren.
7) Befüllen des Aufbaus mit Helium bei 10 bar. Anschließend Leckageermittlung.
8) Erhöhung des Prüfdrucks in Stufen bis zum 1,25 fachen Nenndruck. Jeweils anschließende Ermittlung der Leckage.
9) Ablassen des Drucks. Demontage der Flanschverbindung und Entfernung der Dichtung.

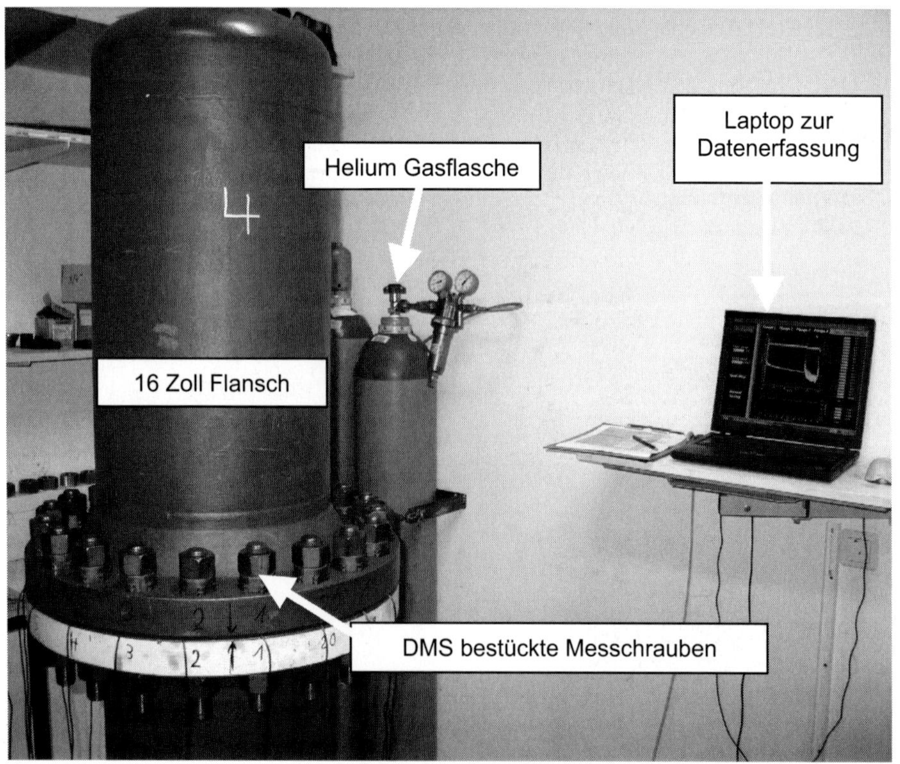

Abb.3: Testaufbau 16 Zoll Flansch

Zusätzliche Ventile und Sensoren ermöglichten eine kontrollierte Druckbeaufschlagung und Überwachung, Abbildungen 4 und 5.

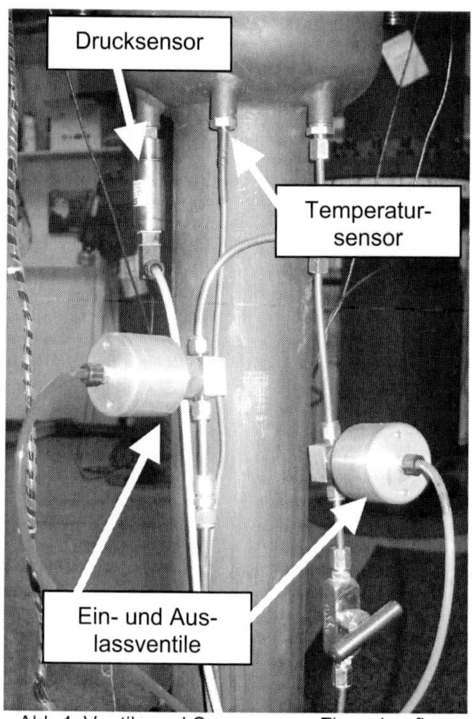

Abb.4: Ventile und Sensoren am Flanschaufbau

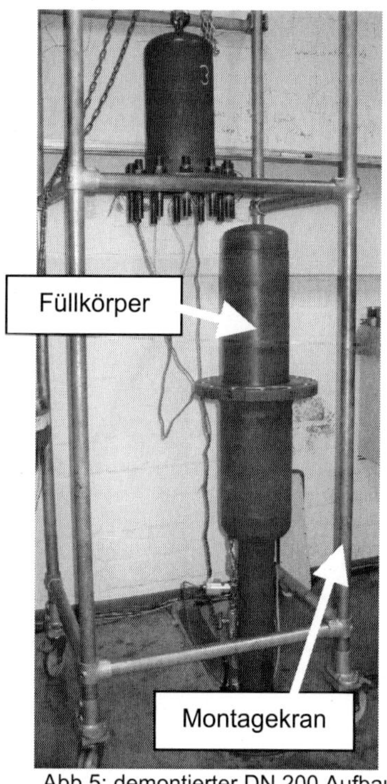

Abb.5: demontierter DN 200 Aufbau

Alle Messdaten liefen auf einem Messaufnahmesystem zusammen und wurden permanent per PC aufgezeichnet. Hierfür kam eine selbstentwickelte Software zum Zuge, die alle relevanten Daten während der Versuche visualisiert und speichert.

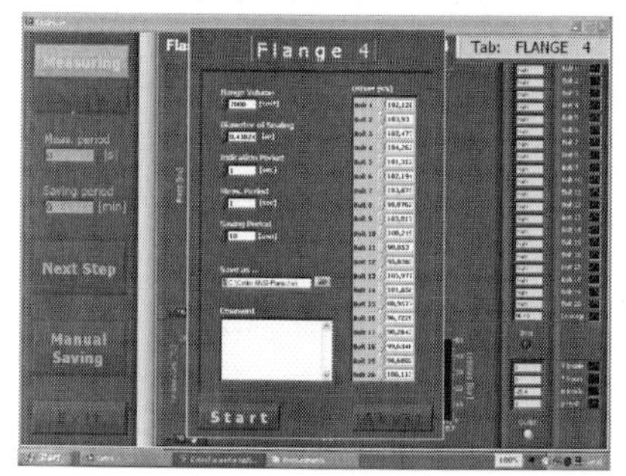

Abb.6: Prüfsoftware Eingabefelder

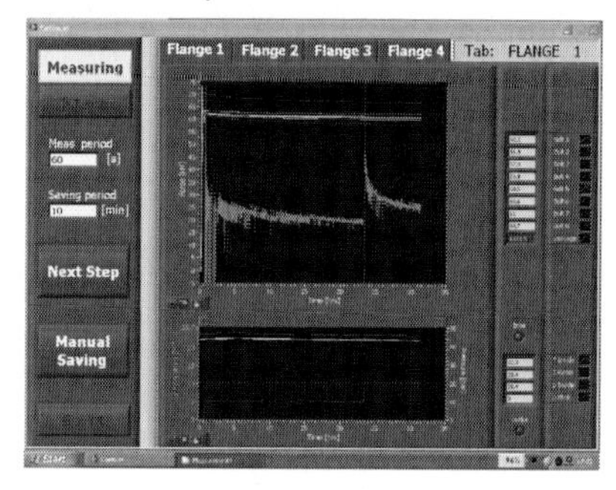

Abb.7: Prüfsoftware im Betrieb

3 Verschraubungsqualität

Aus der Fülle der Messdaten betrachteten wir als erstes die Gesamtschraubenkraft jeder Anzugsrunde in Bezug auf die zu erreichenden 100% der vorab berechneten Vormontagekraft. Zu beachten ist in diesem Fall, das das HPIS Verfahren von 110% Vormontagekraft ausgeht.

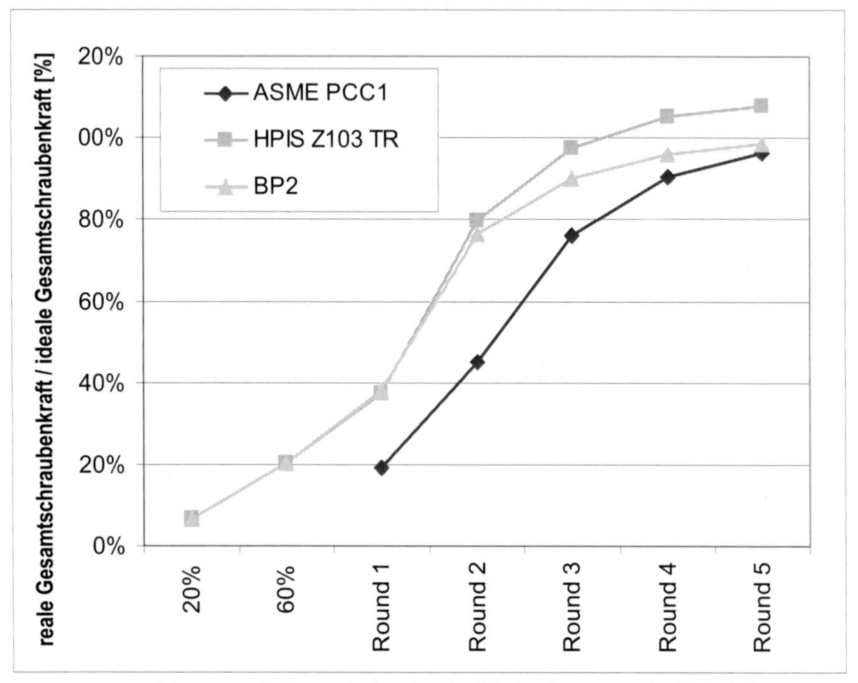

Diagramm 1: Gesamtschraubenkraft jeder Anzugsrunde (Beispiel)

Zusätzlich wurde die Streuung der tatsächlich aufgebrachten Kraft jeder einzelnen Schraube vom zu erreichenden Wert pro Runde betrachtet. Dies wurde mit folgender Formel errechnet:

$$(FB_{max} – FB_{min}) / FB_{ziel}$$

FB_{max} = maximal erreichte Schraubenkraft
FB_{min} = minimal erreichte Schraubenkraft
FB_{ziel} = ideale Schraubenkraft

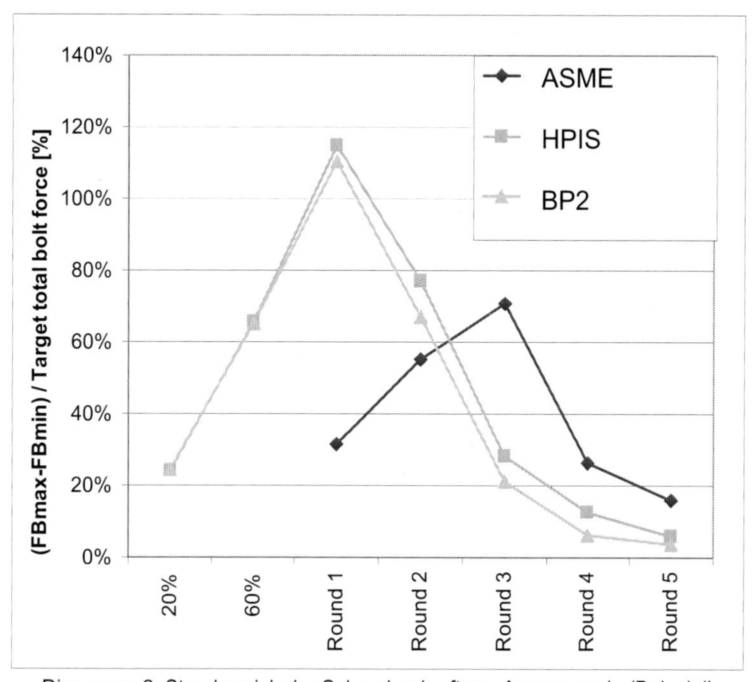

Diagramm 2: Streubereich der Schraubenkraft pro Anzugsrunde (Beispiel)

Zu Darstellung der Gleichförmigkeit der Verschraubungsrunden wurden Netzdiagramme erstellt, die eine visuelle Kontrolle ermöglichen.

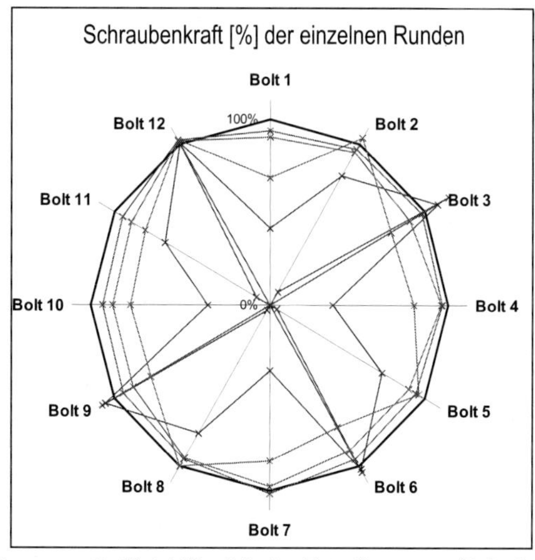

Diagramm 3: Gleichförmigkeits- Netzdiagramm (Beispiel)

Aufgrund dieser Ergebnisse wurde ein Qualitätsfaktor ***Q*** für die Montage generiert, der als Produkt der Parameter ***A***, ***B*** und ***C*** zwischen 0 und 1 liegt. Ein Wert von 1 entspräche der idealen Montage.

- ***A*** ist die Differenz zwischen der idealen Schraubenkraft und der mittleren tatsächlich erreichten Schraubenkraft.
- ***B*** stellt das Verhältnis zwischen niedrigster und höchster erreichter Schraubenkraft dar.
- ***C*** basiert auf der Standartabweichung der tatsächlich erreichten Schraubenkräfte

	Spannkraft einer Schraube **FB**	
	Idealfall	Realer Wert
FB Mittelwert [kN]	1000	950
FB Minimal [kN]	1000	800
FB Maximal [kN]	1000	1100
Standard-Abweichung	0	80

Tab.3: Beispielwerte

$$A = 1 - \left| \frac{950 - 1000}{1000} \right|; B = \frac{800}{1000}; C = 1 - \frac{80}{1000}$$

$$Q = A \times B \times C = 64\%$$

Aus den Qualitätsfaktoren der letzten Verschraubungsrunde wurden nach Abschluß der Versuche Netzdiagramme jedes geprüften Dichtungstyps generiert. Diese zeigen grundsätzlich eine verbesserte Montagequalität bei Anwendung des BP2 Verfahrens. Für weiche Dichtungen zeigen das ASME und BP2 Verfahren ähnlich hohe und bessere Ergebnisse als das HPIS Verfahren. Bei Montage der härteren Dichtungen sind durch die größere Wechselwirkung zwischen den einzelnen Schrauben die Qualitätsfaktoren grundsätzlich niedriger.

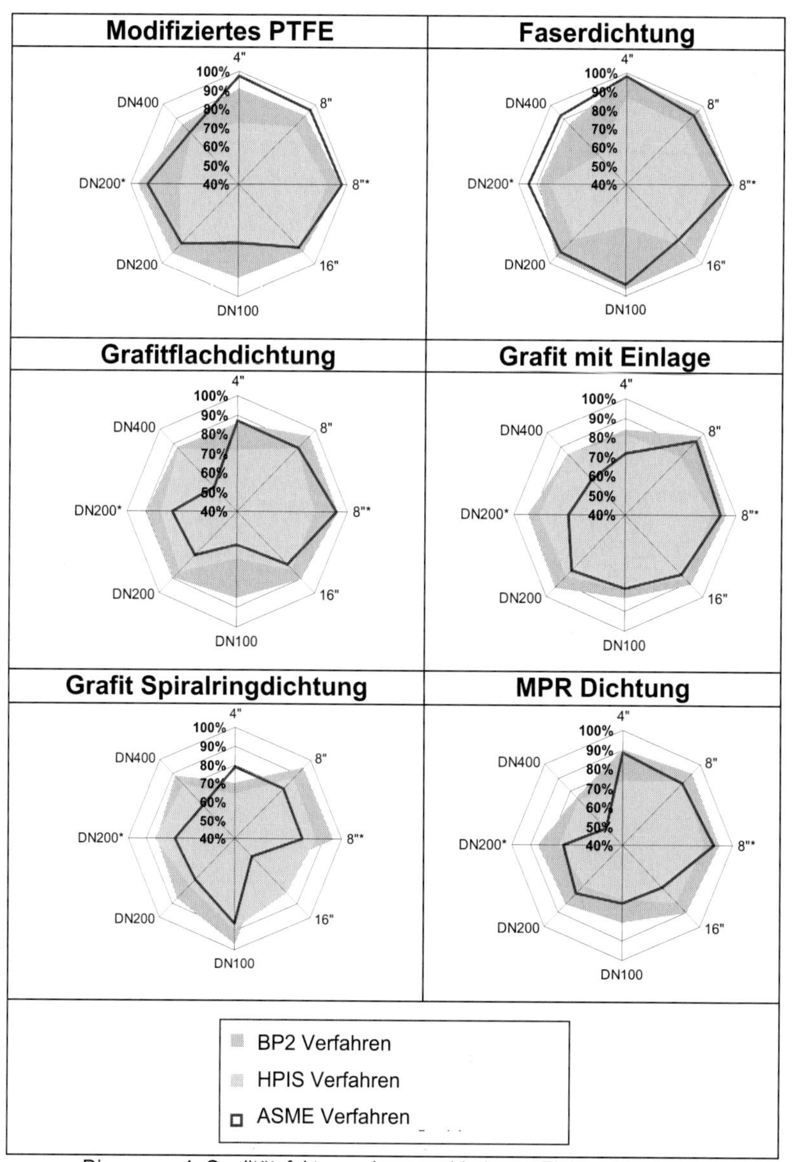

Diagramm 4: Qualitätsfaktoren der verschiedenen Einbausituationen

4 Zeitaufwand für die Verschraubung

Zum Vergleich der nötigen Montagezeiten wurde auf Basis der Anzahl der angezogenen Schrauben und der notwendigen Zeit für eine Verschraubung und zusätzlich für das Umsetzen des Anzugswerkzeugs von einer zur nächsten Schraube entsprechende Zeiten ermittelt. Das Umsetzen des Anzugswerkzeugs ist ein wichtiger zu beachtender Punkt, da ein kreisförmiges Anziehen schneller durchzuführen ist, als ein aufwendiges Überkreuzverfahren.

Die folgenden Diagramme zeigen die Verhältnisse für HPIS und BP2 Verfahren in Bezug auf das gebräuchliche ASME Verfahren.

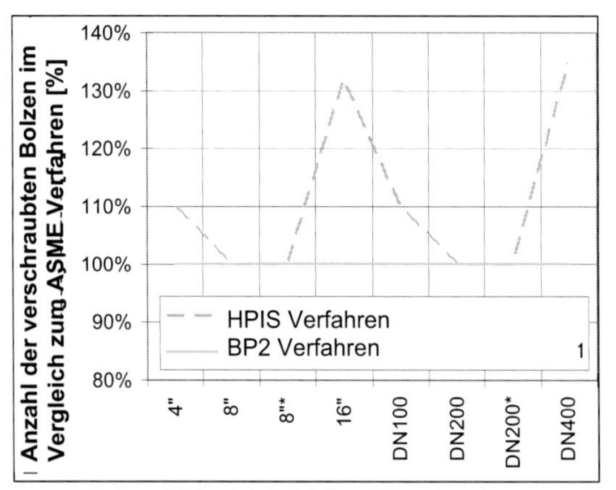

Diagramm 5: Anzahl der tatsächlichen Verschraubungsvorgänge

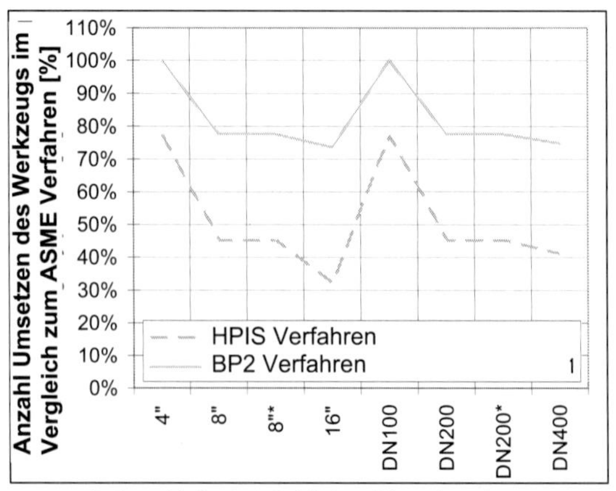

Diagramm 6: Anzahl der tatsächlichen Verschraubungsvorgänge

5 Verschraubungszeit und Qualitätsfaktor *Q*

Durch die permanente Aufzeichnung der Schraubenkräfte ist eine Darstellung des Qualitätsfaktors während des gesamten Verschraubungsvorgangs möglich.

Unten abgebildet sind Durchschnittswerte des Qualitätsfaktors Q über alle Flanschgrößen und Dichtungstypen. Das Diagramm zeigt, das die experimentellen Anzugsverfahren HPIS und BP2 bereits nach Anzugsrunde 4 einen hohen Qualitätsfaktor erreichen, der durch zusätzliche Runden nicht signifikant gesteigert werden kann.

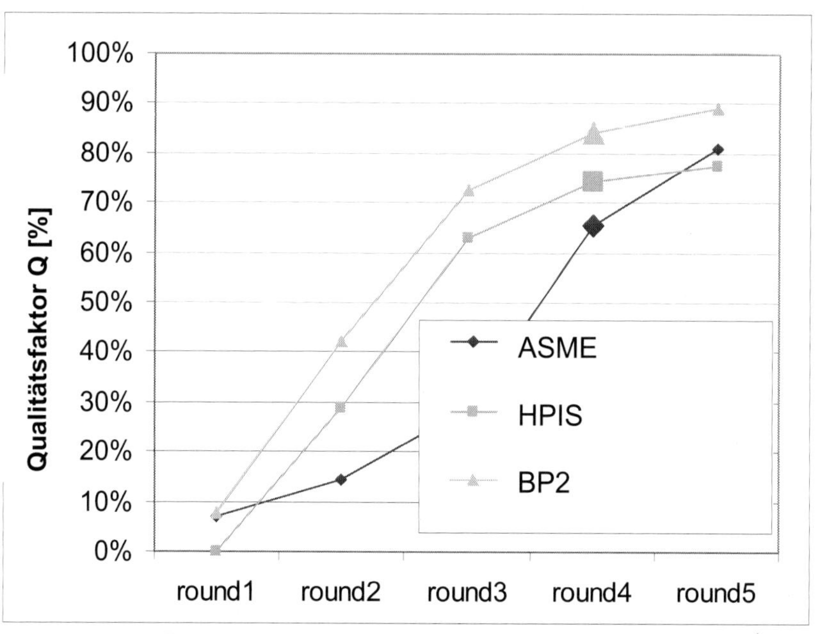

Diagramm 7: Qualitätsfaktoren der einzelnen Runden

Der Vergleich des theoretisch zurückgelegten Wegs des Anzugswerkzeugs ist im Folgenden dargestellt. Es zeigt sich, dass beim HPIS Verfahren nur gut 1/3 der Wegstrecke des ASME Verfahrens zurückgelegt werden muss, Diagramm 8.
Dem entgegen steht die Anzahl der nötigen Einzelverschraubungen, die bei allen Verfahren auf ähnliche Werte kommen, Diagramm 9.

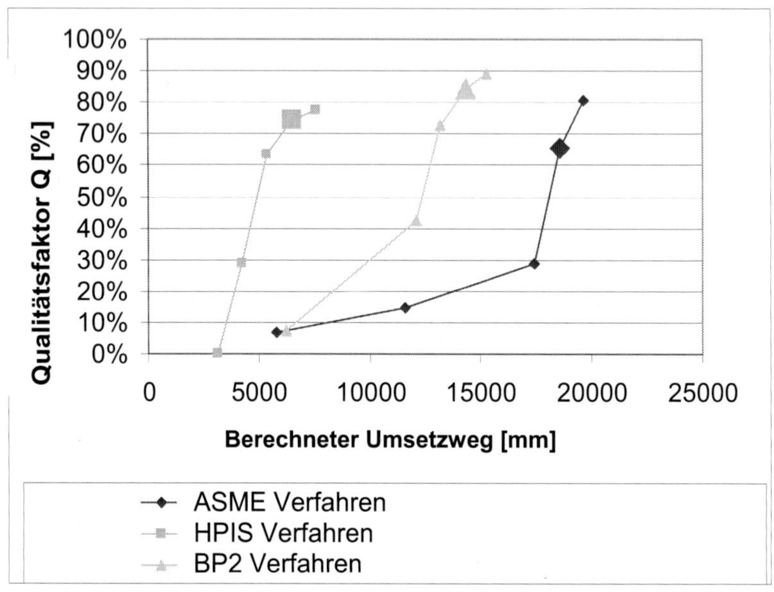

Diagramm 8: Qualitätsfaktor und Umsetzweg des Werkzeuges

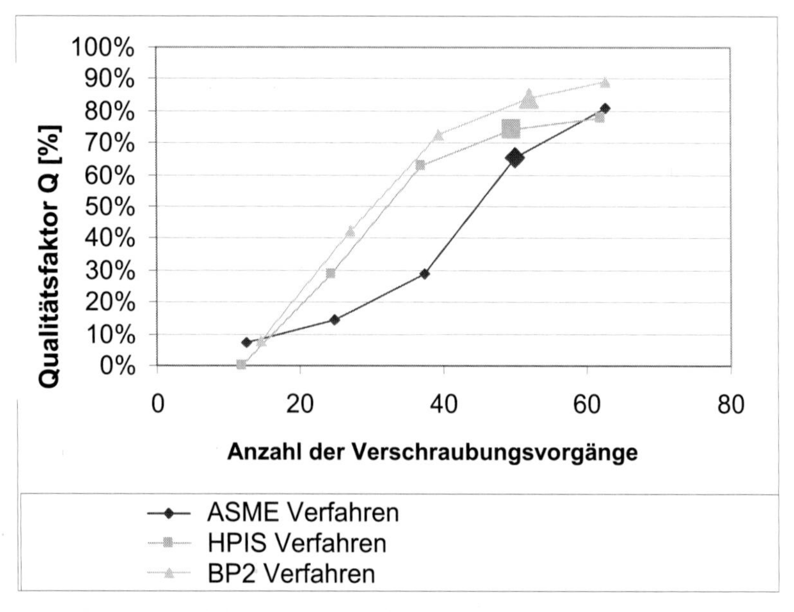

Diagramm 9: Qualitätsfaktor und Anzahl der Verschraubungsvorgänge

6 Ergebnisse Leckagemessungen

Die Messungen der Leckagen bei den verschiedenen Einbausituationen (Flanschtypen, Dichtungstypen und Anzugsverfahren) zeigen bei den jeweiligen Flächenpressungen zu erwartende Größen. Es ergaben sich keine signifikanten Unterschiede zwischen den drei Anzugsverfahren – dies deutet darauf hin, dass alle Verfahren eine ausreichend hohe und gleichförmige Flächenpressungsverteilung ermöglichen.

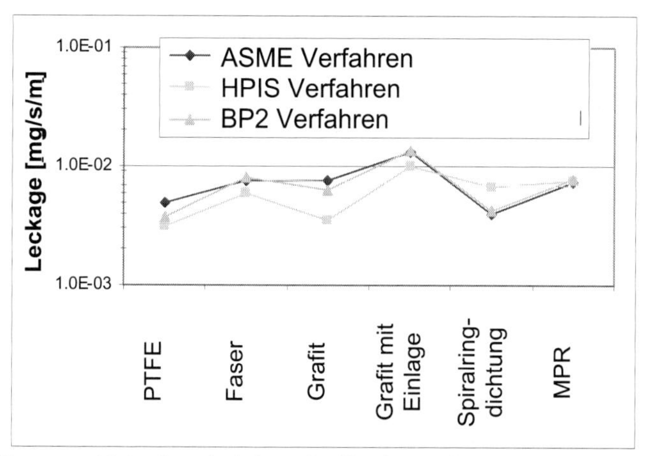

Diagramm 10: Leckage bei einem Prüfdruck von 40 bar (16 Zoll Flansch)

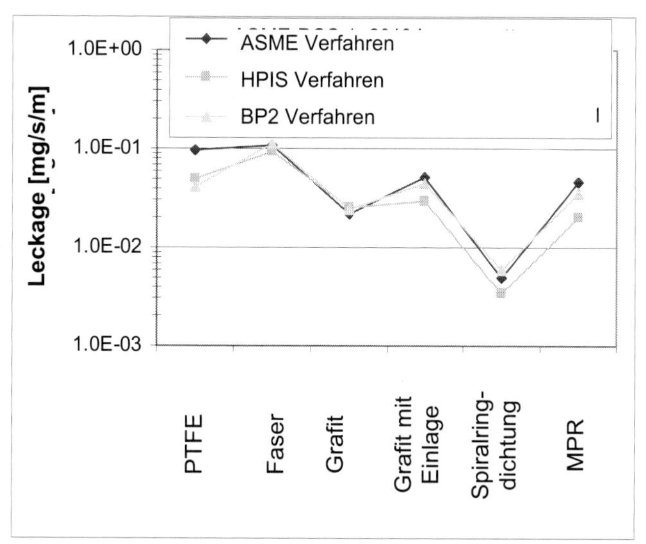

Diagramm 11: Leckage bei einem Prüfdruck von 40 bar (DN200 Flansch)

7 Fazit

Die Ergebnisse belegen die Verwendbarkeit der experimentellen Anzugsverfahren HPIS und BP2 als Ersatz für das ASME Verfahren. Beide neuen Verfahren benötigen zum Erreichen der Montagevorspannkraft deutlich weniger Zeit bei annähernd gleicher Leckage, über die sich direkt auf eine gleichförmig aufgebrachte Flächenpressung schließen lässt.

Der Qualitätsfaktor ***Q*** deutet darauf hin, das sowohl HPIS als auch BP2 bereits nach Anzugsrunde 4 eine ausreichend hohe Gleichförmigkeit erreichen und somit weiteres Potenzial zur Zeiteinsparung besteht.

Wohlgemerkt wurden die durchgeführten Versuche unter reproduzierbaren Laborbedingungen durchgeführt und lassen sich nicht eins zu eins auf die Praxis übertragen.

8 Quellen

[1] EN1591-1 + A1:2009 : Flansche und Flanschverbindungen - Regeln für die Auslegung von Flanschverbindungen mit runden Flanschen und Dichtung - Teil 1: Berechnungsmethode

[2] ASME PCC-1:2010: guidelines for Pressure Boundary Bolted Flange joint Assembly

[3] Brown, 2004, PVP-Vol. 478, Analysis of Bolted Joints – 2004, July 25-29, 2004, San Diego, California USA , PVP2004-2635

[4] Kobayashi, 2005, Efficient Assembly of Bolted Flanged Connections, PVRC Workshop, May 23, 2005

[5] JIS B 2251: 2008: Bolt tightening procedure for pressure boundary flanged joint assembly

[6] EN1092-1:2007 Flansche und ihre Verbindungen - Runde Flansche für Rohre, Armaturen, Formstücke und Zubehörteile, nach PN bezeichnet - Teil 1: Stahlflansche

[7] EN1759-1:2005 Flansche und ihre Verbindungen - Runde Flansche für Rohre, Armaturen, Formstücke und Zubehörteile, nach Class bezeichnet - Teil 1: Stahlflansche, NPS 1/2 bis 24

Betriebssicherheitsverordnung BetrSichV – Folgen für die Dichtungsauswahl

Peter Thomsen,
Lannewehr + Thomsen GmbH & Co. KG, Harpstedt; ® flangevalid

1 Kurzinhalt

Im Rahmen der BetrSichV ist im September 2009 die Technische Regel zur Betriebssicherheit TRBS 2141-3:2009-09 „Gefährdungen durch Dampf und Druck bei Freisetzung von Medien" herausgekommen. Sie regelt die Anforderungen an eine „technisch dichte" oder „auf Dauer technisch dichte" Flanschverbindung. Die Regelungen, besonders zu den Dichtungen, sind sachlich kaum haltbar und werden in diesem Vortrag diskutiert. Um unnötige Wartungskosten zu vermeiden, ist es erforderlich die Dichtverbindung so zu gestalten, dass ein sicherer Betrieb für den gewünschten Anwendungszeitraum gewährleistet wird. Der Vortrag gibt hierzu entsprechende Unterstützung. Der Betreiber muss sich entscheiden, ob er die TRBS formal oder technisch richtig ausgelegt anwenden will. Eine formale Anwendung erfordert kaum Änderungen bei der Auswahl der Bauteile, wird aber in den meisten Fällen durch die geforderten regelmäßigen Dichtheitsprüfungen langfristig sehr kostspielig. Die technisch richtige Auslegung führt in der Regel nur zu einem Wechsel der Dichtungstype, nicht unbedingt zu Mehrkosten und vermeidet den Aufwand und die Kosten.

2 TRBS 2141-3:2009-09

Am 21.09.2009 ist die im Sinne der Betriebssicherheitsverordnung (BetrSichV) anzuwendende „Technische Regeln für Betriebssicherheit (TRBS) 2141, Teil 3 Gefährdungen durch Dampf und Druck bei Freisetzung von Medien in Kraft" getreten. Die inhaltlichen Bestimmungen entsprechen der TRB 600, sind aber jetzt auf alle Druckgeräte ausgeweitet worden, die der BetrSichV unterliegen.
Es wird unterschieden in 2.3 „Auf Dauer technisch dichte Anlagenteile" und 2.4 „Technisch dichte Anlagenteile". Anlagenteile gelten als auf Dauer technisch dicht, wenn sie so ausgeführt sind, dass sie aufgrund ihrer Konstruktion technisch dicht bleiben oder ihre technische Dichtheit durch Wartung und Überwachung ständig gewährleistet wird (siehe TRBS 2152 Teil 2, Abschnitt 2.4.3.2). Anlagenteile gelten als technisch dicht, wenn bei einer für den Anwendungsfall geeigneten Dichtheitsprüfung oder Dichtheitsüberwachung bzw. -kontrolle, z.B. mit schaumbildenden Mitteln oder mit Lecksuchgeräten oder Leckanzeigegeräten, eine Undichtheit nicht feststellbar ist (siehe TRBS 2152 Teil 2, Abschnitt 2.4.3.3).
Bei Anlagenteilen, die technisch dicht sind, wären Freisetzungen zu erwarten und somit erheblicher Aufwand für Wartung und Überprüfung zu leisten. An den auf Dauer technisch dichten Anlagenteilen sind keine Freisetzungen zu erwarten. Es ist davon auszugehen, dass die Auslegung von Dichtsystemen als „auf Dauer technisch dicht" vorgezogen wird und zwar so, dass sie durch die Auslegung als „aufgrund ihrer Konstruktion technisch dicht bleiben", alleine um den Aufwand durch Wartung und Überwachung zu sparen.

Besonderes Augenmerk wird auf den Nachweis der Ausblassicherheit (siehe VDI 2200) gelegt und dass die Dichtungen nicht aus ihrem Sitz herausgedrückt werden können.

Abb. 1 hochwertige Dichtungen

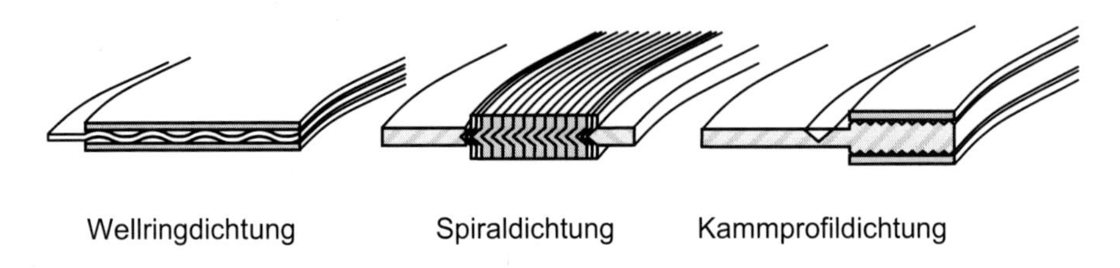

Wellringdichtung Spiraldichtung Kammprofildichtung

Es ist kaum vorstellbar, dass Anlagenbetreiber die geringen Mehrpreise für hochwertige Dichtungen, nach TRBS 2152 Teil 2, Abschnitt 2.4.3.2 besondere Dichtungen (Abb. 1), wie Wellring-, Spiral- oder Kammprofildichtungen nicht in Kauf nehmen, wenn sie die mit erheblichen Mehraufwand verbundenen Wartungen und Überwachungen einsparen können. Zumal diese Dichtungen durch ihre niedrigen Diffusionsraten überzeugen und einen nicht unerheblichen Beitrag zum Umweltschutz leisten.
Die Dichtungen sind genormt in der Reihe EN 1514 für Flansche nach EN 1092 und in EN 12560 für imperiale Flansche nach EN 1759 (entspricht ASME). Die Verwendung von Spiraldichtungen in Rohrflanschverbindungen, genormt in EN 1514-2, ist in Deutschland eher in Anlagen üblich die nach dem ASME-Standard gebaut sind. Durch ihre übliche Lieferdicke von 4,5 mm werden sie ungern als Standardersatz für die mit überwiegend in 2 mm Dicke eher dünnen bisher verwendeten Flachdichtungen aus Weichstoff verwendet. Die gleiche Diskussion entbrennt bei Kammprofildichtungen, die nach EN1514-6 mit 5 mm genormt sind. Es ist erforderlich diese Dichtungstype, sie gilt immerhin als die hochwertigste und ist im Einsatz bis 400 bar in glatten Flanschen genormt, mit einer Dicke von 3 mm anzubieten. Die Wellringdichtungen, von 2,5 bis 3 mm dick, erfüllen die Anforderungen der Anlagenbetreiber in Bezug auf die Dicke.

Nicht vorstellbar ist, dass in allgemeiner breiter Verwendung Flansche mit Schweißlippendichtungen, Nut und Feder, Vor- und Rücksprung oder V-Nuten mit V-Nutdichtungen zukünftig bevorzugt werden. Die erforderliche rechnerische Nachprüfung bei Verwendung von DIN-Flanschen auf ausreichende Sicherheit gegen die Streckgrenze, wird der Beliebtheit von Flanschverbindungen mit glatten Dichtleisten, schon wegen ihrer Montagefreundlichkeit keinen Abbruch leisten.

Abb. 2 Weichstoffdichtungen mit und ohne Innenrandfassung

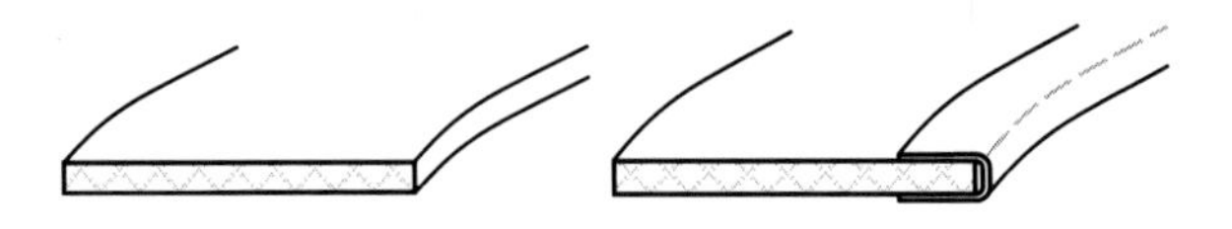

Weichstoffdichtungen (Abb. 2) dürfen bis 25 bar ohne und müssen über 25 bar als metallinnenrandgefasste Dichtungen verwendet werden. Die Dichtungen bis DN80 entsprechen der Druckstufe PN40, eine Unterscheidung, ob die Dichtungen unter oder über 25 bar verwendet werden sollen, ist erforderlich, könnte zu Verwechslungen führen und ist damit sicher nicht sinnvoll. Die Kosten für Wellringdichtungen liegen in etwa genauso hoch wie die der metallinnenrandgefassten Dichtungen, die Leckraten aber um mehrere Zehnerpotenzen niedriger. Hieraus erklärt sich auch die Tatsache, dass inzwischen viele Anlagenbetreiber auf diese Dichtungen umgestellt haben.

Abb. 3 metallummantelte Dichtung

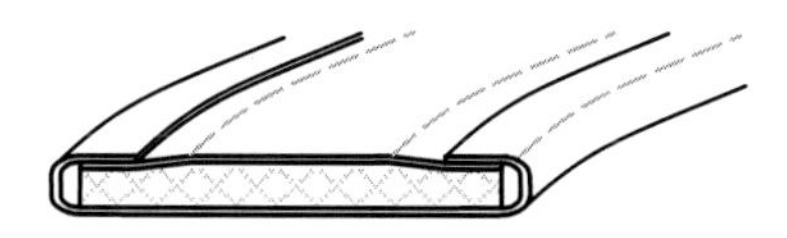

Die ebenfalls zugelassenen metallummantelten Dichtungen (Abb.3) werden wegen der hohen erforderlichen Mindestflächenpressungen immer seltener verwendet.

Abb. 4 Darstellung der P_{QR}-Werte verschiedener Dichtungsmaterialien
Quelle der Kennwerte: www.gasketdata.org

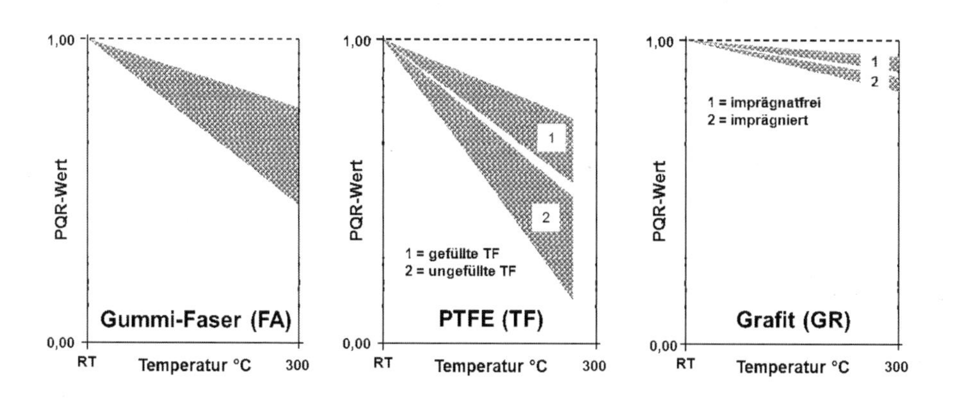

Der Betreiber muss sich entscheiden ob er die TRBS formell oder technisch erfüllen will. Dichtungen mit hohem Fließpotential, wie FA- und TF-Material (Abb. 4) können nicht als auf Dauer technisch dicht angesehen werden. Es besteht dringender Überarbeitungsbedarf für die Formulierung der TRBS 2141-3 und 2152-2.

3 Dichtungskosten

Die Auswahl der richtigen Dichtung ist sehr aufwendig und kann ohne Kenntnis der Anforderungen durch die Vorschriften und Regelwerke nicht sachlich richtig durchgeführt werden. Es gibt kaum Unterstützung, was daran liegt, dass die Dichtungen nach den verschiedenen Regelwerken und Vorschriften unterschiedliche Anforderungen erfüllen müssen. Immer neue Regeln, wie zuletzt die TRBS 2141-3:2009-09 „Gefährdungen durch Dampf und Druck bei Freisetzung von Medien“ zur Betriebssicherheitsverordnung (BetrSichV) und die aktuell laufende Festlegung der Dichtheitsanforderung an das Dichtsystem nach der VDI 2290 Entwurf:2010-08 „Emissionsminderung - Kennwerte für dichte Flanschen“ zum Bundesimmissionsschutzgesetz (BImschG).
Die üblicherweise Verwendung findenden Flachdichtungen aus Plattenmaterial, wie Elastomer gebundene Fasern (FA-Material), PTFE (TF-Material) und Grafit (GR-Material) werden sehr häufig von den Betreibern eingesetzt. Wegen ihrer günstigen Beschaffungspreise (Stückpreise) gegenüber Metall-Weichstoff-Dichtungen, welche die Anforderungen der Regelwerke ohne Probleme sicher erfüllen, wird auf die technischen Vorteile, den Nutzen für Betriebssicherheit und Umweltschutz verzichtet. Dichtungen haben den Nachteil, dass sie betriebswirtschaftlich als C-Artikel behandelt werden, obwohl sie sicherheitsrelevante Bauteile sind.
Neben dem Preis, entstehen für die Verwendung weitere Kosten für Beschaffung, Logistik, Qualitätssicherung, Entwicklung, Montage, Nachziehen, Wartung, Überprüfung und durch Medienverlust durch Leckage. Die Monteurstunde wurde mit 40,- € angesetzt, was den Kosten von Billiglohnschlossern entspricht. Die Werte wurden mit mehreren erfahrenen Monteuren, Technikern und Ingenieuren abgestimmt. Die Kosten wurden insgesamt niedrig angesetzt und werden allgemein höher eingeschätzt.
Die Logistikkosten wurden auf die Beschaffung von 100 Stück bezogen. Die Kosten für die Wartung/Prüfung werden in vielen Anlagen bisher nur gering oder gar nicht anfallen, weil entsprechende Arbeiten nur selten durchgeführt werden, obwohl die gültigen Regeln diese verlangen. Die folgende Tabelle (Tab. 1) zeigt die Bewertung, die sich aus den Diskussionen ergeben hat.
Die „billigen“ Flachdichtungen erweisen sich über die Jahre als relativ teuer, während sich die „teuren“ Metall-Weichstoffdichtungen als die günstigere Variante herausstellen. Es fällt auf, dass die Kosten der Dichtungen im Wesentlichen aus dem Nachziehen bei der Montage und vor allem aus der Prüfung/Wartung resultieren. Insgesamt verursachen die Metall-Weichstoffdichtungen deutlich weniger Kosten für flüchtige Emissionen. Gefährliches Nachziehen im Betrieb ist für die Metall-Weichstoffdichtungen nicht erforderlich, kommt aber bei schlechter Montage auch vor.
Bei der Betrachtung der Gesamtkosten einer Flanschverbindung fällt auf, dass diese durch die Montage- und Prüfkosten bestimmt werden. Die anteiligen Kosten der Bauteile liegen bei einer „schwarzen“ Dichtverbindung bei ca. 15 bis 20%, bei einer „weißen“ Verbindung um ca. 25 bis 30% (Abb. 5). Der Anteil der Dichtung liegt bei FA-, Grafit-Material oder Wellringdichtungen unter 1%, bei PTFE-Material, Spiral- oder Kammprofildichtungen zwischen 2 und 4%.

Tab. 1 Gesamtkosten für Dichtungen

Dichtungsart	*Plattenmaterial 2mm*			*Metall-Weichstoffdichtungen*		
Dichtungstyp	*FA**	*TF***	*GR****	*Well-ring*	*Spiral-dich-tung*	*Kamm profil*
Beschaffungs- und Logistikkosten						
Stückpreis	0,55	6,25	0,80	1,10	2,95	7,25
Verpackung	0,10	0,10	0,10	0,20	0,30	0,35
Beschaffungskostenanteil	0,50	0,50	0,50	0,50	0,50	0,50
Logistikkostenanteil	0,25	0,25	0,25	0,25	0,25	0,25
Qualitätssicherungskostenanteil	0,10	0,10	0,10	0,10	0,10	0,10
Entwicklungskostenanteil	0,10	0,10	0,10	0,10	0,10	0,10
Montagekosten (mehrere Montagestellen in räumlicher Nähe)						
Montage (ca. 15 min)	10,00	10,00	10,00	10,00	10,00	10,00
1. Nachziehen (ca. 10 min)	6,66	6,66	-	-	-	-
2. Nachziehen (ca. 10 min)	6,66	6,66	-	-	-	-
Nachziehen nach Erwärmung	10,00	10,00	-	-	-	-
Überprüfung und Wartung nach TRBS 2141-3 und 2151-2						
2x per anno für 5 Jahre	100,00	100,00	-	-	-	-
1x per anno für 5 Jahre	-	-	50,00	-	-	-
Verlust durch Emission						
Stoffverlust ****	10,00	10,00	10,00	0,02	0,02	0,01
Preis pro Dichtung für 5 Jahre	**144,92**	**150,62**	**71,85**	**12,27**	**14,22**	**18,56**
* Klingersil C4400 **Gylon Standard rot 3501E ***RivaTherm Super-Plus ****geschätzt						

Abb. 5: anteilige Gesamtkosten einer Flanschverbindung DN50 PN40

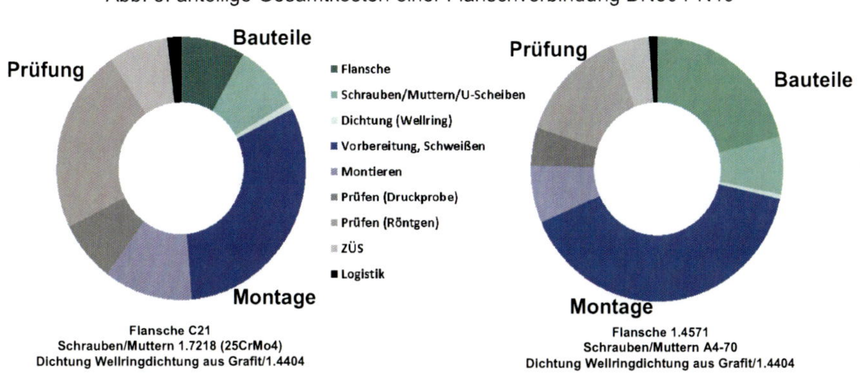

Flansche C21
Schrauben/Muttern 1.7218 (25CrMo4)
Dichtung Wellringdichtung aus Grafit/1.4404

Flansche 1.4571
Schrauben/Muttern A4-70
Dichtung Wellringdichtung aus Grafit/1.4404

4 Zusammenfassung

Die kaufmännische Betrachtungsweise der Beschaffung der Dichtungen über den Stückpreis ist nicht sinnvoll. Die Qualität der Dichtungen steht im Vordergrund auch für die Kosten. Hochwertige Dichtungen, wie Metall-Weichstoffdichtungen erweisen sich mittel- und langfristig als das richtige Mittel zur Erfüllung der Anforderungen der Vorschriften und Regeln. Besonders die Anforderungen der HSE (Health-Safety-Environmental) werden von ihnen erfüllt.
Die besonderen, hochwertigen Dichtungen wie Wellring-, Spiral- und Kammprofildichtungen erfüllen die Anforderungen des Umweltschutzes (z.B. Wasserhaushaltsgesetz WHG), der Betriebssicherheitsverordnung und die Wünsche der Anlagenbetreiber nach Betriebssicherheit, Standardisierung und Kosteneffizienz. Für die Dichtungsdicke müssen die Anforderungen der Anlagenbetreiber besser berücksichtigt werden.

5 Tipp

Bei Verwendung von Wellringdichtungen nicht die Maße der EN 1514-4, bzw. EN 12560-4 anwenden, denn die Außendurchmesser (Zentrierung) sind so gewählt, dass die Dichtungen um 1,5 mm in die Schraubenlöcher hineinragen, was schon zu Montageproblemen geführt hat. Es ist besser die Abmessungen nach EN 1514-1, bzw. EN 12560-1 zu verwenden.

Montagefreundliche innovative Spannelemente zur Aufrechterhaltung der Dichtkraft an Flanschverbindungen

Autor:
R. Senn, P&S Vorspannsysteme AG
Co-Autoren:
R. Hawellek, NT K+D AG
Peter Mai, P&S Vorspannsysteme AG

Die folgende Abhandlung zeigt anhand von praktischen Beispielen aus der Chemie und Petrochemie, dass Dichtheit an Behältern nicht nur Theorie ist, sondern mit abgestimmter Auslegung von Dichtung, Flanschgeometrie und präziser, einfacher Verschraubung mit Spannelementen mit Vielfachschrauben (SVS) Realität wird.
Die Produktionszyklen der Anlagen verlängern sich und können geplant eingehalten werden.
Folgend wird speziell auf die Verschraubung eingegangen. Die Wichtigkeit des Zusammenspiels zwischen Flansch, Dichtung und Verschraubung wird in der VDI 2290 genauer beschrieben. Dabei spielt die Genauigkeit der Vorspannung eine wesentliche Rolle.

SVS – Spannelemente mit Vielfachschrauben

Eine Möglichkeit zum exakten Vorspannen sind Spannelemente mit Vielfachschrauben (SVS). Sie werden von Hand auf den Bolzen aufgeschraubt und erzeugen die Vorspannkraft durch eine Vielzahl von Druckschrauben, welche mit kleinen Drehmomentschlüsseln angezogen werden.
Diese verpressen via Druckscheibe die Flansche.
Dabei erfahren die Bolzen rein axialen Zug. Sie werden torsionsfrei vorgespannt.

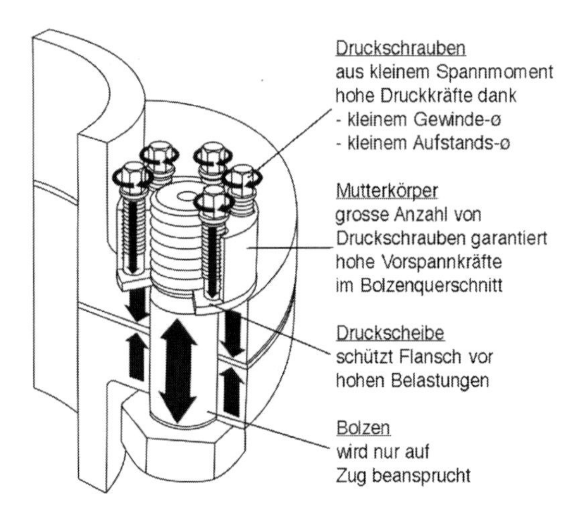

Der Grund für die hohe Präzision und Gleichmässigkeit der Vorspannkraft liegt in den kleinen Druckschrauben und dem Schmierstoff.

Je kleiner ein Schraubengewinde ist, je genauer und je einfacher zu bedienen ist es.
Ab M24 werden die Anzieh-Drehmomente so hoch, dass ein Grossteil der aufgebrauchten Energie beim Anziehen in Reibung umgewandelt wird.
Die Druckschrauben der SVS sind deutlich kleiner als M24 und deren Fehler mitteln sich auf ein Minimum.

Der Schmierstoff im Druckschraubengewinde kann als Feststoffbeschichtung aufgebracht werden oder es wird eine hochtemperaturfeste, genau definierte Paste verwendet. Je nach Wahl des Schmierstoffs, mit einem Reibwert von 0,075 bis 0,13 liegen die Drehmomente pro Druckschraube je nach Mutterngrösse zwischen 10 Nm bei Hauptgewinde M20 und 530 Nm bei Hauptgewinde M125.

Das Bolzen-Gewinde kann mit einer beliebigen für die Anwendung geeigneten Paste eingeschmiert werden. Die Montage ohne Fett ist auch möglich, damit die Dichtung bei kritischen Anwendungen nicht verschmutzt wird.
Die Gefahr von Festfressen ist bei SVS nicht gegeben. Die rein axiale Belastung des Bolzens führt zu keiner Relativbewegung zwischen ihm und der Mutter, was ein verhaken der Oberflächen verhindert.
Nun, was passiert mit den auf Torsion angezogenen Druckschrauben? Um ein Fressen letzterer zu verhindern zählt P&S Vorspannsysteme AG aufs Know-how der Materialkombination und Vergütung.
Auf die Korrosions- und Temperaturbedingungen abgestimmte Materialkombinationen ermöglichen die Wiederverwendung der SVS. Das Materialspektrum reicht von Vergütungsstählen bis hin zu austenitischen rostfreien Stählen.
Als "Wundermaterial" kann Inconel 718 bezeichnet werden. Es weist hohe Streckgrenzen von über 1035MPa bei Raumtemperatur auf und wird im Cryobereich (4 Kelvin) sowie im Hochtemperatursektor (bis 700 Grad Celsius) eingesetzt. Leider ist der Materialpreis und die Bearbeitung deutlich teurer als bei konventionellen Rostfrei-Stählen. Um die Kosten zu optimieren, wird das für die Anwendung nötige Material gewählt.

Aktive Schiefstellungs-Kompensation

Dichtungen im Krafthauptschluss lassen die Flansche frei schweben. Sie neigen sich beim Verspannen.

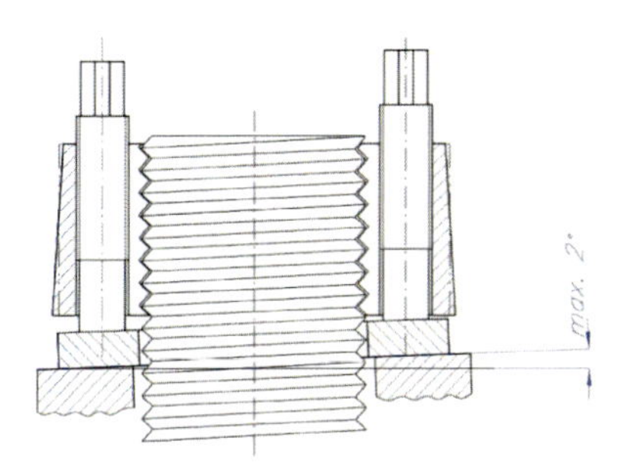

Die SVS gehen der Flanschbiegung aktiv nach, kompensieren die Schiefstellung bis zu 2 Grad.
Fazit: Gleichmässige Belastung, kein punktuelles Fliessen, Schonung der Bolzen.

Die Auflagerflächen unter Schraubenkopf werden auch bei einer sich einstellenden Schrägstellung der Flanschblätter vollflächig gleichmäßig belastet. Bei einer vollflächigen Belastung ist das Spannungsniveau im Flanschmaterial und die entsprechenden Setzkraftverluste geringer.

Allgemeingültig für alle Verschraubungsmethoden: Das Maximum der Vorspannung findet man häufig im Limit des Flansches. Da die meisten Flansche mit einer Dichtung im Krafthauptschluss gedichtet sind, schweben die Flanschblätter frei. Um eine plastische Deformation des Flansches zu vermeiden, muss also die Vorspannung, sprich das Biegemoment am Flanschblatt, so genau sein, dass auch bei hoher Temperatur keine plastische Deformation stattfindet.

PV-Serie SUPERBOLT

Für Anwendungen nach ASME Kapitel VIII, Division I (Boiler and pressure vessel code, BPVC) oder Druckgeräterichtlinie 97/23 EG sind in Zusammenarbeit mit dem TüV-Süd zwei spezifische SVS-Typen entstanden. Sie genügen ab Lager den Anforderungen der jeweiligen Norm und können direkt als Ersatz für bestehende Verschraubungen oder bei Neuanlagen eingesetzt werden. Diese decken Einsätze bis 450 Grad Celsius ab.

SVS haben ein breites Einsatzspektrum bezüglich verfügbarer Vorspannkraft. Liegt die erforderliche Kraft deutlich über oder unter den nominalen Datenblatt-Wert des PV-Elements (Pressure Vessel SVS), wird ein Anwendungsfall bezogenes Element gebaut, welches den Normen und Kräften der Anwendung entspricht.

Grundsätzlich muss bei einer sauberen Verspannung eines Flansches die Dichtung, der Flansch und die Verschraubung in der Lage sein, die Kräfte aufzunehmen.

PV-SVS für Druckgeräte

Bedeutung der Vorspannkraft - Beispiel Reaktoren

Wie hoch muss und darf die Vorspannung gewählt werden?
Die Vorspannung muss zu jedem Zeitpunkt des Druckbehälter-Betriebs grösser sein, als die Mindestflächenpressung Qs min L gemäss Dichtungshersteller. Das garantiert die Dichtheit zu jedem Zeitpunkt. Das heisst, zusätzliche Vorspannung oder Verlust an Vorspannung durch thermisch unterschiedliche Ausdehnung von Schrauben und Behälter ist mit einzurechnen.

Beispiel 1 Reaktor A12 mit Rührwerk, EMS Chemie Schweiz, Kunststoffherstellung

Bei Reaktoren mit Rührwerk muss zu oben genannten Belastungen die mechanische Belastung des Flansches und der Dichtung durch Gegen- und Kippmomente der Rührwerke miteinberechnet werden. Hier gilt es zu gewährleisten, dass das an der Deckelverschraubung des Reaktors befestigte Rührwerk weder rutscht, noch den Deckel und die Dichtung zum Abheben bringt. Eine gesamtheitliche Betrachtung ist also zwingend.

Reaktor-Flansch mit Rührwerk. Zur Gesamtberatung gehören: Richtige Dichtungswahl, Bestimmung der Vorspannkraft (Dichtung, Kippmoment, Drehmoment, Temperatur) und Montagebegleitung, falls gewünscht

Beispiel 2 Reaktor Ammoniak, USA

Muss wie in diesem Fall eine hohe Vorspannkraft von rund 200'000kN (20'000t) mittels 22 Stk. M280er Spannmuttern erzeugt werden, ist es wichtig, dass die Kraft gleichmässig auf die Dichtung wirkt. Pro Mutter gibt das rund 900t Vorspannung.
Auch hier garantiert die Vielzahl der kleinen Druckschrauben, dass die SVS mit einer Genauigkeit von +/- 10% arbeiten, die funktionierenden Drehmomentschlüssel inbegriffen.
Man fragt sich vielleicht, wie lange ein solcher Spannprozess dauert. Nun es wurden im konkreten Fall, verglichen mit den sehr schweren hydraulischen Aggregaten, 132 Mannstunden eingespart. Die Montage dauerte lediglich mit zwei Monteuren nur 15 Stunden!
Zwei Arbeiter können gleichzeitig gegenüberliegend mit leichten Pneumatikschraubern arbeiten, weil das Drehmoment pro Druckschraube lediglich 230 Nm beträgt!

230 Nm per Pneumatikschrauber erzeugen 9000kN (900t) pro Mutter

Rund 20'000 t Vorspannung auf dem Flansch

Elastizität: Reserven gegen Setz- und Kriechverluste

Die Zauberformel für den Erhalt der Vorspannung und damit der Dichtheit heisst "Elastizität der Verschraubung". Nebst der Elastizität des Flansches ist vor allem bei hoch verspannten Flanschen die Elastizität der Verschraubung von grosser Bedeutung. Speziell bei Klemmlängen unterhalb von 5 mal dem Bolzendurchmesser ist zusätzliche Elastizität gefragt. Möglichkeiten sind Dehnhülsen, Tellerfedern oder SVS.
Die SVS arbeiten eigenelastisch bis zu höchsten Flächenpressungen. Da die SVS aus dem klassischen Schwermaschinenbau kommen, liegt ihr Kraftpotenzial höher, als es bei Druckbehältern Anwendung findet.
Was bedeutet mehr Verschraubungs-Elastizität auf einem gedichteten Flansch?
Beim Verspannen längt sich der Bolzen je mehr, desto länger er ist, bzw. je elastischer er ist, wie zum Beispiel ein Dehnschaftbolzen.

Vergleich der Schraubenkennlinien von Sechskantmutter und SVS

Die folgenden Rötscherdiagramme zeigen die steile Schraubenkennlinie der steifen Verschraubung gegenüber der längeren flacheren Linie des elastischen SVS.
Gut zu erkennen ist der Unterschied: Die elastische Variante macht mehr Weg beim Spannen, hat diesen aber als Reserve bei Setzen oder Kriechen als Kompensation bereit und schützt so länger gegen das Unterschreiten der Mindestklemmkraft auf der Dichtung.
Die Mindestflächenpressung Qsmin beträgt 160 kN. Obwohl beide Verschraubungsvarianten mit der gleichen Kraft vorgespannt und die gleichen Setzkraftverluste angenommen wurden, versagt unter gleichen Bedingungen die steife konventionelle Verschraubung während das elastische Spannelement die Vorspankraft über der Mindestflächenpressung aufrechterhält.

Sechskantmutter-Verschraubung:
FM Vorspannkraft 610 kN
Verlängerung der Schraube 0,34mm
Stauchung der Bauteile 0,12mm
FZ Setzkraftverlust 268 kN
fz Setzung 0,2 mm
FV Einstellende Vorspannkraft nach Setzung 342 kN
FA Betriebskraft 300 kN
FKR Restklemmkraft 140 kN < Qsmin 160 kN

SVS-SUPERBOLT-Verschraubung:
FM Vorspannkraft 610 kN
Verlängerung der Schraube + Stauchung der Druckschraube + Radiale Spreizung des Mutterkörpers 0,58mm
Stauchung der Bauteile 0,12mm
FZ Setzkraftverlust 170 kN
fz Setzung 0,2 mm
FV Einstellende Vorspannkraft nach Setzung 440 kN
FA Betriebskraft 300 kN
FKR Restklemmkraft 195 kN > Qsmin 160 kN

Sechskantmutter-Verschraubung

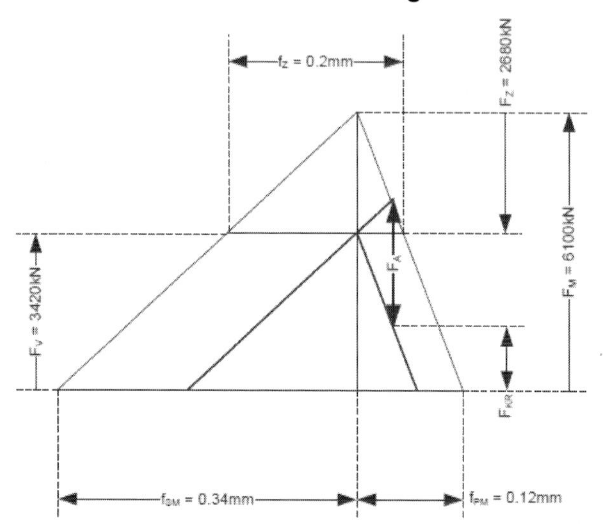

Beispiel: Konventionelle steife Verschraubung: Ein Setzbetrag (fz) von 0,2mm senkt die Vorspannkraft (FM = 6100kN) um 2680kN auf ***Fv = 3420 kN****.*

SVS-SUPERBOLT-Verschraubung

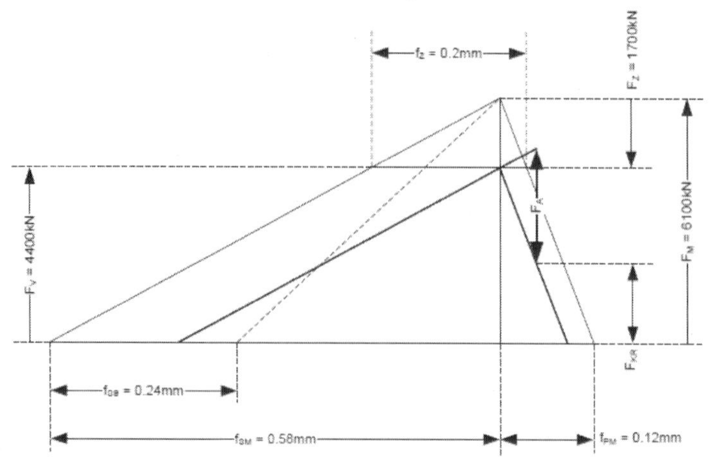

Gleiches Beispiel wie oben: Elastische SVS-Verschraubung: Der gleiche Setzbetrag (fz) von 0,2mm senkt die Vorspannkraft (FM = 6100kN) um nur 1700kN auf ***Fv = 4400 kN****. Das elastische System hat mehr Restklemmkraft auf der Dichtung (FKR).*

Warum sind SVS eigenelastisch?

SVS sind aus folgenden Gründen hochelastisch:
– Der Mutternkörper stülpt auf
– Die Druckschrauben federn im gewindelosen unteren Teil ein, funktionieren wie eine Druckfeder
– Die Krafteinleitung im Gewinde wird nach oben verlagert, das ergibt mehr Klemmlänge, sprich mehr Elastizität

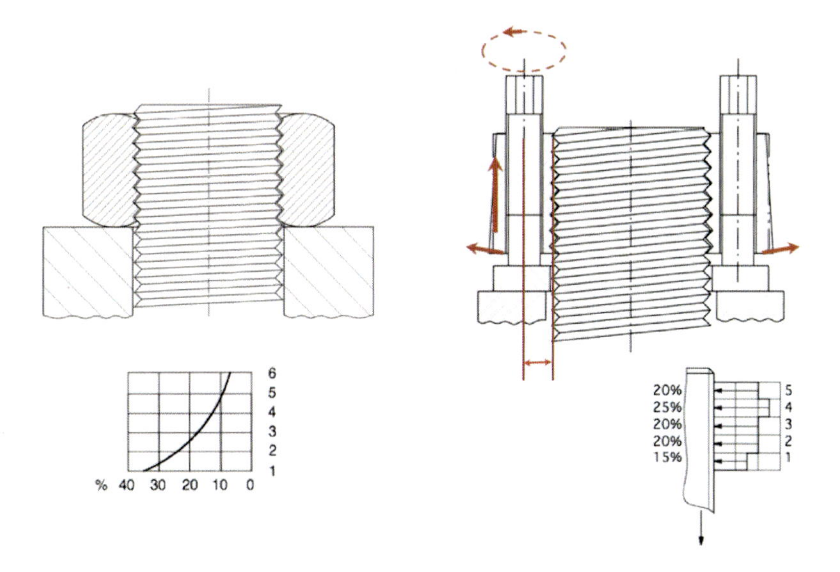

Links: Steife Sechskantmutter

Rechts: elastisches Aufstülpen des SVS, homogene Gewindelastverteilung, Verlängerung der Klemmlänge durch Verlagerung des Krafteinleitungspunktes

Durch das radiale Stülpen des Mutterkörpers werden die ersten tragenden Gewindegänge entlastet und die hinteren Gewindegänge an der Krafteinleitung beteiligt. Dies ergibt eine sehr gleichmäßige Krafteinleitung über mehrere Gewindegänge. Durch die gleichmäßige Belastung des Gewindes stellen sich geringere Setzkraftverluste ein als man sie bei konventionellen Verschraubungen kennt.

Thermische Einflüsse auf die Verschraubung

Auch thermische Einflüsse können mittels hoher Elastizität kompensiert werden; solange die Materialien nicht kriechen sogar fast beliebig zyklisch.
Im Folgenden werden Verschraubungen betrachtet, welche sich im elastischen Bereich befinden. Das heisst die Belastungen sind unterhalb von „Re".
Das Verhalten von Materialien im Fliessbereich wird hier nicht näher beschrieben.

Die **Vorspannung** verhält sich vereinfacht nach VDI2230 wie folgt:

$$F_{Mmin} = F_{Kerf} + (1 - \Phi) * F_A + F_Z + \Delta F_{Vth}$$

FM min = Minimale Vorspannkraft, damit sie die Betriebsanforderungen erfüllt bleiben.
FK erf = erforderliche Klemmkraft, damit Drehmoment übertragen werden kann, Dichtkraft gehalten und Aufklaffen verhindert wird.

(1-phi) * Fa = Entlastungskraft der Klemmverbindung in axialer Richtung (z.B. Betriebsdruck, etc). Wobei der Krafteinleitungsfaktor phi das Steifigkeitsverhältnis von Flansch und Bolzen nach VDI 2230 Abschnitt 5.1 wiedergibt. Konservativ betrachtet setzt man phi = 0.

Fz = Klemmkraftverlust durch Setzen im Betrieb

Delta Fvth = Vorspannkraftänderung zwischen Montagetemperatur und Betriebstemperatur nach folgender Formel:

$$\Delta F_{Vth} = \frac{l_K * (\alpha_S * \Delta T_S - \alpha_P * \Delta T_P)}{\delta_S * \frac{E_{SRT}}{E_{ST}} + \delta_P * \frac{E_{PRT}}{E_{PT}}}$$

Lk = Klemmlänge
Alpha s = Wärmeausdehnungskoeffizient Schraube
Delta Ts = Temperaturdifferenz Schraube
Alpha p = Wärmeausdehnungskoeffizient Platten (Flansch)
Delta Tp = Temperaturdifferenz Platten
Delta s = Nachgiebigkeit Schraube = lk /(E*A)
Delta p = Nachgiebigkeit Platte (konservativ = 0 setzen)
ESRT = Elastizitätsmodul der Schraube bei Raumtemperatur
EST = Elastiziätsmodul der Schraube bei Berechnungstemperatur
EPRT = Elastizitätsmodul der Platte bei Raumtemperatur
EPT = Elastizitätsmodul der Platte bei Berechnungstemperatur

Fazit aus der Formel: Es wird gezeigt, dass die elastische Verschraubung den thermischen Einfluss auf die Vorspannkraft reduziert.
Grundsätzlich gilt für die Auslegung von SVS die Regel, dass die SVS immer später zum Fliessen neigen sollen, als der Dehnschaftbereich des Bolzens. Das gewährleistet, dass die Schraubenverbindung immer gelöst werden kann.

Anwendungsbeispiel für die positive Auswirkung von Elastizität: Erdgas-Dehydrierturm Canada

Druck: 138 bar, Flanschgrösse: 200 mm, Dichtung: 316-Inox Ring joint gasket

Innerhalb von 5 Minuten wird von 40 auf 300 Grad Celsius hochgefahren. Die konventionelle steife Verschraubung versagte und konnte diesen thermischen Änderungen nicht nachkommen. Leckagen quälten den Betreiber. Der Umbau auf elastische SVS (M42) löste das Problem.

Einfache Montage mittels kleinem Drehmomentschlüssel auch unterhalb des Krümmers

Montage von SVS

Neben der fachgerechten Auslegung der Flanschverbindung ist die sachgerechte Montage und die Aufrechterhaltung der Vorspannkraft über den Produktionszyklus zu gewähren.
Über Setzungen und Temperaturdifferenzen geht über den Produktionszyklus die Klemmkraft verloren. Hochelastische Schraubensysteme bewirken die Aufrechterhaltung der Restklemmkraft.

Bedingt durch konstruktive Gestaltung der Produktführenden Systeme ist die gleichmäßig ausreichende Erzeugung der Flächenpressung auf die Dichtung nicht selten mit konventionellen Montagemethoden unmöglich.

In der Praxis können hydraulisch oder pneumatische Kraftübersetzer oft aus bauraumtechnischen Beschränkungen nicht auf dem kompletten Flansch vernünftig eingesetzt werden. Spannelemente mit Vielfachdruckschrauben arbeiten mit handlichen Drehmomentschlüsseln und können in kleinsten Bauräumen montiert werden. Es können höchstpräzise, gleichmäßige, zentrische Flächenpressungen auf der Dichtung gewährt werden, auch bei der Flanschmontage unter Krümmern oder in der Nähe von Begleitleitungen. Handgeführte Drehmomentschlüssen können im EX Bereich eingesetzt werden.

Für ein funktionierendes Flanschmanagement ist die Überprüfung der Vorspannkraft ein entscheidendes Kriterium. SVS können mit einem Drehmomentschlüssel einfach überprüft werden.

Beispiel Reaktordeckelverschraubung:

Vorher: Die Muttern konnten aus bauraumtechnischen Gründen nur mit Schlagschlüssel angezogen werden.

Nachher: Der Betreiber hat auf SVS umgestellt und das Wartungsintervall vervierfacht.

Gleichmässige Vorspannung mittels leichtem Werkzeug
Vervierfachung des Wartungsintervalls!

Quellen

VDI 2290, 2. Weissdruckvorlage Juni 2011

R. Steinbock, Influence of Multi-Jackbolt Tensioners on the elasticity of gasketed joints - CETIM 2. International Symposium on Fluid Sealing, La Baule, 1990

R. Steinbock, Turbine Generator High Temperature Workshop Toronto, Canada 1994

Spannungsuntersuchung von Schraubenverbindungen unter Temperatureinfluss

Arne Schünemann
Labor für Dichtungstechnik

1 Einleitung

Durch Normen und Regelwerke lässt sich eine Flanschverbindung im Krafthauptschluss nahezu für jeden Betriebszustand berechnen. Dazu ist es notwendig alle Parameter und Kennwerte der Flanschverbindung zu kennen. Welchen Einfluss Temperaturwechsel auf die Montagevorspannkraft der Verschraubung einer Flanschverbindung ausüben, ist bisher noch nicht hinreichend bekannt. Für eine korrekte Berechnung und Auslegung der Flanschverbindung ist die Kenntnis über die Auswirkung jedoch erforderlich.
Die Zielsetzung nachfolgender Studie besteht darin, durch einen möglichst praxisnahen Versuchsaufbau die Auswirkungen durch Temperaturwechsel auf Flanschverbindungen im Krafthauptschluss zu evaluieren. Nach Verschraubung bei Raumtemperatur sollen Temperaturwechsel zwischen 60°C und 180°C durchgeführt werden.
Zur Gestaltung der praxisnahen Versuche gilt es, die Tests auf realen Flanschverbindungen durchzuführen. Eine in der Praxis gängige Größe ist eine DN 50 PN 40 Flanschverbindung, auf Grund dessen die Auswahl, neben der guten Handhabung, auf selbige fällt.
Neben der Messung der Ausdehnungen der Flansche und Schrauben zueinander, werden zusätzlich zwei Dichtungstypen in die Messung integriert. Eine Kammprofildichtung mit Grafitauflage sowie eine PTFE-Flachdichtung sollen eine möglichst große Spannbreite an Dichtungstypen abdecken.

2 Versuchsaufbau

Wichtigstes Einflusskriterium für eine dauerhaft niedrige Leckagerate, ist die Ausübung einer entsprechend hohen und konstanten Flächenpressung auf die Dichtung. Das Vorhaben eine direkte und kontinuierliche Messung der Flächenpressung vorzunehmen, scheitert jedoch an diversen Punkten. Zwar ist es möglich, mit Hilfe einer Druckmessfolie in Verbindung mit einer Software Flächenpressungen der erwarteten Höhe kontinuierlich zu messen und anzeigen zu lassen, jedoch lassen sie sich nicht oft wiederholen. Zu erwartende und gängige Flächenpressungen an der Flanschverbindung, bei entsprechender Ausnutzung der Streckgrenze der eingesetzten Schrauben, sind mit Flachdichtungen in der Höhe von ungefähr 30 MPa und mit Kammprofildichtungen, bei gleicher Schraubenkraft in Höhe von ungefähr 90 MPa zu erwarten. Wenngleich die meisten Druckmessfolien hier bereits an ihre Grenzen stoßen, ist es mit manchen zwar möglich diese Flächenpressungen zu messen, allerdings sind sie vor allem bei den einzusetzenden Temperaturen nur wenige Male einsetzbar und durch Sonderanfertigung und benötigter Software sehr teuer. Bei einer Temperierung der Flanschverbindung durch ein heißes Medium von innen, wäre dieser Methode zudem nicht möglich.

Durch obige Erkenntnis ist es demnach nur praktikabel, die Flächenpressung über die Schraubenkraft zu ermitteln. Dazu ist es erforderlich, die Kraft jeder Schraube der Flanschverbindung kontinuierlich zu messen. Über die verpresste Fläche lässt sich über die gemessene Schraubenkraft die Flächenpressung errechnen. Auf Grund linear elastischer Längenänderungen der Schrauben, lässt sich durch Messen der Längenänderung die Kraft ermitteln. Ein geeigneter Messgrößenaufnehmer stellt ein Dehnmessstreifen (DMS) dar, über den sich in Kombination in einer Messkette die resultierende Kraft umrechnen lässt.

Nach Norm ist eine DN 50 PN 40 Flanschverbindung mit vier M 16 Schrauben zu verspannen. Zur Reduzierung von Störeinflüssen insbesondere in Verbindung mit hohen Temperaturen, ist es vorteilhaft, die Dehnmessstreifen auf eine ebene Fläche zu applizieren. Die Erfüllung dieser Anforderung ist jedoch nicht mit Standardschrauben zu verwirklichen. Nach Rücksprache mit dem Unternehmen ME-Meßsysteme GmbH sind für diesen Anwendungsfall maßangefertigte Dehnschaftschrauben entwickelt worden, welche die Zentralwerkstatt der Fachhochschule Münster anfertigte (siehe Abbildung 1). Für die ebene Applizierung der Dehnmessstreifen tragen zwei gegenüberliegende Abflachungen bei. Auf jeder Abflachung ist jeweils ein Dehnmessstreifen in Kombination mit einem PT1000 Temperatursensor appliziert. Diese Methode dient neben der Temperatur- und Dehnungsmessung der Dehnschaftschrauben unteranderem dazu, den Einfluss der Temperatur zu kompensieren. Die Stirn- und Querlochbohrung in den Schrauben, durch die die dünnen Zuleitungen der Sensoren geführt werden, sorgen beim späteren Verschrauben für eine bessere Handhabung und Sicherheit, da die Zuleitungen nicht durch die Flanschplatten hinausgequetscht werden müssen. Das Innengewinde auf der Stirnseite dient der Anbringung einer Zugentlastung.

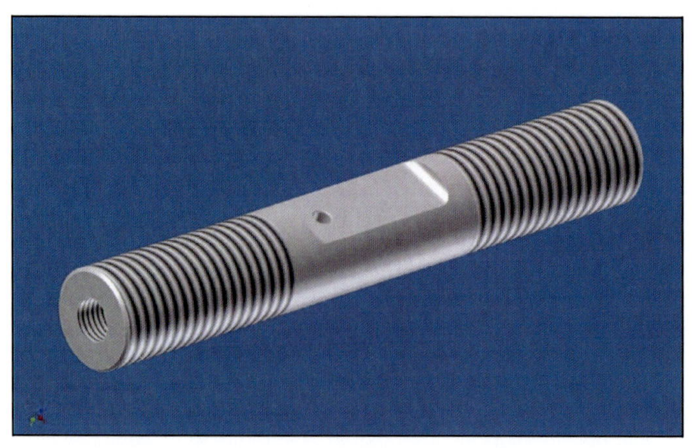

Abbildung 1: Skizze der verwendeten Dehnschaftschrauben

Aufgrund der resultierenden Querschnittsverjüngung, hinsichtlich der benötigten Modifizierungen für die Dehnmessstreifen, ist es nicht möglich das oft eingesetzte 5.6er Schraubenmaterial zu verwenden. Um die gebräuchlichen Flächenpressungen von 30 MPa bei Flachdichtungen bzw. 80 MPa bei Kammprofildichtungen zu erreichen, müssen die Schrauben der Flanschverbindung mit ca. 45 kN angezogen werden. Bezogen auf den kleinsten Querschnitt der Schraube, die Stelle an der sich die Querlochbohrung befindet, ergibt dich in diesem Bereich eine Zugspannung von ca. 360 N/mm². Die Streckgrenze würde bei Verwendung des 5.6er Materials (Zugfestigkeit bei Raumtemperatur 300 N/mm²) überschritten werden. Das nach Berechnungen eingesetzte Schraubenmaterial, inkl. Berücksichtigung eines Sicherheitsfaktors von ca. 200%, ist 42CrMo4. Abbildung 2 zeigt ein Foto der eingesetzten Dehnschaftschrauben inkl. Bestückung mit Dehnmessstreifen und Temperatursensoren, sowie der Zuleitungen mit Zugentlastung.

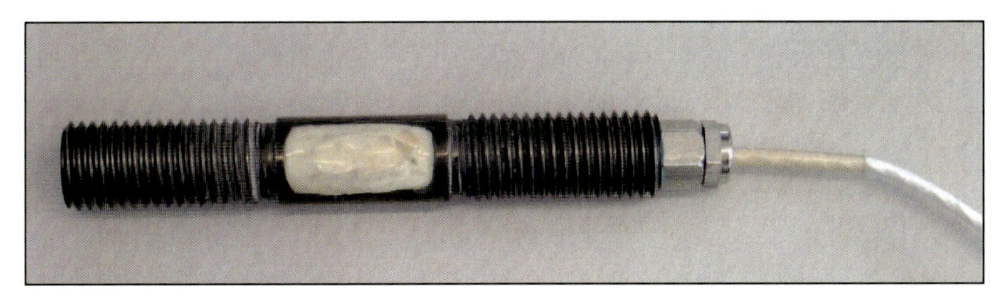

Abbildung 2: Eingesetzte Dehnschaftschrauben

Die Versuche finden auf zwei verschiedenen Flanschmaterialien statt. Es soll dabei die Auswirkung der unterschiedlichen Ausdehnungskoeffizienten von Flansch und Schraube innerhalb ihrer Verbindung untersucht werden. Dabei wird zum einen ein Flanschmaterial ausgewählt, welches die gleichen Ausdehnungskoeffizienten wie die Dehnschaftschrauben besitzt und zum anderen eines, welches höhere besitzt. Die Auswahl der Flansch-Schrauben-Kombination erfolgt nach DIN EN 1092 Teil 2, „Klassifizierung von Schraubenwerkstoffen für Stahlflansche, nach PN bezeichnet“. Die Werkstoffe, die diesen Anforderungen entsprechen haben die Werkstoffnummer 1.0460 und 1.4571. Die Flansche entsprechen dem *Typ 11* und besitzen eine Dichtleiste der Form *B*.
Bei dem Werkstoff 1.0460 handelt es sich um einen unlegierten Stahl, der die gleichen Ausdehnungskoeffizienten besitzt, wie die Dehnschaftschrauben (siehe Abbildung 3). Der Werkstoff 1.4571 ist ein nichtrostender austenitischer Stahl, der größere Ausdehnungskoeffizienten als die Dehnschaftschrauben besitzt (siehe Abbildung 4).

Abbildung 3: Flanschverbindung (1.0460)

Abbildung 4: Flanschverbindung (1.4571)

Da die Ausdehnung der Rohre keine Auswirkung auf die Messungen ausübt, wird in beiden Flanschverbindungen dasselbe Rohrmaterial benutzt. Die an die Flansche angeschweißten Rohre bestehen aus dem Material 1.4301. Auf einer Seite der Flanschverbindung ist das Rohr jeweils blindgeschweißt. Die andere Seite ist mit einer Ronde bestückt, um die Flansche für spätere interne Versuche, wie z. B. für Leckagetests im Labor nutzen zu können. Für die hier aufgeführten Tests spielen diese Bauteile jedoch keine Rolle und werden nicht weiter behandelt.

Zwei verschiedene, in der Industrie gängige Dichtungstypen einer DN 50 PN 40 Flanschverbindung, die bei Temperaturen bis 180°C eingesetzt werden, wurden bei den Versuchen getestet. Zu ihnen gehören eine Kammprofildichtung mit Grafitauflage und eine PTFE Flachdichtung. Ein harter Werkstoff mit geringer Fließeigenschaft und hohem E-Modul steht einem weichen Werkstoff mit großer Fließeigenschaft und niedrigem E-Modul gegenüber. Durch diese unterschiedlichen Materialien soll eine möglichst große Bandbreite an Dichtungsmaterialien abgedeckt werden.

Für die Erhitzung der Flanschverbindung wird ein 2000 W leistungsstarker Temperaturschrank mit Umluftfunktion benutzt. Die Umluft trägt zu einer homogenen Temperaturverteilung bei. Zur Einhaltung und Steuerung der geforderten Temperaturen von 60°C und 180°C ist er mit einem Temperaturregler ausgerüstet, der zwischen den zwei Soll-Temperaturen wechseln kann. Über einen PT-100 Messwertumformer, dessen Signal dem Regler zugeführt wird, erfolgt die erforderliche Temperaturmessung der Schrankluft. Dieser geschlossene Regelkreis gewährleistet eine schnelle und genaue Regelung der Lufttemperatur. Ein zweiter PT-100 Messwertumformer dient der Temperaturaufzeichnung durch eine im Labor entwickelte Software, die zur Automatisierung der Versuche geschrieben worden ist.

Die Software dient neben der Automatisierung der Versuchsdurchläufe auch noch zur Umwandlung und Aufzeichnung der Versuchsdaten. Dabei wird für jede Dehnschaftschraube die resultierende Kraft als Funktion der Längenänderung und der Temperatur ermittelt und gegen die Zeit aufgetragen und gespeichert. Analog gilt dieses Verfahren für die Ermittlung und Aufzeichnung der Temperatur der Luft im Temperaturschrank und der Flanschtemperatur. Zusätzlich errechnet die Software anhand der vor Versuchsbeginn eingegebenen Dichtungs- und Dichtleistenabmessung die resultierende Flächenpressung. Abbildung 5 zeigt einen Bildausschnitt der Software mit den Eingabefeldern.

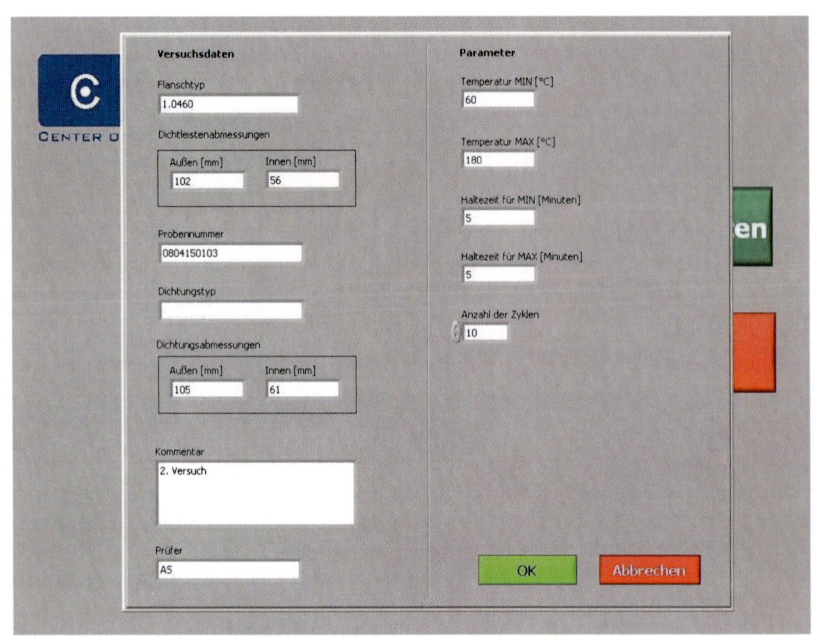

Abbildung 5: Software mit Eingabefeldern

Die Verbindung von Software und Sensoren erfolgt über elektrische Module der *Wago Kontakttechnik GmbH & Co. KG*. Diese sogenannten Wago-Module dienen dabei als Schnittstelle von Hard- zur Software. Alle Sensoren sind dafür, entsprechend des Sensortyps, an das passende Wago-Modul angeschlossen. Ein TCP/IP Ethernet Feldbuskoppler überträgt die Daten über ein Netzwerkkabel zum Laptop. Die Software wandelt die Daten schließlich in die entsprechenden Einheiten um.

3 Versuchsbeschreibung

Damit eine größtmögliche Anzahl an Zyklen gefahren werde kann, ist eine minimale Haltezeit zu wählen. Die Haltezeit für alle Versuche wird mit jeweils fünf Minuten pro Soll-Temperatur bei 60°C und 180°C durchgeführt. Insgesamt werden für jeden Flanschtyp zur besseren Reproduzierbarkeit jeweils zwei Versuche pro Test gemacht. Zu erwarten ist, dass das Dichtelement einer Flanschverbindung das schwächste Glied darstellt. Aus diesem Grund findet am Anfang ein Versuch ohne Dichtung statt, um das Verhalten der Schrauben und Flansche zueinander zu evaluieren. Nachfolgend werden zwei unterschiedliche Dichtungstypen eingesetzt. Zu ihnen gehören eine PTFE Flachdichtung und eine Kammprofildichtung mit Grafitauflage. Siehe Tabelle 1: Geplante Versuche.

<table>
<tr><th colspan="3">Versuche</th></tr>
<tr><td>Flanschtyp</td><td>1.4571</td><td>1.0460</td></tr>
<tr><td rowspan="6">Dichtungstyp</td><td colspan="2">ohne</td></tr>
<tr><td colspan="2">ohne</td></tr>
<tr><td colspan="2">PTFE Flachdichtung</td></tr>
<tr><td colspan="2">PTFE Flachdichtung</td></tr>
<tr><td colspan="2">Kammprofil mit Grafitauflage</td></tr>
<tr><td colspan="2">Kammprofil mit Grafitauflage</td></tr>
</table>

Tabelle 1: durchgeführte Versuche

Zur Einhaltung gleicher Versuchsabläufe und Gewährung repräsentativer Versuchsergebnisse werden alle Versuche durch Aufbringen einer einheitlichen Montagevorspannkraft von 40 kN an jeder Schraube durchgeführt. Für die Versuchsplanung stellt die Anzahl von zehn Zyklen eine optimale Größenordnung dar. Es muss untersucht werden, ob zehn Zyklen ausreichend Informationen über die Anzahl von Temperaturwechseln liefern. Eine größere Anzahl scheint vorstellbar.
Zunächst muss jedoch eine Kraft-Kalibrierung der Dehnschaftschrauben vorgenommen werden, sowie die Einflussnahme der Temperatur auf das Messergebnis untersucht werden.
Vor dem Start der Versuche werden auf einem kalibrierten Hydraulikprüfstand, der sonst zur Ermittlung von Dichtungskennwerten dient, die Dehnschaftschrauben auf die geschriebene Software kalibriert.
Zur Ermittlung der Einflussnahme der Temperatur auf die Dehnmessstreifen bei zehn Zyklen werden die Schrauben unverspannt in der Flanschverbindung temperiert. Abbildung 6 zeigt den Verlauf der Schraubenkraft verursacht durch die Temperaturzyklen. Auffällig ist die Schwankung der Schraubenkraft pro Zyklus um ca. 0,2 kN, u. a. bedingt durch die Längenänderung der Schrauben. Zusätzlich unterliegen die Dehnmessstreifen einer unterschiedlich stark ausfallenden Hysterese, die bei Schraube 3 am Versuchsende mit einer Kraftdifferenz von -1,2 kN am stärksten, bezogen zum Anfangswert, ausfällt.
Hinsichtlich zunehmender Messungenauigkeit durch jeden Zyklus wird deshalb der Versuch unternommen, durch analytische Verfahren die Hysterese zu kompensieren. Dafür wird für jede der oben gezeigten Kraftkurven die mittlere Steigung errechnet, wodurch die Hysterese über die Zeit kompensiert werden soll. Da die Masse und somit die Dauer der Erhitzung beider Flansche gleich ist, scheint diese Kompensationsmethode über die Zeit ein geeignetes Mittel zu sein.
Abbildung 7 zeigt das Ergebnis der Kompensation für Schraube Nr. 3. Die rote Linie ist das Ergebnis der Kompensation durch die Ausgleichsgerade, wodurch die Werte nur noch in einem Bereich von ± 0,1 kN schwanken.

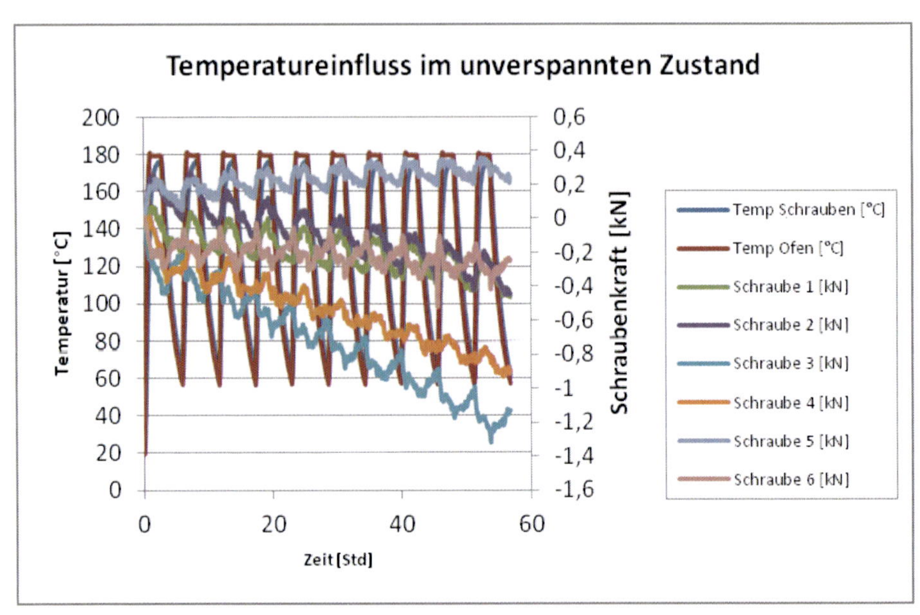

Abbildung 6: Temperatureinfluss auf die DMS im unverspannten Zustand bei 10 Zyklen

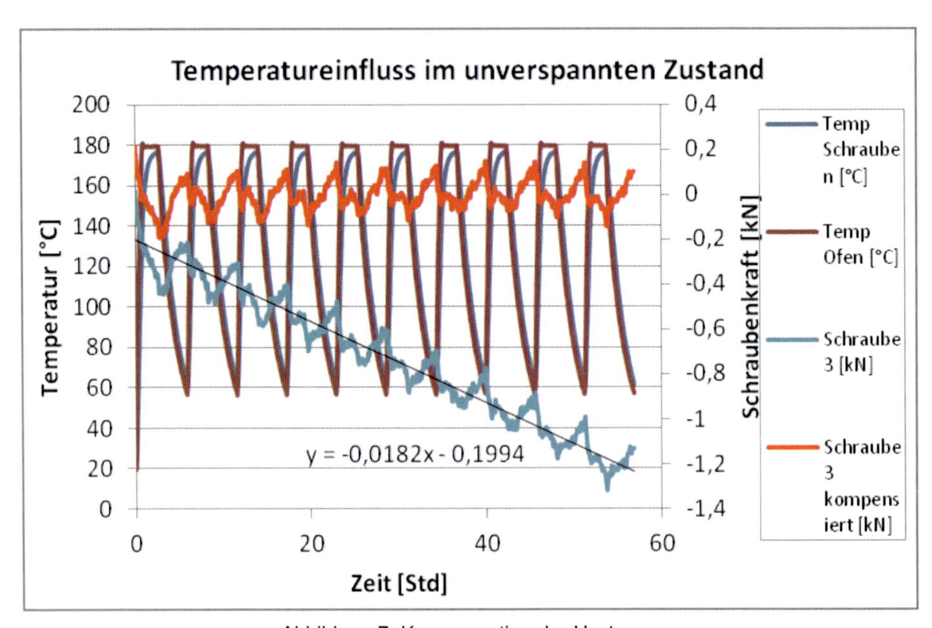

Abbildung 7: Kompensation der Hysterese

Nach erfolgreicher Implementierung der individuellen Ausgleichsgeraden zur Hysterese-Kompensation in die Software führen nachfolgende Versuche jedoch zu der Erkenntnis, dass der Einfluss der Hysterese auf die Dehnmessstreifen nicht reproduzierbar ist und variiert. Dabei verlieren die Ausgleichsgeraden mit zunehmender Anzahl an Zyklen an Steigung, und führen schließlich zu einer fehlerhaften Kompensation. Dies lässt sich evtl. mit einer Verlangsamung der Alterung der Dehnmessstreifen erklären.
In der Software lässt sich zwischen den kompensierten und den unkompensierten, originalen Werten bereits während der Aufzeichnung umschalten, womit auch eine Umschaltung der Grafen zu den dazugehörigen Werten stattfindet. Unabhängig der Wahl der angezeigten Werte, werden für beide Varianten alle Daten aufgezeichnet und gespeichert.
Im Folgenden wird ausschließlich mit den nicht kompensierten Werten gerechnet. Zur Minimierung der Messfehler und übersichtlicheren Gestaltung der Grafen werden die Schraubenkräfte als arithmetisches Mittel dargestellt. Da die Temperatur des Flansches nahezu der der Schrauben entspricht, wird diese in den Auswertungen zur besseren Übersicht nicht dargestellt

Nach Start der Datenaufzeichnung werden die Schrauben nach ESA-Richtlinie durch Stufenweises über Kreuz-Anziehen in vier Schritten (ca. 25 %, 50 %, 75 %, 100 %) auf eine Vorspannkraft von 40 kN angezogen.
Anschließend wird ca. fünf Minuten gewartet, bis sich die Verbindung durch Relaxationsvorgänge ein wenig gesetzt hat. In der fünften und letzten Runde werden nochmals 40 kN im Uhrzeigersinn nachgezogen. Abbildung 9 zeigt den Versuchsaufbau. Die Verschraubung erfolgt über die Anzeige der Software.

Abbildung 8: Versuchsaufbau

4 Ergebnisse

Zunächst wird mit theoretisch berechnet, welche Auswirkungen, bedingt durch die Temperatur, die Ausdehnungen der Materialien auf die Montagevorspannkraft ausüben. Dafür werden die gemessenen Werte bei Erreichen der ersten maximalen Solltemperatur von 180°C mit denen der analytischen Berechnung verglichen.

Auf Grund relativ identischer Werte der Wiederholversuche, wird hier, zur übersichtlicheren Gestaltung, jeweils nur ein Versuchsablauf abgebildet.

a. Berechnungen

Zunächst müssen die Längenänderungen für jedes Bauteil berechnet werden. Da die Längenänderungen der Muttern und die der Flansche sich auf die Klemmkraft der Schrauben auswirken, müssen sie addiert werden und von der Längenänderung der Schrauben subtrahiert werden.

$$\Delta f = f_S-(f_P+f_U)$$

Für beide Flanschmaterialien sind die Längen gleich und lauten wie folgt (vgl. Abbildung 10):

$$l_U = 3 \text{ mm}$$
$$l_P = 2*20 \text{ mm} = 40 \text{ mm}$$
$$l_S = 40 \text{ mm} + 2 * 3 \text{ mm} = 46 \text{ mm}$$

Da zwei Unterlegscheiben benutzt werden, ist mit der doppelten Höhe zu rechnen. Die Formel für die resultierende Dehnung der Schraube beträgt danach:

$$\Delta f = \alpha_S*l_S*\Delta T-(\alpha_P*l_P*\Delta T+\alpha_U*2*l_U*\Delta T) \qquad \text{Gl. 1}$$

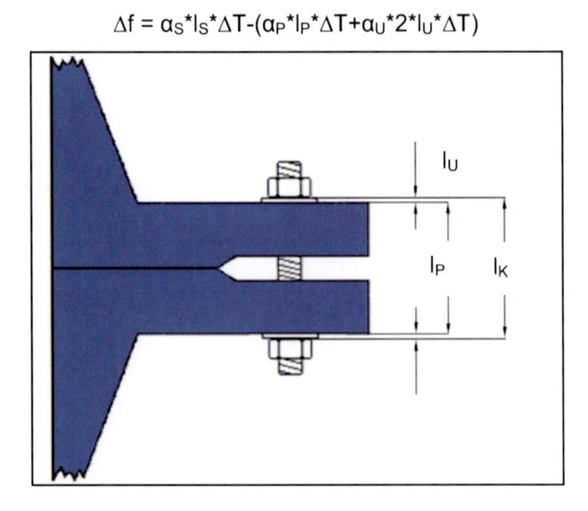

Abbildung 9: Flanschmaße ohne Dichtung

Mit der resultierenden Dehnung Δf ergibt sich die Vorspannkraftänderung ΔF_{MT} einer Schraube, unter Berücksichtigung von verändertem E-Modul bei Temperatur, der Anzahl n=4 der Dehnschaftschrauben und ihrem kleinsten Querschnitt, zu

$$\Delta F_{MT}=(\Delta f/l_k *E_{(S\,(200°C)}*A_{(S\,min)})/4$$

Nach Einsetzen der Parameter erhält man folgende Vorspannkraftänderungen je Dehnschaftschraube:

Flanschmaterial	1.4571	1.0460
Vorspannkraftänderung	**-4,4 kN**	**-0,3 kN**

Tabelle 2: Vorspannkraftänderungen je Dehnschaftschraube

Ein negativer Wert bedeutet eine Zunahme der Vorspannkraft ein positiver steht für eine Verringerung. Auf Grund relativ ähnlicher Ausdehnungskoeffizienten entsteht für die Flanschverbindung mit dem Material 1.0460 so gut wie keine Vorspannkraftänderung. Die Ausdehnung von 0,3 kN entsteht hierbei durch die Unterlegscheiben. Anders ist es bei dem Material 1.4571. Hier erfahren die Schrauben, bedingt durch den größeren Ausdehnungskoeffizienten des Flanschmaterials und der Unterlegscheiben, eine zusätzliche Kraft von ca. 4,4 kN.

b. Messergebnisse ohne Dichtung

Nachfolgend werden die Ergebnisse der Versuche zunächst für das Material 1.4571 und anschließend für das Material 1.0460 jeweils ohne Dichtelemente vorgestellt.

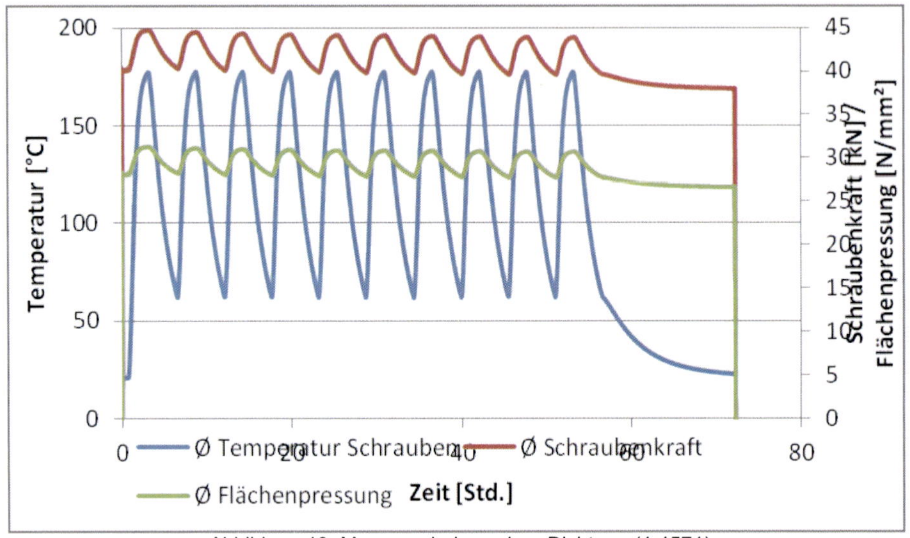

Abbildung 10: Messergebnisse ohne Dichtung (1.4571)

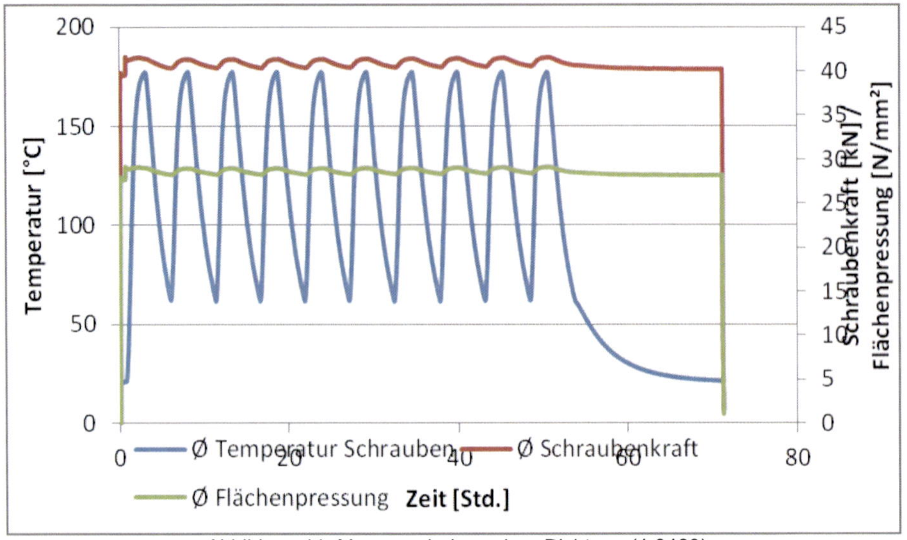

Abbildung 11: Messergebnisse ohne Dichtung (1.0460)

Zusammenfassend stellt Tabelle 3 die ermittelten Kennwerte dar.

ohne Dichtung							
Material: 1.4571				Material: 1.0460			
Versuch 1		F [kN]	Q [MPa]	Versuch 1		F [kN]	Q [MPa]
	nach Montage:	40,2	28,2		nach Montage:	41,4	28,8
	bei T_{max}:	44,3	31		bei T_{max}:	41,5	29,1
	nach 10 Zyklen:	37,4	26,2		nach 10 Zyklen:	40,2	28,2
	ΔF_{MT} :	**4,1**	**2,8**		**ΔF_{MT} :**	**0,1**	**0,3**
	ΔF / ΔQ:	**-2,8**	**-2**		**ΔF / ΔQ:**	**-1,2**	**-0,6**
Versuch 2		F [kN]	Q [MPa]	Versuch 2		F [kN]	Q [MPa]
	nach Montage:	39,9	28,1		nach Montage:	40,5	28,4
	bei T_{max}:	44,6	31,3		bei T_{max}:	41,2	28,8
	nach 10 Zyklen:	37,9	26,6		nach 10 Zyklen:	40	28,1
	ΔF_{MT} :	**4,7**	**3,2**		**ΔF_{MT} :**	**0,7**	**0,4**
	ΔF / ΔQ:	**-2**	**-1,5**		**ΔF / ΔQ:**	**-0,5**	**-0,3**

Tabelle 3: Kennwerte der Versuche ohne Dichtung

Es ist zu erkennen, dass die ermittelten Kennwerte, für die Änderung der Vorspannkraft bei T_{max}, nahezu identisch mit denen der Berechnung sind.
Während der nachfolgenden Zyklen schwanken die Schraubenkräfte in dem Bereich der Vorspannkraftänderung ΔF_{MT}, d. h., dass die nachfolgenden Zyklen keinen zusätzlichen Einfluss mehr auf die Vorspannkraft ausüben. Hinsichtlich des Verhaltens wird von einer Erhöhung der Anzahl der Zyklen abgesehen, womit an der anfänglichen Entscheidung, zehn Zyklen zu fahren, festgehalten wird.
Die Schraubenkräfte sinken beim 1.4571er- stärker als beim 1.0460er Material, infolge von Relaxation, durch das stärkere Walken. Jedoch ist davon auszugehen, dass nicht die Dehnschaftschrauben oder die Flansche relaxieren, sondern die Unterlegscheiben, was folgende Berechnung darlegt.
Das Material der Unterlegscheiben ist handelsübliches V2A mit der Werkstoffnummer 1.4301 und besitzt bei 200°C eine Streckgrenze von 127 N/mm². Die Kopf-, bzw. Mutterauflagefläche einer M16 Schraube beträgt 157 mm². In der Flanschverbindung, bestehend aus dem 1.4571er Material, wird die Unterlegscheibe durch Erhöhung der Vorspannkraft mit einer Kraft von ca. 45 kN belastet, was eine Druckbeanspruchung bedeutet von

$$45000 \text{ N}/157 \text{ mm}^2 = 287 \text{ N/mm}^2$$

Verglichen mit der Streckgrenze ist festzustellen, dass der Wert um mehr als das Doppelte überschritten wird. Bei dieser konservativen Berechnung sei jedoch auf die Annahme von der Gleichbetrachtung von Druck- und Zugbelastung hingewiesen. Tatsächlich ist dies nicht vollständig möglich.
Obwohl obige Berechnung nicht unbedingt der Praxis entspricht, gibt sie eine Tendenz zur plastischen Verformung der Unterlegscheiben an. Diesbezüglich findet eine Verringerung der Höhe der Unterlegscheiben statt, die zu einer Reduzierung der Vorspannkraft und gleichermaßen zu einer Verringerung der Flächenpressung bei Versuchsende führt. Für das 1.4571er Material bedeutet die Relaxation einen durchschnittlichen Flächenpressungsverlust von knapp zwei MPa und für das 1.0460er Material durchschnittlich einen Verlust von ca. 0,5 MPa.

c. Messergebnisse mit Kammprofildichtung

Das obige Verhalten wird nun im Folgenden in Verbindung mit einer Kammprofildichtung mit Grafitauflage untersucht. Der Effekt des Walkens dürfte sich stärker und nachhaltiger auf die resultierende Flächenpressung einer Dichtung auswirken.

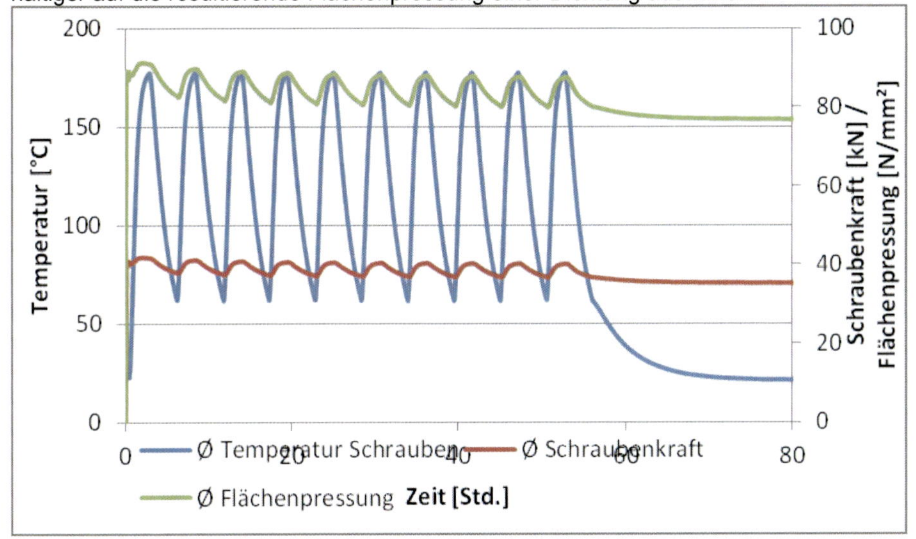

Abbildung 12: Messergebnisse Kammprofil-Dichtung (1.4571)

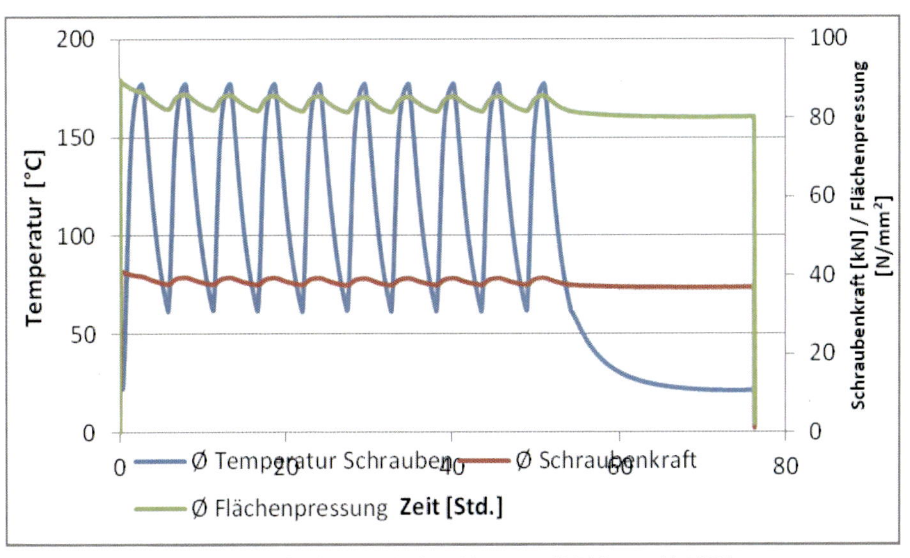

Abbildung 13: Messergebnisse Kammprofil-Dichtung (1.0460)

Wie zu erwarten, führt das Walken zu einem nachhaltigen Verlust der Flächenpressung der Kammprofildichtungen. Tabelle 4 zeigt die Messergebnisse.

Kammprofil-Dichtung							
Material: 1.4571				**Material: 1.0460**			
Versuch 1		F [kN]	Q [MPa]	Versuch 1		F [kN]	Q [MPa]
	nach Montage:	40,9	89,1		nach Montage:	40,8	88,9
	bei $T_{max:}$	40	87,1		bei $T_{max:}$	39,9	86,7
	nach 10 Zyklen:	33,6	73,3		nach 10 Zyklen:	36,8	80,2
	ΔF_{MT} :	**-0,9**	**-2**		**ΔF_{MT} :**	**-0,9**	**-2,2**
	ΔF / ΔQ:	**-7,3**	**-15,8**		**ΔF / ΔQ:**	**-4**	**-8,7**
Versuch 2		F [kN]	Q [MPa]	Versuch 2		F [kN]	Q [MPa]
	nach Montage:	40,6	88,5		nach Montage:	41,4	90,2
	bei $T_{max:}$	41,8	91,3		bei $T_{max:}$	41,2	89,7
	nach 10 Zyklen:	35,3	76,8		nach 10 Zyklen:	38,1	83
	ΔF_{MT} :	**1,2**	**2,8**		**ΔF_{MT} :**	**-0,2**	**-0,5**
	ΔF / ΔQ:	**-5,3**	**-11,7**		**ΔF / ΔQ:**	**-3,3**	**-7,2**

Tabelle 4: Kennwerte der Versuche mit Kammprofil-Dichtung.

Der Verlust der Flächenpressung fällt nach Versuchsende, durch die stärkere Ausdehnung beim 1.4571er Material im Vergleich zum 1.0460er Material, größer aus. Der Einfluss des ersten Temperaturzyklus ist dafür der Entscheidende, da dort nach Erreichen der ersten maximalen Temperatur die Dichtung ihre maximale Flächenpressung erfährt. Hierbei verliert sie durch Relaxation ihre Höhe und somit an Flächenpressung. Trotz nachfolgender Zyklen und des Einflusses des Walkens stellt sich der Verlust der Flächenpressung ein.
Durchschnittlich verliert die Dichtung, jeweils bezogen auf die Messwerte bei Raumtemperatur, beim 1.4571er Material 15% und beim 1.0460er Material 9% an Flächenpressung. Sie besitzt folglich einen P_{QR} -Wert in Anlehnung an DIN EN 13555 beim 1.4571er Material von 0,85 und einen P_{QR} von 0,91 beim 1.0460er Material.

d. Messergebnisse mit PTFE-Flachdichtung

Hinsichtlich der erheblich größeren Stauchfähigkeit des duktilen PTFE Materials, dürfte die Zunahme der Vorspannkraft während des ersten Zyklus einen noch größeren negativen Einfluss auf die resultierende Flächenpressung ausüben.

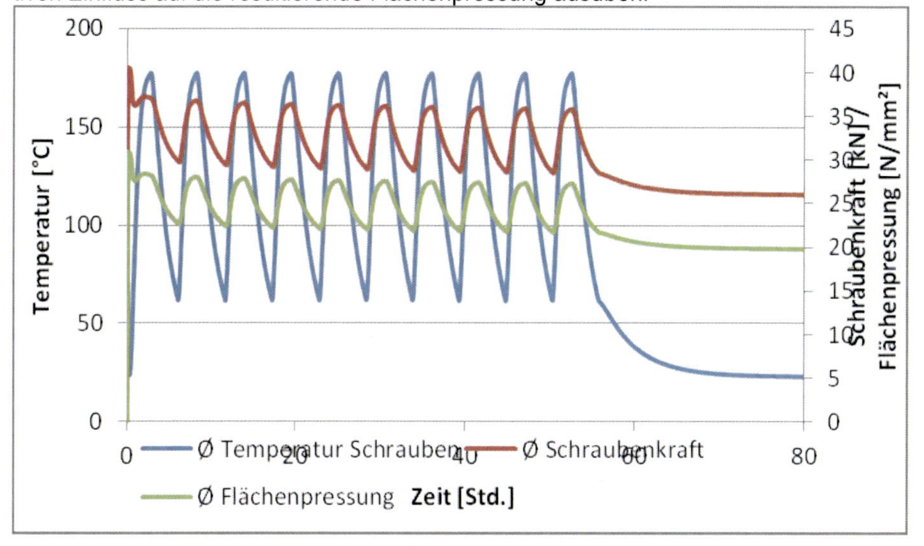

Abbildung 14: Messergebnisse PTFE-Dichtung (1.4571)

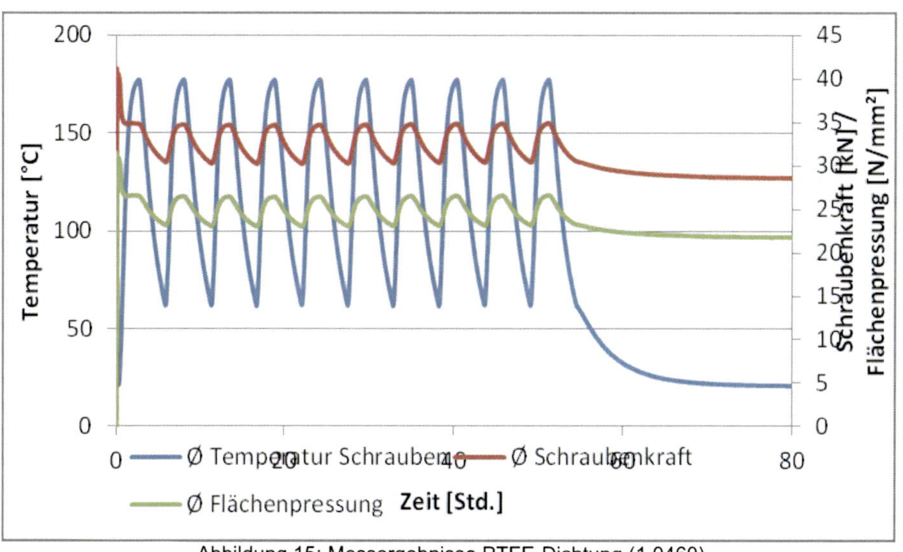

Abbildung 15: Messergebnisse PTFE-Dichtung (1.0460)

Wie zu erwarten ist der Verlust der Vorspannkraft, auf Grund der Duktilität des PTFE-Materials, am stärksten ausgeprägt. Tabelle 5 zeigt die ermittelten Kennwerte.

PTFE-Dichtung							
Material: 1.4571				**Material: 1.0460**			
Versuch 1		F [kN]	Q [MPa]	Versuch 1		F [kN]	Q [MPa]
	nach Montage:	41,1	31,3		nach Montage:	40,6	26,2
	bei T_{max}:	36,7	28,2		bei T_{max}:	35,8	23,2
	nach 10 Zyklen:	24,3	18,5		nach 10 Zyklen:	29,3	18,9
	ΔF_{MT} :	**-4,4**	**-3,1**		**ΔF_{MT} :**	**-4,8**	**-3**
	ΔF / ΔQ:	**-16,8**	**-12,8**		**ΔF / ΔQ:**	**-11,3**	**-7,3**
Versuch 2		F [kN]	Q [MPa]	Versuch 2		F [kN]	Q [MPa]
	nach Montage:	40,1	30,6		nach Montage:	40,2	30,6
	bei T_{max}:	37	28,4		bei T_{max}:	34,8	26,5
	nach 10 Zyklen:	26	19,8		nach 10 Zyklen:	28,6	21,8
	ΔF_{MT} :	**-3,1**	**-2,2**		**ΔF_{MT} :**	**-5,4**	**-4,1**
	ΔF / ΔQ:	**-14,1**	**-10,8**		**ΔF / ΔQ:**	**-11,6**	**-8,8**

Tabelle 5: Kennwerte der Versuche mit PTFE-Dichtung

Der resultierende P_{QR} der PTFE-Dichtungen, eingesetzt in der Flanschverbindung mit dem 1.4571er Material, beträgt im Durschnitt beider Versuche 0,62. Beim 1.0460er Material ergibt sich ein durchschnittlicher P_{QR} von 0,72

5 Zusammenfassung

Die Auswirkungen der resultierenden Vorspannkraftänderung, bedingt durch die unterschiedlichen Ausdehnungskoeffizienten machen sich umso mehr bemerkbar, je duktiler das Dichtungsmaterial ist. Das ein duktiler Werkstoff stärker fließt, lässt sich, außer durch seine Substitution durch einen spröderes Material, nicht verhindern. Jedoch lässt sich das Fließen gerade bei Benutzung unter Temperatur begrenzen, indem die Beanspruchung möglichst konstant gehalten wird. Auf die temperierte Flanschverbindung bezogen bedeutet dies, die Benutzung von Materialien mit möglichst gleichem Ausdehnungskoeffizienten, sodass sich ihre Ausdehnung gegenseitig aufhebt und nicht zusätzlich auf die Dichtung einwirkt.
Bei allen durchgeführten Tests sind lediglich die Auswirkungen der Ausdehnungen der Flansche, Dichtungen und Unterlegscheiben auf die Schrauben untersucht und gemessen worden. In der Praxis übt der Einfluss der Ausdehnung der Rohre eine nicht zu vernachlässigende Größe auf die Flanschverbindung aus. Hierbei dürfte die Ausdehnung der Rohre einen noch größeren Einfluss auf diese Verbindung darstellen, da sie sich auf Grund ihrer Länge um einen größeren Betrag, als die Flansche ausdehnen.
Die homogene Temperierung der Flanschverbindung durch den Temperaturschrank stellt eine sogenannte *„best case“* Situation ihrer Belastung dar. Damit ist die relativ gleichmäßige Ausdehnung aller Materialien zueinander gemeint. Bei gleichen Ausdehnungskoeffizienten der verspannten Materialien entsteht in diesem Fall keine zusätzliche Belastung, wie es durch das Flanschmaterial 1.0460 in Verbindung mit dem Schraubenmaterial 1.7225 zu erkennen ist. In der Praxis dürfte, vor dem Hintergrund der Erwärmung eines heißen, durch die Rohre fließenden Mediums, die Temperaturverteilung jedoch größer und ungleichmäßiger ausfallen. Schlussfolgernd führt diese Betrachtung, je nach Wärmeleitung und Wärmestrahlung dazu, dass die Rohre und Flansche, gegenüber den Schrauben, einer höheren Temperatur ausgesetzt sein dürften und sich stärker ausdehnen. Im Hinblick auf die Belastung der Flanschverbindung, insbesondere die der Dichtung und der Schrauben, müssen die zusätzlichen Kräfte mit einkalkuliert werden. Dazu ist es notwendig, die einzelnen Temperaturen der jeweiligen Bauteile zu kennen.

Der wichtigste Aspekt dieser Arbeit ist die Erkenntnis, dass der Einfluss des ersten Temperaturzyklus der Ausschlaggebendste ist. Hat ein Dichtelement in einer Flanschverbindung, durch die Auswirkung der Ausdehnung der Flansche und Rohre bei Betriebstemperatur, erst einmal die maximale Flächenpressung erfahren, relaxiert es durch nachfolgende Zyklen nicht weiter. Im Prinzip ist es demnach nicht ausschlaggebend, ob ein Dichtelement einer Flanschverbindung mit einer konstanten oder dynamischen Temperaturbeanspruchung belastet wird.
Durch die Erkenntnis, dass nachfolgende Zyklen keinen Einfluss mehr auf die Flächenpressung ausüben, ist es möglich die Vorspannkraftänderung nach Gleichung 1 zu berechnen. I. d. R. handelt es sich bei der Änderung um eine Erhöhung der Vorspannkraft. Hinsichtlich dieser zusätzlichen Belastung, muss bei der Gestaltung und Auslegung der Flanschverbindung beachtet werden, dass die Schrauben, Unterlegscheiben und Dichtelemente nicht überbeansprucht werden.
Tabelle 6 stellt nochmal die aus beiden Versuchen gemittelten P_{QR}-Werte für jeden Test gegenüber.

PQR			
	Material		Differenz
Dichtung	1.4571	1.0460	
ohne	0,94	0,98	4%
Kammprofil	0,85	0,91	6%
PTFE	0,62	0,72	10%

Tabelle 6: Vergleich der PQR-Werte